EPTC 电力行业技术转移系列丛书

《电力技术转移经理人培训考核规范》
（T/CEC 808—2023）
辅导教材

中能国研（北京）电力科学研究院
中关村智能电力产业技术联盟 组编
李超凡　卢秋锦　主编

中国电力出版社
CHINA ELECTRIC POWER PRESS

内 容 提 要

本书为《电力技术转移经理人培训考核规范》（T/CEC 808—2023）的配套教材，详细阐述了电力行业从事科技成果转化与技术转移人员的能力培训模块及能力项内容，旨在为电力技术转移人员培训提供标准化培训教材，规范电力技术转移经理人专业能力培训和评价内容，完善电力技术转移经理人技能培训体系，全面提升电力技术转移经理人技能水平。

本书为电力技术转移人员能力等级考试必备教材，可作为电力技术转移经理人岗位培训、取证的辅导用书，也可作为科研项目管理、科研成果转化学习参考用书以及供电公司科研项目管理人员和院校相关专业师生阅读参考书。

图书在版编目（CIP）数据

《电力技术转移经理人培训考核规范》（T/CEC 808—2023）辅导教材/中能国研（北京）电力科学研究院，中关村智能电力产业技术联盟组编；李超凡，卢秋锦主编 . -- 北京：中国电力出版社，2025.1. -- ISBN 978 - 7 - 5198 - 9120 - 6

Ⅰ. TM - 65

中国国家版本馆 CIP 数据核字第 2024P8F229 号

出版发行：中国电力出版社
地　　址：北京市东城区北京站西街 19 号（邮政编码 100005）
网　　址：http://www.cepp.sgcc.com.cn
责任编辑：杨淑玲（010 - 63412602）
责任校对：黄　蓓　马　宁
装帧设计：王红柳
责任印制：杨晓东

印　　刷：三河市航远印刷有限公司
版　　次：2025 年 1 月第一版
印　　次：2025 年 1 月北京第一次印刷
开　　本：787 毫米×1092 毫米　16 开本
印　　张：13.25
字　　数：316 千字
定　　价：68.00 元

本书编委会

主　　编　李超凡　卢秋锦
副 主 编　谭　臻　陈　建　林　洪　代进雷
编写人员　（排名不分先后）

李志男	张旭东	王子君	郎玉涛	翟　智　张　璋
张德震	王　澍	景　夔	张　博	沈映春　寇晶琪
龚　健	钱元元	汤奥灵	董爱生	苏　聃　李　超
李沐谦	朱　进	李　红	席阔海	丁　茹　项胤兴
王　鑫	范肸旻	陈纪旸	吴晨晨	白雪松　张丽玮
魏　君	蒋　群	刘晓玲	朱全聪	刘　晗　张婉明
张新亮	胡凡君	刘　佳	杨　娣	赵　斌　史　一
刘晓欣	王　乾	王　亮	陈向莉	胡明辉　秦小青

本书参与单位

组编单位　中能国研（北京）电力科学研究院
　　　　　　中关村智能电力产业技术联盟
主编单位　中能国研（北京）电力科学研究院
　　　　　　国网新疆电力有限公司吐鲁番供电公司
副主编单位　国网冀北电力有限公司承德供电公司
　　　　　　国网山东省电力公司滨州供电公司
支 持 单 位　（排名不分先后）
　　　　　　北京市科学技术研究院
　　　　　　内蒙古电力（集团）有限责任公司
　　　　　　云南电网有限责任公司电力科学研究院
　　　　　　国网江苏省电力有限公司连云港供电分公司
　　　　　　上海同济技术转移服务有限公司
　　　　　　国网陕西省电力有限公司
　　　　　　国网福建省电力有限公司电力科学研究院
　　　　　　北京华宜信科技有限公司
　　　　　　北京航空航天大学
　　　　　　顺义区科学技术委员会（科委）

国网浙江省电力有限公司双创中心

国网数字科技控股有限公司

青岛海洋科技中心

国网英大产业投资基金管理有限公司

南方电网产业投资集团有限责任公司

三峡科技有限责任公司

北京市基础设施投资有限公司

蓝途优加（海南）国际人力发展有限公司

序

在全球共同追求清洁能源与可持续发展的时代背景下，中国作为世界最大的能源消费国与碳排放大国，正以前所未有的决心和力度推进能源结构转型，致力于加速构建以新能源为主体的新型电力系统。从"九五"规划到"十四五"规划，中国电力行业历经多个五年计划的精心布局，从提升电能利用效率、加速电网改造，到深化体制改革、强力推动新能源发展，再到强化智能电网建设并积极促进国际合作，每一步都深刻体现了国家对能源绿色转型的坚定承诺与实际行动。

在过去的十余年间，这一转型结出了丰硕的果实。电力系统经历了前所未有的深刻变革，从传统的集中式发电模式逐步向分布式能源系统的广泛接入转变，并迎来了智能电网的全面兴起。这一系列转型不仅彻底重塑了电力的生产与消费格局，还极大地激发了新能源发电技术、智能电网技术、新型储能技术等众多前沿科技领域的蓬勃发展。

面对技术加速迭代与应用场景日益多样化的双重挑战，如何高效推广并应用这些先进技术，确保它们能够在不同区域和复杂环境中实现有效落地，成为当前电力行业亟待解决的关键问题。

在此背景下，电力技术转移经理人的角色愈发凸显其重要性。他们不仅是科技成果转化的桥梁，更是电力行业创新发展的驱动力。培养一支既精通科技成果转化流程，又深刻理解电力行业特性的复合型人才队伍，对于推动电力技术进步、促进产业升级具有十分重要的意义。这些人才需具备将特高压、清洁能源等电力系统先进技术广泛推广的能力，同时也需具备将人工智能、大数据、新材料等跨界技术引入电力体系，实现技术融合与创新的远见卓识。

为此，我们精心编纂了《〈电力技术转移经理人培训考核规范〉（T/CEC 808—2023）辅导教材》，旨在为电力技术转移领域的人才培养提供系统、全面的指导。本书不仅涵盖了电力系统的基础知识、技术转移的专业技能，还融入了最新的政策导向、行业趋势及成功案例，力求为学员构建一个理论与实践相结合的学习体系。

我们深知，电力技术转移工作的成功实施离不开多方协作与持续努力。因此，我们计划建立一个全方位、多层次的培训体系，包括线上线下的基础课程、专业技能培训、实操演练以及定期举办专题研讨会，旨在通过多元化的教学方式与丰富的实践机会，全面提升学员的综合素质与实战能力。

同时，我们也将积极构建电力技术转移案例库，收集并整理国内外电力领域的经典案例与最新进展，为学员提供宝贵的学习资源与参考借鉴。我们相信，通过这些努力，将有效促进电力技术的转移与应用，推动电力行业实现更加绿色、智能、可持续的发展。

在此，我们诚挚邀请所有关心电力技术进步与能源转型的有识之士加入我们的行列，共同为推动全球能源转型与可持续发展贡献智慧与力量。让我们携手并进，共创电力技术转移与应用的辉煌未来！

中能国研（北京）电力科学研究院

李超凡

2024 年 7 月 29 日

前　　言

技术转移是指制造某种产品、应用某种工艺或提供某种服务的系统知识，通过各种途径从技术供给方向技术需求方转移的过程。技术转移是我国实施自主创新战略的重要内容，是企业实现技术创新、增强核心竞争力的关键环节，是创新成果转化为生产力的重要途径。随着我国电力行业科技创新能力的不断提升和科技创新成果的不断涌现，开展电力技术转移能够促进科研成果产业化、推动产业升级和转型发展、加强科技创新的整合和协同，对于我国电力行业高质量发展具有重要作用。因此，迫切需要加强电力技术转移经理人培训，培育一批既懂电力行业知识，又具备法律、金融、市场等专业能力的复合型、职业化、国际化人才，推动我国电力行业技术转移水平不断提升。

本书为《电力技术转移经理人培训考核规范》（T/CEC 808—2023）的配套教材，详细阐述了电力技术转移经理人的知识和技能模块，旨在为电力技术转移经理人培训提供标准化培训教材，规范电力技术转移经理人专业能力培训和评价内容，完善电力技术转移经理人技能培训体系，全面提升电力技术转移经理人技能水平。

本书共分基础篇、行业篇、成果篇、转化篇、实务篇、管理篇、创新篇七个部分，涵盖科技法律法规与政策、知识产权管理与运营、科技金融、国际技术转移、电力行业概述、电力科技成果转化与技术转移、科研项目管理、成果评价、成果管理与筛选、技术成熟度、概念验证中心、中试熟化与技术集成、技术交易、文书撰写、人才培养、转移转化机构建设与管理、探索与前沿实践等十七章内容，详细介绍了电力技术转移经理人应具备的基础能力和实务能力方面的知识，紧密贴合电力技术转移实际工作内容。

本书在编写的过程中，得到了国家电网有限公司、中国南方电网有限责任公司、上海同济技术转移服务有限公司等单位领导和专家的大力支持。同时也参考了一些业内专家和学者的著述，在此一并表示衷心的感谢。

由于编写时间紧，且电力技术转移相关知识发展变化迅速，书中难免有不足之处，敬请广大读者予以指正。

编者

2024 年 6 月

目　　录

序
前言
基础篇 ……………………………………………………………………………… 1

第一章　科技法律法规与政策 ………………………………………………… 2
第一节　科技法律法规和知识产权概述 ………………………………… 2
第二节　知识产权法律法规 ……………………………………………… 5
第三节　《民法典》与技术转移 ………………………………………… 14
第四节　新型电力系统法律体系 ………………………………………… 15

第二章　知识产权管理与运营 ………………………………………………… 17
第一节　知识产权基本概念 ……………………………………………… 17
第二节　专利挖掘布局与专利检索策略 ………………………………… 18
第三节　知识产权运营策略与模式 ……………………………………… 24

第三章　科技金融 ……………………………………………………………… 29
第一节　科技金融概述 …………………………………………………… 29
第二节　科技金融体系构成 ……………………………………………… 32
第三节　科技金融相关政策 ……………………………………………… 34
第四节　科技金融融资流程 ……………………………………………… 38
第五节　科技金融实践案例 ……………………………………………… 39

第四章　国际技术转移 ………………………………………………………… 42
第一节　海外技术转移历史沿革 ………………………………………… 42
第二节　跨境技术转移与国际技术贸易 ………………………………… 45
第三节　技术商业化生态体系建设与开放创新 ………………………… 47

行业篇 ……………………………………………………………………………… 53

第五章　电力行业概述 ………………………………………………………… 54
第一节　电力行业发展状况 ……………………………………………… 54
第二节　中国电力行业发展历程 ………………………………………… 54
第三节　电力系统分类 …………………………………………………… 56
第四节　电力技术体系 …………………………………………………… 57
第五节　电力行业基本特点 ……………………………………………… 58
第六节　电力行业总体运营状况 ………………………………………… 58
第七节　电力行业的未来发展 …………………………………………… 59

第六章　电力科技成果转化与技术转移 ································ 61

第一节　科技成果转化与技术转移基本概念 ················ 61

第二节　电力科技成果转化现状和任务 ···················· 63

第三节　电力科技成果转化思路和特约事项 ·············· 65

第四节　电力科技成果转化资源整合 ······················ 68

第五节　案例分析 ······································· 71

成果篇 ··· 73

第七章　科研项目管理 ·································· 74

第一节　电力行业科研项目现状 ··························· 74

第二节　开放创新模式 ···································· 77

第三节　电力行业开放创新模式探索与构建 ·············· 79

第八章　成果评价 ····································· 88

第一节　科技成果概述 ···································· 88

第二节　科技成果评价的含义 ···························· 89

第三节　电力行业科技成果转化发展趋势 ················ 93

第九章　成果管理与筛选 ································ 99

第一节　面向项目全生命周期的科技成果管理 ············ 99

第二节　成果管理流程 ·································· 100

第三节　加强企业科技成果管理 ························· 105

转化篇 ··· 106

第十章　技术成熟度 ·································· 107

第一节　科技成果转移转化研究 ························· 107

第二节　技术成熟度 ···································· 111

第三节　工业成熟度 ···································· 113

第四节　技术工程化和产品化 ··························· 114

第十一章　概念验证中心 ······························ 118

第一节　概念验证中心概述 ····························· 118

第二节　概念验证中心在科技成果转化平台的位置 ······· 119

第三节　概念验证中心建设 ····························· 120

第四节　国内外概念验证中心的建设和运行经验 ········· 120

第五节　国内外概念验证中心对比分析 ·················· 124

第十二章　中试熟化与技术集成 ························ 126

第一节　中试熟化 ······································ 126

第二节　技术集成 ······································ 130

实务篇 ∙∙ 135

第十三章　技术交易 ∙∙ 136
第一节　技术交易商务策划 ∙∙∙∙∙∙∙∙∙∙∙∙∙∙∙∙∙∙∙∙∙∙∙∙∙∙∙∙∙∙∙∙∙∙∙∙∙∙ 136
第二节　技术交易商务谈判 ∙∙∙∙∙∙∙∙∙∙∙∙∙∙∙∙∙∙∙∙∙∙∙∙∙∙∙∙∙∙∙∙∙∙∙∙∙∙ 145

第十四章　文书撰写 ∙∙ 151
第一节　尽职调查报告 ∙∙ 151
第二节　知识产权评估报告 ∙∙∙∙∙∙∙∙∙∙∙∙∙∙∙∙∙∙∙∙∙∙∙∙∙∙∙∙∙∙∙∙∙∙∙∙∙∙ 153
第三节　商业计划书 ∙∙ 157
第四节　技术合同 ∙∙ 161

管理篇 ∙∙ 179

第十五章　人才培养 ∙∙ 180
第一节　技术转移转化队伍建设 ∙∙∙∙∙∙∙∙∙∙∙∙∙∙∙∙∙∙∙∙∙∙∙∙∙∙∙∙∙∙ 180
第二节　岗位、职称和绩效 ∙∙∙∙∙∙∙∙∙∙∙∙∙∙∙∙∙∙∙∙∙∙∙∙∙∙∙∙∙∙∙∙∙∙∙∙∙∙ 182
第三节　技术转移转化团队建设政策 ∙∙∙∙∙∙∙∙∙∙∙∙∙∙∙∙∙∙∙∙∙∙∙∙ 184

第十六章　转移转化机构建设与管理 ∙∙∙∙∙∙∙∙∙∙∙∙∙∙∙∙∙∙∙∙∙∙∙∙∙∙ 185
第一节　科技成果转移转化管理发展趋势 ∙∙∙∙∙∙∙∙∙∙∙∙∙∙∙∙∙∙ 185
第二节　科技成果转移转化的重点难点 ∙∙∙∙∙∙∙∙∙∙∙∙∙∙∙∙∙∙∙∙ 187

创新篇 ∙∙ 191

第十七章　探索与前沿实践 ∙∙∙∙∙∙∙∙∙∙∙∙∙∙∙∙∙∙∙∙∙∙∙∙∙∙∙∙∙∙∙∙∙∙∙∙∙∙ 192
第一节　技术资本化及其背景 ∙∙∙∙∙∙∙∙∙∙∙∙∙∙∙∙∙∙∙∙∙∙∙∙∙∙∙∙∙∙∙∙ 192
第二节　技术资本化的主要路径与实现条件 ∙∙∙∙∙∙∙∙∙∙∙∙ 194
第三节　技术资本化的运营与评价 ∙∙∙∙∙∙∙∙∙∙∙∙∙∙∙∙∙∙∙∙∙∙∙∙∙∙ 196

参考文献 ∙∙ 199

基础篇

第一章　科技法律法规与政策

第一节　科技法律法规和知识产权概述

我国施行的、在名称中明确带有"科学技术"字样的法律有三部，分别是《中华人民共和国科学技术进步法》《中华人民共和国促进科技成果转化法》《中华人民共和国科学技术普及法》。在这三部法中，和技术转移、科技成果转化最直接相关的是《中华人民共和国促进科技成果转化法》。

一、 科学技术进步法

《中华人民共和国科学技术进步法》（以下简称《科学技术进步法》）由 1993 年 7 月 2 日第八届全国人民代表大会常务委员会第二次会议通过，2007 年 12 月 29 日第十届全国人民代表大会常务委员会第三十一次会议第一次修订，2021 年 12 月 24 日第十三届全国人民代表大会常务委员会第三十二次会议第二次修订，2022 年 1 月 1 日起正式施行。技术转移是科技成果实现商品化、产业化的重要环节、主要通道，在社会分工日益细化、市场经济日趋完善的今天，技术转移往往伴随着技术交易行为，因而产生了技术市场。《科学技术进步法》作为我国科技工作的基本准则和科技事业发展的法律保障，涉及的内容也覆盖了技术转移工作，主要包括以下方面。

（一） 技术交易服务体系建设

《科学技术进步法》规定："国家培育和发展统一开放、互联互通、竞争有序的技术市场，鼓励创办从事技术评估、技术经纪和创新创业服务等活动的中介服务机构，引导建立社会化、专业化、网络化、信息化和智能化的技术交易服务体系和创新创业服务体系，推动科技成果的应用和推广。技术交易活动应当遵循自愿平等、互利有偿和诚实信用的原则。"

1. 培育和发展技术市场

技术作为一种知识形态的特殊商品，通过市场进行有偿转让，伴随着工业化和科技发展而兴起。技术交易活动在西方发达国家已有 300 多年的发展历史，建立了一系列关于技术转移和国际技术贸易的规则，为加速科学技术向现实生产力的转化、推动经济社会发展发挥了重要作用。促进科技成果商品化和产业化，培育和发展技术市场，是我国科技体制改革的重大探索和突破。它对于引入市场的竞争机制和约束机制，促进科技成果迅速转化为现实生产力，以及推动我国市场经济完善发展具有重要意义。

2. 鼓励创办相关中介服务机构

发展技术市场，离不开中介服务机构。《科学技术进步法》点明了中介服务机构从事技术评估、技术经纪等活动，第一次在综合性法律层面提出了"技术经纪"的概念，为今后推进技术经纪人的职业化、专业化奠定了基础。在技术市场上，技术经纪人是联系科技成果持有单位与应用单位特别是企业，让科技和市场有机结合的桥梁和纽带。《科学技术进步法》规定："国家对公共研究开发平台和科学技术中介、创新创业服务机构的建设和运营给予支持。公共研究开发平台和科学技术中介、创新创业服务机构应当为中小企业的技术创新提供服务。"

3. 引导建立技术交易服务体系

技术交易需要平台，社会化、专业化和网络化的技术交易服务体系有利于进行技术交易，推动科技成果的推广和应用。由于技术市场是一个高度专业化和信息不对称的市场，这就要求有较完善的中介服务与之配合。中介服务机构的服务功能主要体现在两个方面：一是通过专业分工提高效率；二是规范化和规模化的信息收集和传播降低市场信息不对称。技术中介通过在技术交易的沟通、评估、谈判、建设、经营等环节起辅助、支撑作用来实现促进市场交易效率提高的功能。

《科学技术进步法》提出"引导建立"，强调发挥市场经济的主导作用，政府主要通过政策手段对技术交易体系建设创造优良的宏观发展环境。

4. 技术交易活动应当遵循市场经济原则

技术交易活动应当遵循自愿、平等、互利、有偿和诚实守信的原则。自愿原则既表现在当事人之间，因一方欺诈、胁迫订立的合同无效或者可以撤销；也表现在合同当事人与其他人之间，任何单位和个人不得非法干预。诚实守信原则是指在合同的订立、履行过程中，缔约人应当遵守诺言、实践成约、正当竞争，而不能规避法律和曲解合同。

（二）知识产权处置

《科学技术进步法》第三十二条规定："利用财政性资金设立的科学技术计划项目所形成的科技成果，在不损害国家安全、国家利益和重大社会公共利益的前提下，授权项目承担者依法取得相关知识产权，项目承担者可以依法自行投资实施转化、向他人转让、联合他人共同实施转化、许可他人使用或者作价投资等。项目承担者应当依法实施前款规定的知识产权，同时采取保护措施，并就实施和保护情况向项目管理机构提交年度报告；在合理期限内没有实施且无正当理由的，国家可以无偿实施，也可以许可他人有偿实施或者无偿实施。项目承担者依法取得的本条第一款规定的知识产权，为了国家安全、国家利益和重大社会公共利益的需要，国家可以无偿实施，也可以许可他人有偿实施或者无偿实施。项目承担者因实施本条第一款规定的知识产权所产生的利益分配，依照有关法律法规规定执行；法律法规没有规定的，按照约定执行。"

此条涉及政府财政经费支持的科技项目所形成的知识产权的归属和使用问题，是科技成果向现实生产力转化的关键性因素。一方面，明确了承担单位在争创、维护科技知识产权方面的责任，强调了承担单位和科技人员在获得知识产权之后实施应用的义务；另一方面，为了调动承担单位和科技人员的积极性，明确了可对知识产权进行有偿使用和权益分配的制度安排。此条规定为解决我国科技与经济"两张皮"问题开出了"药方"，为技术转移提供了巨大的需求和广阔的前景。

（三）税收优惠

《科学技术进步法》规定，从事技术开发、技术转让、技术咨询、技术服务等活动的，按照国家有关规定享受税收优惠。

技术开发，主要是指科学成果或已有的新技术、新知识应用于生产实践的创造性劳动，是科学技术的独立性和科学技术与社会经济相联系的应用成果；技术转让，主要是指让与人将其所有的专利权、专利申请权、专利实施权、非专利技术等现有技术的所有权或者使用权，有偿转让给受让方的行为；技术咨询，主要是指某方面专业知识的专家或者研究机构，运用自己所拥有的知识、技术、信息，为委托方完成咨询报告，解答技术咨询，提供决策建议的智力服务行为；技术服务，主要是指一方以科学技术知识解决特定技术问题，并由接受服务的一方支付约定价款或者报酬的行为。

我国对于上述技术开发、技术转让、技术咨询、技术服务等活动给予的税收优惠政策有：允许企业对技术开发费用进行所得税税前抵扣，允许企业加速研究开发仪器设备折旧，对国家需要重点扶持的高新技术企业减按 15％ 的税率征收企业所得税，对经技术市场登记的技术开发、技术转让合同免征营业税（增值税）等。

二、 促进科技成果转化法

科技成果转化对于提升社会生产力和国家综合国力意义重大。1996 年 5 月 15 日，第八届全国人民代表大会常务委员会第十九次会议通过，并于 2015 年 8 月 29 日第十二届全国人民代表大会常务委员会第十六次会议修改的《中华人民共和国促进科技成果转化法》（以下简称《促进科技成果转化法》），为科技成果转化提供了法律保障。把握和了解促进科技成果转化的主要法律制度，是技术经理人的基本要求。

技术转移是科技成果转化的一个重要途径，《促进科技成果转化法》中有许多内容与技术转移直接相关或密切相关。总的来看，直接相关的包含以下几个方面：

（一） 培育和发展技术市场

《促进科技成果转化法》第三十条规定："国家培育和发展技术市场，鼓励创办科技中介服务机构，为技术交易提供交易场所、信息平台以及信息检索、加工与分析、评估、经纪等服务。科技中介服务机构提供服务，应当遵循公正、客观的原则，不得提供虚假的信息和证明，对其在服务过程中知悉的国家秘密和当事人的商业秘密负有保密义务。"

随着社会主义市场经济体制的建立和完善，培育和发展技术市场对于发挥市场机制作用、促进科技成果转化具有重要意义，同时也面临着许多新的挑战。技术市场的政策设计上主要是鼓励技术输出方供给技术，而鼓励技术输入方采用新技术、新工艺的规定较少，相应的优惠和配套政策也不尽完备，难以调动用户的积极性。另外，对于技术转让的税收优惠政策需要进一步完善，技术转让所得税优惠的范围仍然较窄。

科技服务机构对于科技成果转化的成功，具有重要的支撑、保障作用。法律对科技中介服务机构的服务内容做出了较详细的规定，同时明确了科技中介服务机构的义务，不仅提出了科技中介服务机构的重点任务，而且明确了专业化的发展方向。

（二） 鼓励高校院所开展技术转移

《促进科技成果转化法》第十七条规定："国家鼓励研究开发机构、高等院校采取转让、许可或者作价投资等方式，向企业或者其他组织转移科技成果。国家设立的研究开发机构、高等院校应当加强对科技成果转化的管理、组织和协调，促进科技成果转化队伍建设，优化科技成果转化流程，通过本单位负责技术转移工作的机构或者委托独立的科技成果转化服务机构开展技术转移。"

《促进科技成果转化法》第十八条规定："国家设立的研究开发机构、高等院校对其持有的科技成果，可以自主决定转让、许可或者作价投资，但应当通过协议定价、在技术交易市场挂牌交易、拍卖等方式确定价格。通过协议定价的，应当在本单位公示科技成果名称和拟交易价格。"

我国大量的科技成果产生并沉淀于科研院所和高等院校，它们承担着科技成果转化的历史重任。因此，《促进科技成果转化法》特地授予国家设立的研究开发机构和高等院校科技成果转化自主权，单位可以自主决定转化方式，而无需财政部门和主管部门审批和备案。过去，在成果转让、作价出资过程中，审批程序过于烦琐，导致科研单位成果转化积极性降低。现在，把科技成果的使用权、处置权充分赋予单位，可以使其根据市场需求和单位情况，自主地开展科技成果转化活动。当然，单位拥有科技成果的使用权、处置权，应采取市场化方式确定科技成果交易价格，相关的交易方式要做到公平、公正、公开。法律明确规定国有单位可以设立负责技术转移的机构，或者委托独立的科技成果转化服务机构开展技术转移，体现了对技术转移工作的重视，为技术市场构建了组织体系。

（三）鼓励合作开展科技成果转化

《促进科技成果转化法》第二十二条规定："企业为采用新技术、新工艺、新材料和生产新产品，可以自行发布信息或者委托科技中介服务机构征集其所需的科技成果，或者征寻科技成果转化的合作者。"

《促进科技成果转化法》第二十六条规定："国家鼓励企业与研究开发机构、高等院校及其他组织采取联合建立研究开发平台、技术转移机构或者技术创新联盟等产学研合作方式，共同开展研究开发、成果应用与推广、标准研究与制定等活动。"

科技中介服务机构是我国科技服务业发展的重要支撑力量，也是科技成果转化的桥梁和纽带。无论在信息收集、整理、技术咨询还是在技术交易服务等方面，它们因其专业性、系统性和综合性起到不可或缺的作用。

第二节　知识产权法律法规

知识产权是技术转移的根本基础和核心内容，也是技术转移从业人员的必备知识。

一、知识产权的概念和特征

（一）知识产权的概念

1. 我国民法典的有关内容

《中华人民共和国民法典》（以下简称《民法典》）第一百二十三条规定："民事主体依法享有知识产权。知识产权是权利人依法就下列客体享有的专有的权利：（一）作品；（二）发明、实用新型、外观设计；（三）商标；（四）地理标志；（五）商业秘密；（六）集成电路布图设计；（七）植物新品种；（八）法律规定的其他客体。"

《民法典》采用列举的方式定义了知识产权。虽然在不少文献中把知识产权定义为"基于人类智力活动产生的、受法律保护的财产权"，但是由于知识产权的种类多样，其产生基础、存在形式、保护期限等不尽相同，这些文献通常还都在上述概括性定义之后，用列举法补上典型的知识产权类型，如专利、商标、著作权等。所以，直接从作为"社会生活的法律百科全书"的《民法典》中直接学习、理解知识产权，更容易掌握知识产权的法律本质。

2. 国际条约的规定

（1）《建立世界知识产权组织公约》对知识产权的规定

《建立世界知识产权组织公约》是 1967 年 7 月 14 日在斯德哥尔摩签订、1970 年生效的国际公约。基于《建立世界知识产权组织公约》、1970 年成立的世界知识产权组织（World Intellectual Property Organization，WIPO）是致力于利用知识产权（专利、版权、商标、外观设计等）激励创新与创造的联合国机构，也是联合国管理知识产权事务的专门机构。我国于 1980 年加入世界知识产权组织。

《建立世界知识产权组织公约》第三条第八款给出的知识产权定义："知识产权包括有关下列项目的权利：文学、艺术和科学作品，表演艺术家的表演以及唱片和广播节目，人类一切活动领域内的发明，科学发现，工业品外观设计，商标、服务标记以及商业名称和标志，制止不正当竞争，以及在工业、科学、文学或艺术领域内由于智力活动而产生的一切其他权利。"

（2）《与贸易有关的知识产权协定》对知识产权的规定

《与贸易有关的知识产权协定》（Agreement on Trade - Related Aspects of Intellectual Property Rights，TRIPs）于 1993 年生效，是世界贸易组织（World Trade Organization，WTO）管辖的一项多边贸易协定。我国于 2001 年加入世界贸易组织。

《与贸易有关的知识产权协定》界定的知识产权包括：①著作权与邻接权；②商标权；③地理标志权；④工业品外观设计权；⑤专利权；⑥集成电路布线图设计权；⑦未披露的信息专有权。

（二）知识产权的特征

1. 法律规定性

知识产权是一种法律规定的民事权利。在我国，每一种类的知识产权都有与之相对应的法律基础。以知识产权中常见的专利权、商标权、著作权、商业秘密为例，专利权的法律基础是《中华人民共和国专利法》，商标权的法律基础是《中华人民共和国商标法》，著作权的法律基础是《中华人民共和国著作权法》，商业秘密的法律基础是《中华人民共和国反不正当竞争法》。

2. 主体作为性

知识产权是私权，主体的主动作为是获得权利的前提条件。这里说的主体的主动作为性是指在确权上要主动申请（专利权、商标权）、主动主张（商业秘密）、主动登记（软件著作权）。

3. 排他专有性

知识产权是一种专有民事权利，未经权利人许可，他人不能擅自为谋求商业利益使用。

4. 区域管辖性

知识产权效力只限于主权/行政管辖区域域内。

5. 保护时限性

知识产权仅在法律规定的期限内受到保护，例如，发明专利 20 年，实用新型专利 10 年，外观设计专利 10 年（2021 年 6 月 1 日起施行新修改的专利法，新法规定 15 年），商标专用权 10 年，可不限次数延展，著作权作者终生及其死亡后 50 年。

二、 技术转移中常见知识产权

在技术转移工作中，常见的知识产权种类有专利权、商标权、著作权、商业秘密，相应的法律分别是《中华人民共和国专利法》《中华人民共和国商标法》《中华人民共和国著作权法》《中华人民共和国反不正当竞争法》。

（一） 专利法

1. 制定与修改

（1）制定

《中华人民共和国专利法》（以下简称《专利法》）是 1984 年 3 月 12 日中华人民共和国第六届全国人民代表大会常务委员会第四次会议通过的，自 1985 年 4 月 1 日起施行。

（2）修改

《专利法》修正情况如下：根据 1992 年 9 月 4 日第七届全国人民代表大会常务委员会第二十七次会议《关于修改〈中华人民共和国专利法〉的决定》第一次修正。根据 2000 年 8 月 25 日第九届全国人民代表大会常务委员会第十七次会议《关于修改〈中华人民共和国专利法〉的决定》第二次修正。根据 2008 年 12 月 27 日第十一届全国人民代表大会常务委员会第六次会议《关于修改〈中华人民共和国专利法〉的决定》第三次修正。根据 2020 年 10 月 17 日第十三届全国人民代表大会常务委员会第二十二次会议《关于修改〈中华人民共和国专利法〉的决定》第四次修正，自 2021 年 6 月 1 日起施行。

2. 指导原则与操作原则

（1）指导原则

《专利法》的立法指导原则是贯穿专利立法和司法的基本准则，它不仅体现了发明创造专利权不同于一般民事权利的特征，而且也是解释专利法律规则的依据。

《专利法》遵循保护发明创造的基本原则，具体表现在：

1）《专利法》依法赋予专利权人对发明创造的专有权，这种专有权具有财产权内容，包括发明创造的所有权、独占使用权和转让权。在人身权利方面，依发明法可享有发明人署名权和荣誉权。

2）《专利法》不管其民事行为能力差别均同等地享有专利权。

3）《专利法》在调整发明创造人与所属社会组织关系时，为同时兼顾作为出资者的社会组织和作为发明创造人的组织成员合法权益，规定职务发明创造专利申请权、专利权归单位享有，但当事人也可依合同确定权利归属。

4）当专利权归属发生争议或专利权受到侵犯时，权利人享有诉请法院依法确认、请求保护的权利。

《专利法》还遵循兼顾社会公共利益的基本原则，具体表现在：

1）授予专利权的发明创造依法不得违反国家法律和社会公共利益。

2）专利技术的实施应服从社会公共利益。

3）禁止权利滥用。

（2）操作原则

1）书面原则。书面原则是专利的各个阶段均需适用的原则，不仅适用于申请阶段、审查阶段，也适用于授权后的侵权判定阶段。与书面原则相对的是实物原则或事实原则，书面原则的意思就是不看实物，也不论事实，只看文本，如果看实物或论事实，也最多是一种对文本解释的参照，但如果文本内容的表达已经足够清楚和确定，则实物和事实所表达的信息就无须采用。

2）先申请原则。先申请原则是指两个以上的申请人分别就同样的发明创造申请专利的，专利权授予最先申请的人的原则。

3）优先权原则。优先权原则是指申请人自发明或实用新型在外国第一次提出专利申请之日起十二个月内，或者自外观设计在外国第一次提出专利申请之日起六个月内，又在中国就相同主题提出专利申请的，依照该外国同中国签订的协议或者共同参加的国际条约，或者依照相互承认优先权原则，可以享有优先权。申请人自发明或实用新型在中国第一次提出专利申请之日起十二个月内，又向国务院专利行政部门就相同主题提出专利申请的，可以享有优先权。

4）一项发明一项申请原则。一份专利申请文件只能就一项发明创造提出专利申请。一件发明或者使用新型专利申请应当限于一项发明或者实用新型；一件外观设计专利申请应当限于一种产品所使用的一项外观设计。

5）充分公开原则。专利申请人在申请文件中必须对发明做出清楚、完整的公开。

6）修改不超范围原则。申请人在对申请文件进行修改时，必须遵从修改不得超出原说明书和权利要求书记载的范围的原则。

7）禁止反悔原则。专利权人如果在专利审批（包括专利申请的审查过程或者专利授权后的无效、异议、再审程序）过程中，为了满足法定授权要求而对权利要求的范围进行了限缩（如限制性的修改或解释），则在主张专利权时，不得将通过该限缩而放弃的内容纳入专利权的保护范围。

8）捐献原则。如果专利权人在专利说明书中公开了某个实施方案，但在专利申请的审批过程中没有将其纳入或试图将其纳入权利要求的保护范围，则该实施方案被视为捐献给了公众，当专利申请被授权后，专利权人在主张专利权时不得试图通过等同原则等将其重新纳入权利要求的保护范围。

9）专利权用尽原则。专利权人自己或者许可他人制造的专利产品（包括依据专利方法直接获得的产品）被合法投放市场后，任何人对该产品进行销售或使用，不再需要得到专利权人的许可或者授权，且不构成侵权。

10）侵权判定的全面覆盖原则。判断一项技术方案是否侵犯发明专利权的基本原则，也称相同原则，根据相同原则判定的侵权称为相同侵权。如果被控侵权产品或方法的技术特征包含了专利权利要求中记载的全部技术特征，则落入专利权的保护范围。

3. 专利法与技术转移

《专利法》是利用市场机制开展技术转移的基础性法律。在技术转移过程中，《专利法》发挥着不可替代的作用。

《专利法》第一条规定："为了保护专利权人的合法权益，鼓励发明创造，推动发明创造的应用，提高创新能力，促进科学技术进步和经济社会发展，制定本法。"这一条是《专利法》的立法目的，其中"推动发明创造的应用"，即推动新技术的应用，也就是推动技术转移。可以说，推动技术转移是《专利法》的立法目的之一。

《专利法》第十条规定："专利申请权和专利权可以转让。"转让专利申请权和专利权，就是技术转移。

《专利法》第十二条规定："任何单位或者个人实施他人专利的，应当与专利权人订立实施许可合同，向专利权人支付专利使用费。被许可人无权允许合同规定以外的任何单位或者个人实施该专利。"此处的"实施专利"即对取得了专利权的技术的应用，也就是技术转移的一种。此处规定的"订立实施许可合同"是开展技术转移的一种重要形式。

（二）商标法

1. 制定与修改

（1）制定

党的十一届三中全会以后，随着经济体制改革的逐步深入，1963 年颁布的《商标管理条例》已不能适应发展社会主义商品经济和健全社会主义法治的要求。1982 年 8 月 23 日，第五届全国人民代表大会常务委员会第二十四次会议审议并通过了《中华人民共和国商标法》（以下简称《商标法》），并决定从 1983 年 3 月 1 日起实施。

（2）修改

《商标法》修正情况如下：根据 1993 年 2 月 22 日第七届全国人民代表大会常务委员会第三十次会议《关于修改〈中华人民共和国商标法〉的决定》第一次修正。根据 2001 年 10 月 27 日第九届全国人民代表大会常务委员会第二十四次会议《关于修改〈中华人民共和国商标法〉的决定》第二次修正。根据 2013 年 8 月 30 日第十二届全国人民代表大会常务委员会第四次会议《关于修改〈中华人民共和国商标法〉的决定》第三次修正。根据 2019 年 4 月 23 日第十三届全国人民代表大会常务委员会第十次会议《关于修改〈中华人民共和国建筑法〉等八部法律的决定》第四次修正。

2. 指导原则与操作原则

（1）指导原则

1）保护商标专用权，加强商标管理。商标所有人为了取得商标专用权，将其使用的商标，依照国家规定的注册条件、原则和程序，向商标局提出注册申请，商标局经过审核，准予注册的法律事实。经商标局审核注册的商标，即为注册商标，享有商标专用权。商标专用权（也称注册商标专用权）是指商标经依法核准注册，由商标注册人对其注册商标所享有的专用权，也就是商标注册人对其注册商标享有排他性的支配权，可以独占使用，也可转让或者许可他人使用，但他人不得擅自使用。保护商标专用权，是商标法律制度的核心。为了实现对商标专用权的保护，确保商标功能在市场交易活动中的发挥，必须依法对商标权利的取得、运用、保护和救济等事项进行管理。

2）保证消费者、生产者和经营者的合法权益。商标作为商品或服务的标志，区别商品或服务的来源是其最基本的功能。生产者和经营者据此提供商品或服务，消费者借此识别和选购所需要的商品或服务。为了保障消费者的合法权益，商标所有人、使用人需要对其使用商标所对应的商品或服务质量负责，更不得假借商标而实施误导、欺骗消费者的行为。同时，商标蕴含着生产者、经营者基于市场经营活动所积累而成的信誉（也称商誉），需要法律给予适当的保护。因此，保障消费者、生产者和经营者的合法权益，在保障商标功能正常发挥的同时维护商标信誉是商标法律制度的基本原则。

3）促进社会主义市场经济的发展。商标在保证商品和服务质量，保障消费者和生产经营者的利益，促进社会主义市场经济发展等方面起着重要作用。服务并促进社会主义市场经济，也是我国商标法律制度形成与发展的基本出发点。切实发挥商标在促进社会主义市场经济发展过程中的作用，一方面需要健全商标专用权的取得、使用、保护和救济等法律制度，提升市场主体创造、运用、保护和管理商标的能力；另一方面需要完善商标管理制度，规范市场交易和竞争秩序，推进经济结构调整和发展方式转变。

（2）操作原则

1）自愿注册原则。所谓"自愿注册原则"，是指企业使用的商标注册与否完全由企业自主决定。《商标法》第四条规定："自然人、法人或者其他组织在生产经营活动中，对其商品或者服务需要取得商标专用权的，应当向商标局申请商标注册。"而是否需要取得商标专用权，应由商标使用人自己决定。如果不需要取得专用权可以不注册，未注册的商标允许使用，但不受法律保护。商标法有关商品商标的规定适用于服务商标。国家法律、行政法规规定必须使用注册商标的商品（主要指卷烟、雪茄烟、有包装的烟丝），生产经营者必须申请商标注册，未经核准注册的商品不得在市场销售。

2）申请在先原则。所谓"申请在先原则"，是由自愿注册原则派生出来的重要程序性原则之一，申请书提交的时间先后决定商标专用权归谁所有。因此《商标法》第三十一条规定："两个或者两个以上的商标注册申请人，在同一种商品或者类似商品上，以相同或者近似的商标申请注册的，初步审定并公告申请在先的商标；同一天申请的，初步审定并公告使用在先的商标，驳回其他人的申请，不予公告。"

3）审查原则。商标局受理商标注册申请后，依照法定形式审查该商标是否符合注册条件。符合注册条件的予以公告，自公告之日起 3 个月内，任何人均可提出异议。无异议或经裁定异议不成立，予以核准注册。经裁定异议成立的，不予核准注册。注册商标的有效期为 10 年。有效期限自该商标核准注册之日起计算。对已经注册的商标有争议的，可以自该商标核准注册之日起一年内，向商标评审委员会申请裁定。对核准注册前已经提出异议并经过裁定的商标，不得再以相同的事实和理由申请裁定。注册商标有效期满、需要继续使用的，应当在期满前 12 个月内申请续展注册，在此期间未能提出申请的，可给予 6 个月的宽展期。宽展期满仍未提出申请的，注销其注册商标。

3. 商标法与技术转移

《商标法》是知识产权法的重要组成部分，也是企业制定知识产权战略和规划的重要法律依据。市场经济环境中，商标不仅是区别商品和服务来源的标识，还凝结着商品经营者、服务提供者的信誉。商标作为一项市场主体的核心资产，既是市场主体核心竞争力的旗帜，也是市场主体商业信用的载体。法律层面，商标使用许可制度、驰名商标制度对于促进商品经济的发展、吸引和促进企业间的技术与产品交易具有直接影响。实践中，商标许可使用与技术转移存在交叉的领域，主要体现在 OEM 和 ODM 两种成熟的商业模式之中。OEM 是 Original Equipment Manufacture（原始设备制造商）的缩写，称为定点生产。它是指一种"代工生产"方式，俗称"代工"，是指原始设备制造商具体的加工任务通过合同订购的方式委托同类产品的其他厂家生产。ODM 是 Original Design Manufacture（原始设计制造商）

的缩写，从合同的角度是指受委托方拥有设计能力和技术水平，基于授权合同生产产品，也叫"代研发"或者"贴牌"。

（三） 著作权法

1. 制定与修改

（1）制定

《中华人民共和国著作权法》（以下简称《著作权法》）是调整文学、艺术和科学技术领域因创作作品而产生的各种社会关系的法律规范的总和。它调整的法律关系因作品创作而产生，表现为作者与传播者、作者与读者、传播者与读者、作者与社会之间的相互关系。因此，有关受保护作品的范围、著作权主体的资格及权利归属原则、著作权的内容及保护期限、著作权的使用及侵权的法律责任等事项构成了著作权法的主要内容。例如，我国《著作权法》第一条明确了制定著作权法的目的："为保护文学、艺术和科学作品作者的著作权，以及与著作权有关的权益，鼓励有益于社会主义精神文明、物质文明建设的作品的创作和传播，促进社会主义文化与科学事业的发展与繁荣，根据宪法制定本法。"《著作权法》于1990年9月7日第七届全国人民代表大会常务委员会第十五次会议通过，自1991年6月1日起施行。

（2）修改

《著作权法》修正情况如下：根据2001年10月27日第九届全国人民代表大会常务委员会第二十四次会议《关于修改〈中华人民共和国著作权法〉的决定》第一次修正；根据2010年2月26日第十一届全国人民代表大会常务委员会第十三次会议《关于修改〈中华人民共和国著作权法〉的决定》第二次修正；根据2020年11月11日第十三届全国人民代表大会常务委员会第二十三次会议《关于修改〈中华人民共和国著作权法〉的决定》第三次修正，第三次修正的《著作权法》自2021年6月1日起施行。

2. 指导原则和操作原则

（1）指导原则

1）保护作品创作者的合法权益。著作权也被称为版权（copyright），是指作者及其他权利人对文学、艺术和科学作品享有的人身权和财产权的总称，分为著作人身权（也称"著作人格权"）与著作财产权。其中，著作人身权的内涵包括了公开发表权、姓名表示权，以及禁止他人以扭曲、变更方式利用著作损害著作人名誉的权利。著作财产权又称"著作权的经济权利"，是对作品的使用、收益、处分权。作品使用权是指以复制、发行、出租、展览、放映、广播、网络传播、摄制、改编、翻译、汇编等方式使用作品的权利。许可使用权是指著作权人依法享有的许可他人使用作品并获得报酬的权利。转让权是指著作权人依法享有的转让使用权中一项或多项权利并获得报酬的权利。转让的标的不能是著作人身权，只能是著作财产权中的使用权，可以转让使用权中的一项、多项或全部权利。

2）促进作品传播。作品的传播是作品创作者各项经济权益实现的主要途径。因此，促进作品传播是《著作权法》最重要的立法目标，加强版权保护也是为了有利于作品在市场中的传播。同时，考虑作品传播者的合法权益，《著作权法》中还规定了"邻接权"制度。邻接权的原意是与著作权相邻的权利，其确切含义应是作品传播者所享有的权利。邻接权保护的是作品传播者的权利，即作品传播者在原作品的基础上创造、加工，而对其创造、加工后

11

的劳动成果享有的权利，如表演者的表演者权。《著作权法》中，邻接权包括出版者权、表演者权、录制者权和广播电视组织权。没有作品就没有传播，也就没有邻接权的产生，所以邻接权依赖于著作权。

3）促进社会主义文化和科学事业的发展。《著作权法》在保护作品创作者和传播者合法权益的同时，承担着实现保护著作权与促进技术创新、产业发展和谐统一的立法目标，肩负着促进文化产业的发展，丰富人民社会文化生活，提升我国整体文化实力和国际竞争力的立法使命。一方面，加强文化创意、数字出版、移动多媒体、动漫游戏、软件、数据库等战略性新兴文化产业法律保护，扩展文化产业发展的领域，培育新的产业经济增长点；另一方面，积极推动非物质文化遗产、民间文学艺术作品的保护、传承和开发利用，提高中华文化影响力。

（2）操作原则

1）自动取得原则。也称"自动保护原则"，是指依据《著作权法》第二条："中国公民、法人或者非法人单位的作品，不论是否发表，依照本法享有著作权。"意味着作品一经产生，不论整体还是局部，只要具备了作品的属性即产生著作权，既不要求登记，也不要求发表，也无须在复制物上加注著作权标记。相较于专利和商标，著作权的取得无须履行审查、登记等任何手续，因此在实践中该项原则也被称为"无手续原则"。

2）"思想"与"表达"二分原则。思想表达二分法是著作权的基本原理，具体是指著作权保护的对象是思想的表达形式而不是保护思想本身。该原则将作品分为思想与表达两方面，著作权只保护对于思想观念的独创性表达，而不保护思想观念本身。因此，著作权的对象是作品，是指文学、艺术和科学领域内具有独创性并能以某种有形形式复制的智力成果。

3）作者利益与公众利益协调一致原则。著作权法律制度的基本原理在于，法律通过保护作者的权益，能够促使作者创作出更多、更好的作品，从而能够使社会公众从中获取更大、更多的收益，进而推动整个社会文明的进步和科学文化的发展。因此，《著作权法》不仅需要保护作者的合法权益，同时为了维护社会公众利益，还对作者的权利和权益做了必要的限制，以协调作者利益与公众利益之间的平衡关系。

4）作品类型法定原则。《著作权法》采取了"作品类型法定"的立法模式，限定了作品的表现形式。《著作权法》意义中的作品必须具备以下几个条件：首先，必须属于创作而非抄袭所得；其次，必须属于文学、艺术和科学范围的创作；再次，必须有一定的表现形式（文字、符号、色彩等）；最后，能够固定于有体物，能够复制使用。所以，作品应当是属于文学、艺术和科学范畴的，具有独创性，是思想、情感的表现形式。根据《著作权法》的规定，受其保护的对象有：文字作品、口述作品、音乐、戏剧、曲艺、舞蹈、杂技艺术作品；美术、建筑作品；摄影作品；电影作品和以类似摄制电影的方法创作的作品；工程设计图、产品设计图、地图、示意图等图形作品和模型作品；计算机软件；法律、行政法规规定的其他作品。

不受著作权法保护的对象主要可以分为以下两种情形：其一，不具备作品实质条件，主要有历法、通用数表、通用表格和公式；其二，为保护国家或社会公众利益的需要，不适宜以《著作权法》保护，具体包括：法律、法规，国家机关的决议、决定、命令和其他具有立法、行政、司法性质的文件，以及其官方正式译文；时事新闻（《中华人民共和国著作权法实施条例》第五条规定，《著作权法》和本条例中的时事新闻是指通过报纸、期刊、广播电台、电视台等媒体报道单纯事实消息）。

5）邻接权原则。《著作权法》除保护创作者的权利外，第一条中还明确规定保护与著作权有关的权益。根据《中华人民共和国著作权法实施条例》第二十六条和第二十八条，与著作权有关的权益，是指出版者对其出版的图书、报刊的版式、装帧设计享有的权利，表演者对其表演享有的权利，录音录像制作者对其制作的录音录像制品享有的权利，广播电台、电视台对其制作的广播电视节目享有的权利。

邻接权是指作品传播者对在传播作品过程中产生的劳动成果依法享有的专有权利，又称为作品传播者权或与著作权有关的权益。例如表演权，其主体是表演者，即演员、演出单位或者其他表演文学、艺术作品的人。表演者权是表演者基于对作品的表演而依法享有的权利。邻接权是指与著作权相关、相近似的权利，特指作品传播者的权利。因此，广义的著作权可以包括邻接权。邻接权以著作权为基础；对于著作权合理使用的限制，同样适用于对邻接权的限制；邻接权的保护期也为 50 年。邻接权与著作权的主要区别是：邻接权的主体多为法人或其他组织，著作权的主体多为自然人；邻接权的客体是传播作品过程中产生的成果，而著作权的客体是作品本身；邻接权中除表演者权外一般不涉及人身权，而著作权包括人身权和财产权两方面的内容。

3. 著作权法与技术转移

理论上，知识产权可以分为著作权和以专利权、商标权为代表的工业产权，凸显了著作权与专利权、商标权直接的显著差异。著作权是指基于文学艺术和科学作品依法产生的权利，工业产权则是指基于商品生产、流通中的创造发明和显著标记等智力成果依法产生的权利。相较而言，著作权自作品创作完成之日起产生，而无须履行审查、登记等任何手续，也称无手续原则；工业产权必须通过登记、审查等程序，才有可能获得法律的授权。

在技术转移领域，涉及著作权法律制度的事项较为有限，主要集中在软件著作权保护问题等方面。计算机软件著作权是指软件的开发者或者其他权利人依据有关著作权法律的规定，对于软件作品所享有的各项专有权利。软件著作权的登记，通常指自然人或企业对自己独立开发完成的软件作品，通过向登记机关进行登记备案的方式进行权益记录/保护的行为。

软件著作权登记虽然不是取得著作权的必要条件，但软件著作权登记有非常重要的现实和法律意义。

三、 集成电路布图设计

（一） 立法概况

集成电路布图设计权是一项独立的知识产权，是权利持有人对其布图设计进行复制和商业利用的专有权利。

由于现有《专利法》《著作权法》对集成电路布图设计无法给予有效的保护，世界许多国家就通过单行立法，确认布图设计的专有权。2001 年 3 月 28 日国务院通过了《集成电路布图设计保护条例》，于 2001 年 10 月 1 日生效。根据《集成电路布图设计保护条例》，特制定《集成电路布图设计保护条例实施细则》。

《集成电路布图设计保护条例》规定，集成电路布图设计专有权的保护期为 10 年，自集成电路布图设计登记申请之日或者在世界任何地方首次投入商业利用之日起计算。如集成电路布图设计登记申请之日与在世界任何地方首次投入商业利用之日不一致的，以较前日期为准。但是，无论是否登记或者投入商业利用，集成电路布图设计自创作完成之日起 15 年后，不再受《集成电路布图设计保护条例》保护。集成电路布图设计专有权的内容包括复制权和商业利用权。

1）复制权：是指权利人有权通过光学的、电子学的方式或其他方式来复制其受保护的布图设计。

2）商业利用权：是指布图设计权人享有的将受保护的布图设计以及含有该受保护的布图设计的集成电路或含有此种集成电路的产品进行商业利用的权利。

（二）集成电路布图设计与技术转移

依据《集成电路布图设计保护条例》第二十二条的规定，布图设计权利人可以将其专有权转让或者许可他人使用其布图设计。转让布图设计专有权的，当事人应当订立书面合同，并向国务院知识产权行政部门登记，由国务院知识产权行政部门予以公告。布图设计专有权的转让自登记之日起生效。许可他人使用其布图设计的，当事人应当订立书面合同。

《民法典》又被称为形式意义上的民法，是指按照一定的体系结构将各项基本的民事法律规则和制度加以编纂而形成的规范性文件。《民法典》是一国民事立法的体系化呈现，也是调整包括技术转移在内的所有民事法律关系的基本法。《民法典》不管是在哪里，都往往被当作整个法律制度的核心。

第三节　《民法典》与技术转移

一、《民法典》与技术转移概述

2020 年 5 月 28 日，经过多轮审读，广泛向社会公众征求意见，十三届全国人大第三次会议审议通过了《民法典》，并于 2021 年 1 月 1 日正式施行。从此，我国民事立法由《中华人民共和国合同法》《中华人民共和国物权法》《中华人民共和国侵权责任法》《中华人民共和国继承法》《中华人民共和国担保法》等单行法并存的"零售"模式转为《民法典》的"批发"模式。

二、《民法典》的作用

《民法典》是中华人民共和国第一部以"典"命名的法律，"在中国特色社会主义法律体系中具有重要地位，是一部固根本、稳预期、利长远的基础性法律"，对国家治理和社会生活具有十分重要的作用，具体可概括为以下三点：

1）《民法典》是市场经济的基本法。市场经济以市场作为资源配置的主要方式，而市场配置资源必须遵循一定的规则，否则会陷入无序和混乱的状态。《民法典》明确了平等、意思自治、公平、诚实信用、公序良俗等市场经济的基本准则，规定了自然人、法人和非法人组织等市场主体，以及物权、合同、侵权责任等市场配置资源的重要制度，确立了市场经济的运行规则。

2）《民法典》是社会生活的百科全书。从社会关系看，社会生活往往体现为社会成员之间的人身关系和财产关系，而这正是《民法典》的调整对象。对于每一个民事主体而言，其在社会生活中的每一个事项几乎都与《民法典》息息相关，享有权利的同时履行义务。可以说，《民法典》是社会生活有序开展不可或缺的保障。

3）《民法典》是依法行政和司法的重要依据。《民法典》是一部规范公权、保障私权的法典。对于行政机关而言，必须遵循"法无授权不可为"的基本原则，在法律、行政法规的授权范围行使权力，不得逾越《民法典》所规定的民事主体权利界限。对于司法机关而言，《民法典》是其处理民事纠纷的基本准则，是实现依法裁判的重要保证。

第四节　新型电力系统法律体系

电力经纪人是为响应党的二十大报告中关于"加快规划建设新型能源体系"应运而生的新型人才储备，需要了解我国电力行业发展的新趋势和新型电力系统，以及碳达峰碳中和战略目标对电力系统转型升级提出的具体要求。在法律知识储备方面，电力经纪人需要从新型电力系统建设的立法、执法、司法方面掌握相关法律法规及该领域的法律制约机制发展动态。

一、 构建新型电力系统需要完备的立法体系

电力经纪人需了解掌握我国新型电力系统的法治构建，法治构建是顶层设计的核心要素，必须坚持立法先行，发挥立法的引领、推动和保障作用，这也是欧美等国家在推进新能源发展过程中的经验。加快制定《中华人民共和国能源法》、修订《中华人民共和国电力法》和《中华人民共和国可再生能源法》是完善能源法律体系、加强能源行业治理的重要举措，也是推进新型电力系统建设的重要保障。

（一）《中华人民共和国能源法》的制定

为构建完善的能源法律制度体系，需充分发挥能源法作为基本法的作用，亟须制定《中华人民共和国能源法》，巩固能源行业改革发展取得的成果，为新时代能源行业进一步发展营造良好的法治环境。2020 年 4 月 10 日，《中华人民共和国能源法（征求意见稿）》（以下简称《能源法草案》）由国家能源局发布。

2024 年 9 月 13 日，第十四届全国人大常委会发布《中华人民共和国能源法（草案二次审议稿）》，第三十条规定："国家加快构建新型电力系统，加强电源电网协同建设，推进电网基础设施智能化改造和智能微电网建设，提高电网对清洁能源的接纳、配置和调控能力"，为构建新能电力系统提供法律指引。

（二）《中华人民共和国电力法》的修订

1995 年颁布的《中华人民共和国电力法》（以下简称《电力法》）对于规范电力建设、生产、供应和使用活动，维护电力投资者、经营者和使用者的合法权益，保障电力安全运行，保障和促进电力事业的发展具有重要作用。

但是自从《电力法》颁布以来，整个经济社会发展及电力系统已经发生了翻天覆地的变化。《电力法》修订是电力系统改革的契机，建议增加关于"构建新型电力系统"的相关内容，具体包括三个方面：一是通过国家法律、政策和制度来支持、鼓励、引导风力发电、光伏发电、水力发电、核能发电、生物质能发电等发展的内容，从发电侧增加可再生能源发电和核能发电的比重，优化电力生产结构；二是增加关于绿电交易的规定，绿色电力交易机制是促进新能源投资、开发和建设的重要制度安排，是加快新型电力系统建设有力举措，是通过市场机制优化资源配置，推动"双碳"目标实现的重要保障；三是增加统一电力市场体系建设的规定，要健全交易机制，规范交易行为，逐步有序健全多层次统一电力市场建设。

（三）《中华人民共和国可再生能源法》的完善

《中华人民共和国可再生能源法》（以下简称《可再生能源法》）规定的鼓励和支持可再生能源并网发电的政策和可再生能源发电全额保障性收购制度实际上从法律角度为促进可再生能源的开发利用提供了根本性的原则规定。尽管《可再生能源法》的实施为可再生能源发展提供了前瞻性的指引，但是在构建新型电力系统，实现能源绿色低碳转型的背景下，有必要对该法实施以来国家和地方层面为贯彻该法所出台的各种政策的效果进行梳理评估，结合"双碳"目标和新型电力系统建设的要求对《可再生能源法》进行全新的修订。

二、 构建新型电力系统需要出台统一的司法标准

习近平总书记指出"法治是最好的营商环境"。2020年7月20日出台的《国家发展和改革委员会关于为新时代加快完善社会主义市场经济体制提供司法服务和保障的意见》（法发〔2020〕25号）提出要充分发挥审判职能作用，营造适应经济高质量发展的良好法治化营商环境，为加快完善新时代中国特色社会主义市场经济体制提供有力司法保障。

实践中，电力行业具有非常强的行业特点和专业技术属性，各地法院在案件定性上往往有不同的认识，亟须行业组织与司法机关沟通协调，统一裁判尺度和司法标准。

构建新型电力系统涉及能源结构、产业结构和经济结构的调整，以及经济社会的系统性变革，因此，必须以保护产权、维护契约、平等交换、公平竞争、有效监管为基本原则，进一步提高司法建设水平，为构建新型电力系统和经济社会发展提供切实司法保障。

第二章　知识产权管理与运营

第一节　知识产权基本概念

知识产权是人们对于自己的智力活动创造的成果和经营管理活动中的标记、商誉依法享有的权利。在我国，法学界曾长期使用"智力成果权"的说法，1986 年《中华人民共和国民法通则》颁布后，正式使用"知识产权"的称谓。

一、知识产权的范围

从客体范围来看，知识产权有广义与狭义之分。广义知识产权包括专利权、著作权、邻接权、商标权、商号权、商业秘密权、地理标志权、集成电路布图设计权等权利。狭义知识产权，即传统意义的知识产权，包括著作权（含邻接权）、专利权、商标权。狭义的知识产权分为两类：一类是文学产权，包括著作权及邻接权；另一类是工业产权，主要包括专利权与商标权。文学产权是关于文学、艺术、科学作品的创作者和传播者所享有的权利，它将具有原创性的作品及其传播方式纳入其保护范围，从而在创造者"思想表达形式"的领域构造了知识产权保护的独特领域。工业产权是指工业、商业、农业、林业及其他产业中具有实用经济意义的一种无形财产权。

二、知识产权的类型

1. 著作权

《著作权法》所规定的"作品"，是指文学、艺术和科学领域内具有独创性并能以某种有形形式复制的智力成果。根据《著作权法》，作品主要包括 9 类：①文字作品；②口述作品；③音乐、戏剧、曲艺、舞蹈、杂技艺术作品；④美术，建筑作品；⑤摄影作品；⑥电影作品和以类似摄制电影的方法创作的作品；⑦图形作品和模型作品；⑧计算机软件；⑨法律、行政法规规定的其他作品。

2. 邻接权

邻接权，又称相关权、作品传播者权，在《著作权法》中被称为"与著作权有关的权益"。邻接权是著作权法为某些不足以达到作品所要求的独创性的客体所创设的一种类似于著作权的权利。邻接权通常是在对作品的传播过程中产生的，主要包括出版者对其出版的图书和期刊的版式设计享有的权利，表演者对其表演享有的权利，录音录像制作者对其制作的录音录像制品享有的权利，以及广播电台、电视台对其播放的广播、电视节目享有的权利。

3. 专利权

《专利法》第二条规定了三种类型的专利，即发明专利、实用新型专利和外观设计专利。

发明是指对产品、方法或者其改进所提出的新的技术方案。

实用新型是指对产品的形状、构造或者其结合所提出的实用的新的技术方案。

外观设计是指对产品的形状、图案或者其结合以及色彩与形状、图案的结合所做出的富有美感并适于工业应用的新设计。

发明专利的涵盖面广，其保护客体分为产品发明和方法发明两大类型。《专利法》保护的发明可以是新的产品或方法，也可以是对现有产品或方法的改进。

实用新型与发明的不同之处在于：实用新型的保护客体只限于具有一定形状的产品，不能是方法，也不能是没有固定形状的产品（如化学物质）。

外观设计是关于产品外表的装饰性或艺术性的设计。外观设计与实用新型都可以涉及产品的形状，但两者不同之处在于，实用新型是一种技术方案，它所涉及的形状是从产品的技术效果和功能的角度出发的；而外观设计是一种设计方案，它所涉及的形状是从产品美感的角度出发的。

4. 商标权

商标是最典型的一种商业标记，通常也是经营者商誉的最重要的体现。《与贸易有关的知识产权协议》（即《TRIPs协定》）第十五条规定，任何能够将一个企业的商品或者服务与其他企业的商品或服务区分开的标记或标记组合，均能构成商标。《商标法》第八条规定："任何能够将自然人、法人或者其他组织的商品或服务与他人的商品或服务区别开的标志，包括文字、图形、字母、数字、三维标志、颜色组合和声音等，以及上述要素的组合，均可以作为商标申请注册。"

根据不同的标准，可以对商标进行不同的分类：根据使用的对象不同划分为商品商标与服务商标；根据标志的功能不同划分为普通商标、证明商标、集体商标。

第二节　专利挖掘布局与专利检索策略

专利挖掘是指企业或个人在科研或生产过程中对所取得的技术成果，从技术和法律层面进行剖析、整理、拆分和筛选出可以申请专利的创新点。

专利布局是指企业综合生产、市场和法律等各方面因素，对专利进行有机结合，构建严密高效的专利保护网，形成对企业有利的专利格局。专利布局是专利挖掘的进一步延伸，其专业性更强，涉及面更广。

因此，有效挖掘专利并实施专利布局，可以从多方面为企业的发展创造更多的价值，保障企业在激烈的市场竞争中稳步发展，赢得更多民心，是企业规避知识产权风险，提升市场核心竞争力的必然之举。

专利检索是专利文献检索的简称，指以获得有价值的经济、技术、法律等信息为目的的针对专利文献进行的检索活动。专利检索是专利挖掘和布局的基础，通过专利检索，可以确定某项技术与现有技术的"不同点"，形成有效的技术方案，再进行技术扩展，挖掘可替代、相类似的技术，以形成对企业核心专利进行保护的专利布局。

企业通常根据自身的发展愿景和目标，有目的地制定专利布局规划并根据专利布局规划对发明创造进行专利挖掘，在获得专利权的基础上对专利进行保护和运用。因此，专利挖掘是获得专利权的核心手段，是专利战略实施过程中的关键环节；专利布局是企业实施专利战略的起点，而且贯穿整个专利战略的实施过程。专利挖掘和布局对企业专利战略的实施效果，乃至企业的发展愿景和目标的完成都至关重要。

一、 专利挖掘策略

科学有效地实施专利挖掘，往往需要遵循一定的挖掘思路和行之有效的方式方法，才能最终将技术成果充分转化为专利。

1. 围绕重要技术点专利挖掘策略

在围绕某个重要技术点进行专利挖掘时，首先要进行技术分析，从该技术创新点出发，寻找关联的技术因素和其他可能的技术创新点。通过扩展和延伸，梳理关联因素，把握技术维度，明确创新节点。

其次，通过信息检索确定现有技术。一般利用关键词或分类号来进行专利检索，或以专利文献的引证/被引证情况、同族情况、发明人/申请人情况等为线索进行检索，寻找关联的技术因素和其他可能的技术创新点，从而判定该技术是否具有新颖性、创造性，以及是否有风险。该风险主要包括两方面的判定，一方面是获得授权可能性的判定，另一方面是产品专利侵权的风险判定。在确定了风险专利的基础上，要及早寻找技术规避方案。

最后，确定和提炼发明点。发明点的确定和提炼，不是简单确认技术点是否"新"，而是从专利运用、技术占位、市场控制、侵权诉讼举证等方面综合进行考量，其涵盖了技术、市场和法律等多重因素。

2. 围绕重要产品与核心技术专利挖掘策略

（1）围绕产品结构的专利挖掘

从产品的结构角度进行专利挖掘是最为有效的方式之一，基于产品结构类研发项目的专利挖掘方法一般适用于研发项目的目标是实物产品的研发，例如机器、设备、工具等。

使用该方法进行专利挖掘，首先将产品结构分为零部件和整体两大分支，接着细分为不同的零部件，考虑每一技术分支所涉及的技术要素。对于零部件来说，主要的技术要素在于零部件自身的结构，是创新点比较集中的节点，应重点进行专利挖掘，其他方面还有零部件的材料、外形制造零部件的工具、制造零部件的方法等。而对于产品整体来说，产品整体的结构也是创新点比较集中的节点，其次还有产品整体的外形、组装产品的工具及方法等。而对于细分出的制造工具、组装工具等技术要素，还可以进一步细分出该工具的零部件从而在另一个起点上进行技术分析。在尽可能穷尽了所有相关的技术要素之后，就可以针对每一个技术要素，分析其可能存在的创新点。

（2）围绕产品功能的专利挖掘

基于产品功能类研发项目的专利挖掘方法一般适用于计算机、电子、通信领域常见的硬件系统和软件系统，尤其是软件系统，因为这类系统在设计之初大多是以功能模块的形式进行划分，后期基于产品功能进行专利挖掘会具有较高的对应性，不会造成明显的遗漏。

使用该方法进行专利挖掘，首先将产品所能实现的所有功能一一列出，所列出的功能应尽可能具体，不能过于笼统和概括。除新功能外，还要将实现的常规功能也一并列出，因为有些常规功能可能是由一些具有创造性高度的部件或方法带来的。接着对每一个功能，分别从实现功能相关的部件和实现功能相关的方法两个方面去进一步分解。相关部件可以从结构、外形、材料等方面进行分解；相关方法可以从方法的具体流程步骤、方法相关的部件以及方法相关的工作方式等角度分解。最后梳理每一个技术要素有可能涉及的创新点，例如方法流程步骤中可能减少了步骤从而降低了时间消耗，可能使用了新的工作方式从而提高了方法的可靠性等，都可以梳理出有价值的创新点。

（3）围绕产品应用的专利挖掘

基于产品应用类研发项目的专利挖掘方法一般适用于比较基础和核心的产品，或者是在不同领域通用性较好的产品，这种产品可以应用于不同的技术领域，从而能够挖掘出不同的专利。

使用该方法进行专利挖掘，首先将基础产品所能应用到的具体领域一一列出，对于基础产品所能够应用到的每一个技术领域，分别从基础产品应用到该领域后的衍生产品和应用基础产品的方法两个方面去进一步分解相关技术要素。最后梳理每一个技术要素有可能涉及的创新点，例如衍生产品由于使用了基础产品而相应地作出了创造性的改变等。

（4）围绕产品测试的专利挖掘

对于新产品来说，往往会根据测试对象和目的的不同，调整测试设备和方法。由于产品本身要达到的技术指标、使用的技术手段、满足的客户需求都有可能是全新的，因此也会对测试设备和方法提出新的挑战，产生大量创新点。

使用该方法进行专利挖掘，首先将产品测试的对象分为零部件和产品整体两类。对于零部件的测试，可以按照测试的参数不同细分为工艺性测试、功能性测试、稳定性测试、安全性测试等。对于整体测试，则可进一步细分为系统性测试。最后梳理每一个技术要素有可能涉及的创新点，例如测试设备在结构方面是不是有改进，在测试方法方面是不是有优化等。

3. 围绕竞争对手专利布局策略

（1）以引领型企业为竞争对手的专利布局策略

引领型企业是指在产业内技术和产品实力较强、具有主导竞争格局能力的企业。这类企业往往是龙头企业或某些关键环节的优势企业，以技术创新引领和主导竞争格局，在产业竞争中具有举足轻重的作用。

交叉布局专利策略。产业发展的初期阶段，引领型企业采取相对宽松的专利布局和保护策略。目标企业需要分析竞争对手的专利布局结构，对于一些基础专利或核心专利，可以围绕其进行改进和再创新，并进行专利布局，形成你中有我、我中有你的布局态势，为后续寻求交叉许可积累筹码。

外围专利布局策略。产业快速发展阶段，引领型企业间往往进行大规模专利布局。此时，目标企业可采取外围专利布局策略，分析竞争对手重点产品和核心技术的发展脉络，寻找潜在的技术空白区和研发的切入点，开展有针对性的技术创新，形成外围专利布局。比如，竞争对手开发一种新药物，并围绕药物的成分、制备方法、用途、制备装置等进行了严密的专利布局，在这种情况下，目标企业可以针对竞争对手的新药物进行外围研究，包括新药物的杂质控制、新药物与辅助药物的联合用药等方面。

差异化专利布局策略。产业发展成熟阶段，引领型企业专利布局已经完善目标企业难以突破其技术壁垒，一般采取差异化专利布局策略，尽量避开竞争对手的直接攻击，从而在市场中赢得一席之地。

（2）针对技术主导型竞争对手的专利布局策略

技术主导型企业是指技术实力较强但产品实力较弱的企业。这类企业在某些技术领域有优势，有的是从实际产品化阶段发展演变到技术创新和技术服务上来的轻资产企业，比如逐渐剥离了硬件制造专门提供技术解决方案的服务公司；有的则是技术创新还未进入大规模产业化阶段，比如一些创新型企业或以技术研发、技术服务等为主的新创企业。

1）抢先沿产业链布局策略。在技术发展的初期阶段，分析和跟踪技术主导型竞争对手，研判其技术动向，对于一些对未来发展有可能产生重大影响的专利及时进行评估。如果的确有巨大的市场潜力和发展空间，应该在竞争对手还未来得及补强专利布局之前，抢先沿产业链布局专利，在竞争中占得先机，阻断竞争对手产业化的路径，压缩竞争对手的发展空间。

2）包围式专利布局策略。在技术快速发展阶段，从技术角度关注其专利布局的变化，结合对核心技术的市场潜力分析。如果核心技术产业化或市场化的前景较好，其可能成为现有技术的替代技术，目标企业要针对竞争对手采取全面包围的专利布局策略，快速抢占技术空白区域；如果核心技术产业化或市场化的前景不明朗，短时期难以形成对现有产品或技术的冲击，目标企业可以暂不做出专利布局的行动，而是持续关注竞争对手。

3）破坏型专利布局策略。在技术发展的成熟阶段，技术主导型竞争对手着眼于技术的转移转化，技术的产业化步伐加快，目标企业应针对竞争对手的产品化或产业化的关键节点或关键环节布局专利，打乱其产品化或产业化的节奏，压缩竞争对手的发展空间。

（3）针对产品主导型竞争对手的专利布局策略

产品主导型企业是指产品实力较强、技术创新实力相对较弱的企业。产品主导型企业一般靠模仿竞争对手的产品和技术来盈利，自身没有较强的技术研发实力，特别是当竞争对手拥有产品和技术的相关专利的情况下，这类企业所面临的专利侵权风险较大。因此，专利布局策略仍然是以防御为主，比较快捷的方式就是通过转让、许可等形式储备专利，构建自身专利布局。此外，对重点产品进行外围专利布局，降低专利风险，防止进入壁垒，降低产品的成本。

1）沿产品链抢先布局策略。产品发展初期阶段，抢先布局产品上游和下游技术，压缩产品的发展空间，限制竞争对手的发展。

2）狙击型专利布局策略。产品快速发展阶段，市场逐步打开，围绕重点产品的发展方向和改进方向，进行技术创新和研发，并布局专利，形成狙击型专利布局，待竞争对手在市场需求的推动下着手进行产品改进时，狙击型专利布局就将成为竞争对手难以绕过的壁垒。

3）构建专利池策略。产品发展成熟阶段，市场逐步打开，通过购买、获得许可联盟共享等形式构建产品专利池，为后续针对产品主导型竞争对手开展专利侵权诉讼做好准备。

4. 围绕行业关键技术专利布局策略

在新的专利环境下，我国电力企业正在面临多方面的专利风险：一是标准专利缺失的风险。在移动通信领域，标准专利的威力已被发挥到极致，诸多大厂商之间的知识产权纷争均围绕标准专利展开。二是智能用电创新的专利风险。在能源互联网的推动下，智能用电将得到普及，电力将实现智能化应用。三是"走出去"的专利风险。如果说股权投资方式，其专利风险仍由投资对象自行承担，对股东的影响是间接影响的话，那么技术和装备出口，则将电力企业置于风险的最前沿。因此，相对传统能源环境而言，能源互联网时代电力行业的专利工作将发生实质性的重大变化，专利的全球布局和风险预警将对企业发展起到举足轻重的作用。

（1）产品、方法双管齐下

电力行业内的技术创新多涉及产品的组成、构造、形状、位置或连接关系，即产品结构方面的创新。对于产品结构方面的创新，要及时申请专利保护。针对核心结构，应当申请发明专利保护。其他结构的创新可以综合运用申请发明专利和实用新型专利进行保护。而当产品的结构在外观上具备特色时，也应当申请外观设计专利。在保护产品结构的同时，也要重视对产品的制造方法、工艺、操作方法、使用方法以及控制方法的保护，特别是对于不易保密、易看易学的工艺方法，应当及时申请发明专利保护。通过产品权利要求和方法权利要求的全方面专利布局，双管齐下，获得全方位的保护。

（2）追溯产业链以全面布防上下游

在电力行业，许多设备均是由不同的零部件供应商提供配件，再由整装厂商完成装配，这一生产过程中涉及许多上下游企业。因此，电力设备在实际使用过程中不可避免地要涉及多重参与者。这一境况下，创新主体在专利布局时需要眼光长远，将产品从设计、投产，到销售、使用各个环节可能涉及的参与者都假定为侵权对象，针对性设置权利要求布局和多重专利组合，以应对上下游各环节可能发生的专利侵权，保障专利权的有效性。

（3）从小部件到大系统

每一个系统都是由无数的小部件组成，每一个小部件的创新都会映射到大系统的创新上。因此，哪怕创新的部件很小，也要予以重视，及时申请专利保护，同时对各部件构成的整个大系统也要申请专利，对其整体进行专利布局。

（4）上位表述保护主题或技术特征

电力行业内，进行专利布局时，为获得尽可能大的保护范围，并预防竞争对手的规避设计，适宜对权利要求的保护主题进行上位化表述。同理，对权利要求中记载的技术特征也可采用上位化的表述。但需要注意的是，此类上位表述是一把双刃剑，虽然扩大了保护范围，但也增加了无法授权或被宣告无效的风险。在进行专利布局时一定要仔细衡量，并按照从属权利要求来作进一步限定，进行周密的布局。

二、 专利检索与专利导航

在技术转移过程中，专利检索和专利导航可以发挥以下作用：第一，挖掘技术价值。通过专利检索，可以了解到当前领域内的技术水平和发展方向，找到并分析与自己相关的专利信息，从中挖掘技术价值，并确定技术转移的重点和方向。第二，防止侵权风险。专利导航可帮助企业及时获取技术领域内的专利情况，了解已经被授权的专利分布、范围，防止自己的技术侵犯他人的专利，降低侵权风险，避免侵权纠纷。第三，加强技术竞争力。专利检索可以了解到其他企业在该领域内的技术水平和发展方向，从中发现自身的不足和差距，进而加强技术竞争力，促进自身技术的提高和发展。第四，促进技术引进和转移。通过专利导航，可以了解到相关领域内的关键技术、先进技术和热点技术的专利情况，根据自身需要，寻找合适的技术引进或转移合作的对象，加快技术转移的进程。第五，为技术创新提供思路。通过专利检索，可以了解到其他企业在该领域内的解决问题的方法和技术手段，从中获得启发，为技术创新提供思路和指导。

下面介绍在技术转移过程中常遇到的专利检索场景和专利分析场景，以及其具体实施方式。

1. 针对技术问题的专利检索

技术转移是将一种或多种技术应用到新的领域或市场的过程。在技术转移的过程中，针对技术问题开展专利检索是非常必要和重要的，专利检索可以为企业在技术转移、技术合作、产品开发等方面提供更全面的信息和数据支持，同时也可以避免因专利侵权而产生的法律风险和商业损失。

以下是在技术转移过程中需要针对技术问题进行专利检索的几种情况：技术转移涉及的关键技术是否已经被专利保护；确认要开发的新产品或工艺是否会侵犯已有专利，以便避免侵权；检索与某项技术或产品相关的专利，以了解该技术或产品已有的竞争对手或其他公司的专利情况，为开发新产品或进行技术转移提供参考；在技术转移或开发新产品过程中，需要查找技术或产品的完整技术情况，以帮助企业了解某项技术或产品当前最新的技术水平，支撑企业的技术研发和市场营销工作；寻找合作伙伴时需要进行专利检索，以了解合作伙伴是否已经拥有相关专利，也需要检索与该合作伙伴相关的专利，以便更好地进行交流、合作和知识产权交易。

针对技术问题开展专利检索的操作流程大致如下：

1）明确技术问题：首先需要明确技术问题及其相关的具体细节，这有助于更好地确定检索策略和检索关键词。

2）确定检索关键词：根据所涉及的技术领域、产品或工艺类型、相关专利分类等情况，确定最为恰当和详尽的检索关键词。这些关键词既可以是技术术语和专有名词，也可以是有关技术或产品的通俗板块名称。

3）检索专利数据库：基于所选定的检索关键词，通过专利数据库进行检索，对检索到的专利进行筛选和分类，以便进一步分析和评估。

4）分析专利文献：对检索到的专利文献进行分析和评估，了解每项专利文献的技术内容、专利权人、申请日期、公开日期、专利生效地域等情况。在此基础上，进行专利文献的比较和分析，找出与解决技术问题最为相关的专利文献。

5）确定专利保护范围：进行专利保护范围的分析和评估，确定某一专利文献的专利权保护和权利范围，避免企业在技术转移、产品开发等过程中侵犯相关专利权利。

6）整合专利信息：整合和汇总已检索到的专利信息，筛选和加工最有用的专利信息和技术资料，以便对于相关技术问题进行研究和决策。

针对技术问题开展专利检索是一个相对复杂的过程，需要进行全面细致的分析和策划，只有通过恰当的检索策略、科学的检索关键词以及合理的分析比较方法等，才能得出有意义的专利检索结果，为企业在技术转移、产品开发等方面提供更全面和可靠的技术信息支持。

2. 针对标准化的专利检索

技术转移过程中，标准化是一个很实用的方法。通过制定标准可以促进技术转移的顺利进行，但如果没有考虑到已有的专利，可能会导致技术侵权的风险。因此，对标准化进行专利检索就能够帮助企业尽早识别潜在的专利风险，并采取相应的措施来管理风险，从而更好地推进技术转移。针对标准化开展专利检索，还可以为技术转移中的合作方提供更准确的技术路线。通过检索标准所涉及的领域和技术现状，可以得知同类技术的专利保护情况，这能够帮助合作方判断技术是否可行，并参考其他同类技术的专利策略方案，更好地制定专利支持策略，从而更好地促进合作。

针对标准化的专利检索流程主要包括以下步骤：

1）明确标准：首先需要了解要检索的标准，包括标准名称、适用范围、技术细节等。技术转移双方应该对这一步都很熟悉，因为标准化往往是技术转移的重要前提之一。

2）分析标准涉及的技术领域：根据标准，分析涉及的技术领域，确定需要检索的专利分类和领域。

3）全文检索：利用专利数据库等资源，对已有相关专利文献进行全文检索，筛选可能涉及该标准及相关技术领域的专利。

4）检验检索结果：对检索结果进行筛选和排序，提取最符合标准的专利信息，并进行专利权利人和专利权利范围的细致分析，确保标准技术细节的实施过程中的专利风险最小化。

5）客观评价：对选定的专利进行客观评价，从而了解它们与技术转移方案的匹配程度、有效性和可行性，最终为技术转移提供可行性预判和方案决策依据。

需要强调的是，针对标准化的专利检索在技术转移中的作用十分重要。它可以帮助企业快速在已有专利库中寻找到最相关的专利文献，尽快识别潜在的专利风险，在技术方案的制定与落实过程中提供专业支持和决策依据。因此，在技术转移中，企业应该注重围绕标准开展专利检索，并积极掌握相关的技术转移技能，从而更好地推进技术转移进程，并降低技术转移带来的专利法律风险。

第三节　知识产权运营策略与模式

知识产权运营就是运用知识产权制度、经营知识产权权利，涵盖知识产权布局与培育、转移转化、价值评估、投融资及战略应用等各个方面。知识产权运营是知识产权运用的高级阶段，更加强调发挥知识产权制度功能、实现知识产权制度价值，更加强调知识产权的专业化运作和全链条运营，更加强调将知识产权作为核心资产，嵌入创新全过程，进行全生命周期的经营。

一、专利运营的概念、作用与风险

1. 专利运营和知识产权运营的关系

从传统意义看，知识产权主要分为两类：工业产权与著作权。工业产权包括专利权、商标权及地理标志等。因此，专利作为知识产权的一种主要类型，专利运营属于知识产权运营的范畴。在专利运营中，专利的商品化，是将发明、实用新型、外观设计等技术方案或设计生产为产品。专利的商业化是以营利为目的，通过专利转让、专利许可、专利质押等专利运营模式实现专利的商业价值。

2. 专利运营概念

专利运营，是指市场经济中的各类主体，基于专利制度和其他相关法律、法规、政策，利用经济规律和市场机制对专利申请权、专利权、专利信息、专利技术进行的研发的、生产的、商业的、法律的以及其他形式的谋求自身利益的行为。

专利运营具有以下特征：

1）专利运营的主体，可以是市场经济中的各类主体，包括以营利为根本目的的企业、专业服务机构、非营利的社团组织、科研机构、大学或者个人。

2）专利运营主体进行专利运营的基础条件是专利制度和其他相关法律、法规和政策。没有专利制度，专利自身不存在，自然不能开展专利运营业务。没有其他相关的法律法规，如《中华人民共和国民法典》（以下简称《民法典》）《中华人民共和国民事诉讼法》等法律，以及《中华人民共和国行政复议法》等法规，专利运营也无法有效开展。

3）经济规律和市场机制是专利运营的基本原则。专利运营是市场经济的产物，专利运营的机会、风险等都源于市场经济的规律和机制。事实上，基于行政垄断的专利运营也不具有可持续发展性。

3. 专利运营存在的风险与管控

专利运营的成效受诸多因素的影响，每种因素存在很多变化，因此专利运营存在很多风险。对专利运营者而言，风险主要包括政治法律风险、市场运行风险、中介组织风险、经营管理风险、专利自身风险等。

（1）政治法律风险

专利运营是在现实政治、经济、社会条件下展开的。从宏观上看，政府作为专利运营的间接参与者，一方面主动引导和服务于专利运营事业的良性发展；另一方面又可能迫于公众与利益团体的压力或自身战略决策的考量，给总体的、单项的或局部的专利运营设置政治性障碍，造成政治风险。

（2）市场运行风险

一般来说，专利运营植根于市场体系，因此，市场环境的优劣决定着专利运营的效率和质量。当处于经济危机时期，或市场秩序混乱、欺诈盛行时期，专利运营的动力缺乏、成本加大、风险水平提高，各运营主体不得不付出较多的精力去消除市场的"摩擦力"，减少用于专利运营的资源。在专利运营中，信息的不完全、不对称等因素，使得运营在主观或客观上出现风险。

（3）中介组织风险

从某种意义上说，专利运营在多数情形下并非由货币投资者或专利权人直接完成，而是要经由类似于中介代理的非生产专利实体（NPE）帮助实现的，因此，中介组织的状况与专利运营风险具有相关性。

（4）经营管理风险

专利运营风险，还需要深入专利运营者组织内部，考察其与专利运营紧密相关的经营管理问题。这方面涉及专利的滥用（如搭售、价格歧视、掠夺性定价、过高定价等）、组织自身的财务状况、交易策略的选取与偏好等因素，这些均会导致专利运营风险的产生。此外，组织致力于替代性专利的发掘或商业间谍活动，也会对现有专利的运营构成威胁。

（5）专利自身风险

专利自身的无形性等特征，导致其自身可能构成专利运营风险。

1）存在性风险。即名义上的出让者是否真正拥有专利权，拟运营的专利权是否真正存在。

2）接受性风险。当出让者方面没有问题时，受让者因为自身的或外界的原因，能否实实在在地完成专利运营流程，也值得思考。

3）稳定性风险。专利只有权利稳固，没有任何瑕疵，它的资本化运作才会成为可能。此外，如果专利临近保护期的末端，其稳定性可想而知，交易的风险随之加大。

4）价值性风险。主要指专利自身价值准确程度的问题。专利价值评估在理论界、实务界一直受到重视，但也是个难题，精确程度见仁见智。

5）诉讼性风险。专利自身是依法确立的结果，因此从专利运营的准备开始，在各运营环节中均可能有来自不同利益主体出于不同目的的诉讼。而且就通常情形而言，专利诉讼的复杂性较高，周期也较长，风险更大。

二、 专利运营的模式与流程

从实践的角度看，专利运营并没有统一的业务模式和业务流程，每一个进行专利运营的组织都有其独到之处。不同的组织类型和不同的产业领域都会导致不同的专利运营形式，即使是业务领域完全相同的同类组织也会因组织的特点而形成不同的专利运营形式。

专利运营业务流程涉及三个关键性的内容，即组织、专利、专利运营活动。组织是专利运营的客观基础和广义的承担者，专利是专利运营的对象，而专利运营活动是对各种形式的专利运营的总称，三种要素的互动共同构成了专利运营的业务流程。

另外，可以从专利生命周期的角度对专利运营的业务流程进行了解，因为专利是专利运营的客体和基础，专利运营伴随专利的整个生命周期，但是却又不限于专利生命周期范围内。专利生命周期的每一个阶段都伴随着专利运营活动，甚至其中一些阶段的完成自身就是专利运营的一种形式。

（一） 生产型组织的专利运营

1. 生产型组织

生产型组织是以营利为目的，运用各种生产要素从事工业生产活动或提供工业性劳务的经济组织。生产型组织可以简单理解为以产品或中间产品的生产和销售为主要业务的组织，但是随着组织经营模式的多元化，显然这样的界定并不能完整地对生产型组织的边界进行界定，比如一些传统的生产型组织在发展过程中逐渐将其产品生产活动进行外包，而组织自身主要进行产品设计、品牌经营和少数产品的生产加工，甚至完全摆脱产品加工的业务。这也说明组织类型的边界正在不断模糊化。生产型组织的一个重要特点是组织内部拥有操作工人，而且生产环节的专业化程度高，生产工序有较强的重复性。

2. 生产型组织对专利运营的需求

对生产型组织来说，专利运营具有重要意义，佳能知识产权之父丸岛仪一认为知识产权经营是创造知识产权，并灵活运用所创造的知识产权把组织所从事的事业做强、做大的经营手法。同时，专利运营也具有极大的复杂性。如果组织要从专利运营中获取最大的收益，那么在许可方式（许可证）的有效范围、改进技术的再转化和回收、侵权纠纷的处理、技术保证和验收、专利使用费的确定等方面都要进行仔细的斟酌和研究。

产品是联系生产型组织与其客户的桥梁，生产型组织在市场经济中立足的关键在于其产品的竞争力。随着市场竞争的层次化和多元化，产品竞争力有了更多的来源要素，除去价格和质量外，还有服务、品种、营销、顾客、品牌、技术手段、技术标准等内容。其中，技术手段和技术标准是组织构建竞争优势和参与国际化的两项关键内容，技术手段包括产品生产手段、生产工艺以及经营技术等，对价格、质量等其他要素有重要影响，而技术标准是推广组织技术和获取话语权的有效手段。专利是对技术方案的权利化，这种权利化使组织的技术和产品得到了更加完美的保护，而专利技术的标准化则充分放大了专利价值。专利运营可以提升生产型组织的产品竞争力，而产品竞争力的提升可以帮助组织构建竞争优势。

（二）研发型组织的专利运营

研发型组织主要是指科研机构和大学。研发型组织以研发为基础，以知识产权许可为手段，以技术转移为实质，占据创新价值链上游，获取经营利益。在市场经济背景下随着企业分工的不断细化，有一些研发型企业也属于研发型组织，典型的是各种专业化的软件制造商和方案提供商。

1. 研发型组织

（1）大学

大学作为知识资源和创新人才的密集区，是科技第一生产力和人才第一资源的结合点，在创新体系链条中发挥着独特的重要作用。尤其是在我国，高等学校在国家创新体系中居重要地位，但整体创新能力与发达国家相比、与我国经济社会发展的需求相比还有很大差距。大学与企业、科研机构等各种创新力量的结合不够紧密，研究与应用脱节、大量成果束之高阁等现象大量存在，极大地制约了整体创新能力的提高和经济社会发展。

（2）国立研发机构

国立研发机构是由国家建立并资助的各类科研机构，其体现国家意志，有组织、规模化地开展科研活动，是国家创新体系的重要组成部分。国立研发机构包括国家大型综合性科研机构。

2. 研发型组织对专利运营的需求

（1）大学的专利运营

大学的科技成果和专利产出是国家创新成果的重要内容，大学的专利技术转化和运用是其支撑创新型国家建设的重要着力点。但是大学专利的运用存在诸多困境，甚至专利的维持也已经成为一个问题。大学作为申请人的专利具有生命周期短的特点，而且大量专利被闲置，造成了专利资源的浪费，甚至间接造成了大学所投入的科技资源和专利审查部门专利审查资源的浪费。因此，大学对于专利运营有着更为迫切的需求，大学亟须通过对专利进行运营来盘活专利资源，激发专利价值。

（2）国立研发机构的专利运营

国立研发机构的专利技术转移面临诸多困难。首先，科研机构的成员大部分为科学家，而科学家通常没有精力也不愿意直接从事专利技术的转移转化工作，科研机构若过多从事专利技术运用相关工作，可能会出现研发行为利益导向性太强等问题，从而偏离其为社会利益最大化服务的宗旨。其次，科研机构若是直接以专利出资建立企业，则这些企业就具有了天然的专利优势，会挤占市场中其他企业的机会。但是科研机构所产出的专利也不应该被闲置，所以科研机构也需要选择合理的专利运营方式来发挥专利价值。

（3）集中型组织的专利运营

随着专利经济价值的不断凸显，市场上出现了一类专门以专利运营为收入来源的组织，它们通过融资直接收购专利权或者专利申请权，或者通过对研发行为进行投资来获得专利技术，在将众多专利集中聚合于组织内部后，通过对专利进行各种形式的运营来获利。

1）集中型组织。集中型组织是指专利运营机构，该组织机构涉及专利方方面面的运营，包括提供专利代理、专利诉讼、专利许可、专利转让、专利质押和其他服务等内容。把专利当作商品进行经营是集中型组织运营模式的基础思想。

专利运营机构有以下特点：①通过融资建立基金，用于购买专利和进行委托研发，以获得完整专利权或者独占许可为主。②人员组成以专利分析人员、市场分析人员和法律顾问为主，基本上不需要自己的研发人员。③通过市场分析寻找发明方向，以填补大企业的专利空白、市场竞争较为激烈的产业为发明投资领域。④以市场活跃的新兴企业、担心专利诉讼的中小企业和最终用户为许可与诉讼对象，通过"专利基金"进行专利组合、并购、代理和信托等经营活动。⑤帮助企业化解专利纠纷，参与和解并进行收费，同时利用分析软件和分析报告为客户提供专利信息、风险预警、市场拓展等法律服务。

2）集中型组织对专利运营的需求。专利运营的核心是实现专利的经济价值，这种实现方式多种多样，也需要与具有不同背景的多种知识人才合作，对于专利运营机构而言，没有一家机构能够胜任所有与之相关的业务，尤其现在研发创新活动相对分散化。因此，专利运营机构要取得成功，就必须选择适合自己的业务领域。集中型组织成立的目的就是进行各种形式的专利运营，并借此达到营利目的。

第三章 科 技 金 融

第一节 科技金融概述

一、 科技金融概念的提出

党的二十届三中全会提出"构建同科技创新相适应的科技金融体制，加强对国家重大科技任务和科技型中小企业的金融支持，完善长期资本投早、投小、投长期、投硬科技的支持政策。健全重大技术攻关风险分散机制，建立科技保险政策体系""健全相关规则和政策，加快形成同新质生产力更相适应的生产关系，促进各类先进生产要素向发展新质生产力集聚，大幅提升全要素生产率。鼓励和规范发展天使投资、风险投资、私募股权投资，更好发挥政府投资基金作用，发展耐心资本"，这为新时代金融支持科技体制改革、发展新质生产力指明了方向。

如何实现科技和金融的有机结合？"科技金融"一词给出了答案。

1. *科技金融的概念*

科技金融的概念，最早由赵昌文教授在《科技金融》一书里提出。他指出，科技金融是"促进科技开发、成果转化和高新技术产业发展的一系列金融工具、金融制度、金融政策与金融服务的系统性、创新性安排，是由科学和技术创新活动提供金融资源的政府、市场、企业等各种主体及其在科技创新融资过程中的行为活动共同组成的一个体系，是国家科技创新体系和金融体系的重要组成部分"。

《国家"十二五"科学和技术发展规划》中，首次对科技金融进行了官方定义，即"通过创新财政科技投入方式，引导和促进银行业、证券业、保险业金融机构及创业投资等各类资本，创新金融产品，改进服务模式，搭建服务平台，实现科技创新链条与金融资本链条的有机结合，为初创期到成熟期各发展阶段的科技企业提供融资支持和金融服务的一系列政策和制度的系统安排。"加强科技与金融的结合，不仅有利于发挥科技对经济社会发展的支撑作用，也有利于金融创新和金融的持续发展。

综合现有研究，可将科技金融概括为"一个为科技型企业提供金融服务的体系"。具体而言，即"针对科技型企业的各个发展阶段，以加快促进科技创新创业、科技成果转化和高新技术产业化为目标，通过持续的金融创新逐步形成的集直接融资、间接融资和金融中介服务于一体的科技金融体系"。区别于金融科技（FinTech），科技金融落脚点在金融，是金融服务实体经济的典型代表。

2. *科技金融的参与主体及各方职责*

通常一个完整的金融市场，需要由买卖双方提供可供交易的标的资产与金融资产，还需要为交易过程中消除信息不对称性，以及保证交易合规性和便捷性提供支撑的居间服务机构。因此，按照科技成果转化的发展过程，科技金融的参与主体可以分为科技金融需求方、科技金融供给方、科技金融服务机构、政府和科技金融生态环境等科技金融要素构成的综合体。

科技金融的需求方包括高新技术企业、高校、科研院所和个人，其中高新技术企业是科技金融的主要需求方，高校和科研机构是财政性科技投入的需求方，两者也是科技贷款和科技保险的需求方。

科技金融的供给方主要是指银行、创业风险投资机构、科技保险机构和科技资本市场等金融机构，另外个人也是科技金融的供给方，如天使投资人、民间金融和高新技术企业内部融资等。

科技金融服务机构包括传统的担保机构、信用评级机构、律师事务所、会计师事务所，以及新兴的技术转移机构、科技服务机构、财务顾问公司等，这些机构在改善金融市场的信息不对称方面起到了积极的作用。

二、 科技金融的目标定位

1. 科技金融的目标

作为现代化经济体系的两大战略支撑，现代科技是经济持续发展的动力引擎，现代金融是经济畅通运行的润滑剂，两者共同作用，推动现代经济高质量增长和可持续发展。科技金融旨在促进现代科技和现代金融的有机结合，从而有效实现科技创新和金融创新的良性互动，以及科技资源和金融资源的高效对接。

具体而言，作为科技创新的触发器和加速器，科技金融的发展目标主要有以下三点：

1）拓宽资金来源，增强科技型企业融资能力。科创企业是我国实现高水平科技自立自强的重要载体，但由于其"投入大、周期长、轻资产、无抵押"等特点，传统银行借贷往往无法满足其融资需求。科技金融通过优化科技投融资体系，一方面拓宽资金来源，推动政府资金和社会资本更好地流入科技创新领域；另一方面针对科创企业发展初期"两高一轻"（高人力成本、高研发投入、轻资产）的特点，创新和完善无形资产质押融资服务，完善无形资产质押评估、处置和交易体系，提高科技型企业的融资增信能力。

2）跨界集聚资源，解决"最后一公里"的衔接问题。科学技术从前沿研究、技术转化到最终面向终端用户会经历漫长的过程，其中各个环节都面临不同的痛点难题。基础技术研究周期长、不确定性高，技术转化主体不一致、协同难度大、科技研发与成果应用脱节、产学研用协作机制不完善等问题，严重阻碍着科技资本化。科技金融应致力于提供一站式科技服务，汇集和协同各类科创资源，推动各类科创主体的合作，帮助分担科技创新过程中的风险，弥补科创领域市场失灵问题，克服"最后一公里"的衔接难关。

3）推进成果转化，助力中国2035年跻身创新型国家前列的远景目标。习近平总书记在中央全面深化改革委员会第二十五次会议上强调，加快推进金融支持创新体系建设，要聚焦关键核心技术攻关、科技成果转化、科技型和创新型中小企业、高新技术企业等重点领域，强化金融支持科技创新的外部支撑。科技金融需发挥金融业对于实体经济的支持作用，推动优质科技项目落地，完善科技产业空间布局，助力科技自立自强，为实现中国2035年跻身创新型国家前列的战略目标添砖加瓦。

2. 科技金融的定位与作用机制

2018年，《"十三五"现代金融体系规划》将"发展完善科技金融"作为完善有效支持实体经济的金融服务体系的重要手段。2021年，中国银保监会印发了《关于银行业保险业支持高水平科技自立自强的指导意见》，提出推动完善多层次、专业化、特色化的科技金融体系，为实现高水平科技自立自强提供有力支撑。金融的核心功能是为实体经济服务，科技金融作为政策导向型服务业，肩负着支持科技创新发展的历史重任，须甘愿承担科技型中小企业成长过程中可能面临的诸多风险，扶持科技型中小企业发展，解决其融资难的问题——这正是科技金融服务体系的战略定位。

科技金融的作用机制是凭借发达的金融体系和完善的风险控制系统实现金融积聚，通过输送科技创新资金、激活创新要素、加速研发和应用进度、分散创新风险、优化创新资源配置、放大创新效益等关键的支撑、激励和杠杆作用。

三、 科技金融模式

由于各国科技金融发展的成熟度不同，对科技金融的认识和实践也有所不同。传统科技金融模式主要有三类：以美英为代表的资本市场主导型模式，以德日为代表的银行主导型模式和以中韩为代表的政府主导型模式。考虑到中国实践，本书将科技金融模式分为政府主导型、商业金融机构主导型和国有企业主导型三种模式。

1. 政府主导模式

政府主导模式体现为政府在科技金融资源配置中起主导作用，是一种自上而下的发展模式。在此模式下，科技金融发展资金的主要来源是政府财政资金，政府通过直接融资、信用担保或贷款贴息等多种方式解决科技型企业融资难、融资贵的问题，支持科技型企业发展。北京中关村是政府主导模式的成功范例，政府通过出台一系列政策措施，发挥保险增信作用，为园区内企业提供信用背书，整合金融资源，拓宽融资渠道，现已成功将中关村打造成为我国创新资源最为丰富的区域。

当然，政府主导模式也存在弊端。最主要的一点是，商业性金融服务业参与程度和积极性不高，未能充分发挥市场资源配置的作用，导致政府需要承担较大风险。

2. 商业金融机构主导模式

商业金融机构主导模式表现为，以银行为代表的商业金融机构是企业融资的主要来源。在此模式下，间接融资占据科技型企业融资的主体地位。银行等金融机构充分发挥中介职能，解决了资本的供需对接问题，同时金融机构可以持有企业一定比例股份，紧密的银企关系在很大程度上缓解了金融机构与科技型中小企业之间信息不对称的问题。

此模式下最具代表性的是科技银行，如杭州银行。杭州银行于 2009 年设立科技企业金融服务的专营机构——科技支行，是国内最早开展科技金融业务的银行之一。经过十多年实践，该行科技金融已从简单地为科创企业提供贷款，逐步发展成笼括科创金融生态圈的全面金融服务。截至 2021 年 6 月末，杭州银行累计服务科创企业近 9000 家，融资余额近 300 亿元，其中一大批企业已成为中国经济转型升级的行业领军者。

3. 国有企业主导模式

作为近些年来逐步兴起的发展模式，国有企业主导模式是极具中国特色的组织安排。央企和地方国有企业资源丰沛、资金实力雄厚，既可以选择企业内部孵化，通过自主研发、组建科技部门、设立全资子公司等内部布局方式进行前沿科技研究，也可以通过直接投资、参股控股、投资并购等方式对外投资具有发展前景的中小型科创企业，两种方式齐头并进，显著提高企业科技创新发展效率。

国有企业作为社会主义经济的重要支柱，肩负着我国科技创新"主力军"的重要职责。激发国有企业科技金融创新活力，是推动实体经济与金融业融合发展的重要举措，是未来我国突破核心技术"卡脖子"难关的关键一招。当前，国家电网有限公司、中国南方电网有限责任公司及各发电集团主要采用国有企业主导模式，以内部科研管理部门牵头，主业、产业、金融机构相配合。以国家电网有限公司为例，建立了以企业研究开发费、双创孵化资金、成果转化基金多种资金形式，科学推进、有序衔接的科技金融体系。

四、 科技金融底层资产

在我国现有的金融体系下，银行信贷仍然是科创企业外部融资的主要来源。传统银行抵押贷款通常以房产、汽车、存货等有形资产作为抵押物融资，强调企业固定资产规模和正现金流；而大部分科技型企业无形资产占比高、固定资产占比低，获得传统信贷支持的难度较大。正因如此，银行等金融机构需要不断创新和完善金融服务，兼顾不同行业、不同生长周期的创新型企业，充分发挥金融业对实体经济的支撑作用。

针对科技型企业"轻资产、高成长"的特点，科技金融底层标的资产主要分为知识产权和企业股权两大类。

1. 知识产权

知识产权是科技成果的重要表现形式，是科技成果向现实生产力转化的桥梁和纽带，也是科技领域少部分可以用于金融交易的底层资产与重要载体。具体可以分为知识产权质押、知识产权信托、知识产权证券化、知识产权保险、知识产权运营基金等若干模式，知识产权具有市场价值和经济价值，可以作为技术的价值载体进入交易和流通环节。

2. 企业股权

科技型中小企业作为最具活力、最具潜力、最具成长性的创新群体，一旦度过前期破壳研发阶段的"阵痛期"，往往伴随着井喷式的高增长、高收益，故而企业可以通过让渡部分未来可能的股权溢价来进行质押融资。

所谓认股权，是指企业或相关方按照协议约定授予外部机构在未来某一时期认购一定数量或金额企业股权（或股份）的选择权。一般情形下，是指出资者给融资企业提供债权类资金时，双方约定在未来某一时期出资者可以选择认购融资企业一定的股权。通过认股权，采取"先债后股"的融资方式，帮助科技型企业顺利跨越创业初期融资难关。

第二节　科技金融体系构成

一、 经费投入

经费投入是指政府或企业为支持科技活动而进行的经费类支出，一般来说是政府财政或企业预算内安排的科研投入。经费投入是科技金融体系的重要组成部分，特别是在市场失灵和市场效率不高的情况下，能为科技活动的研发与成果转化提供十分重要的金融支持。经费投入也是政府引导基金或科创类母基金的主要资金来源。例如国家科技成果转化引导基金、国家中小企业发展基金、北京市科技创新基金等，国家电网有限公司以经费科技投入设立双创孵化资金，重点推动 5 级到 7 级的高价值技术产品化。

二、 风险投资

风险投资（venture capital，VC），又称为创业投资，具有一般投资行为的共同特点，即都是在承受一定风险的情况下寻求利润的最大化，同时它的投资对象、收益来源及实现收益的方式又与其他投资行为相区别。风险投资的特色在于甘冒高风险以追求最大的投资回报，投资对象是具有高成长潜力的企业，并将退出风险企业所回收的资金继续投入"高风险、高科技、高成长潜力"的类似创业企业，实现资金的循环增值。企业的成长增值是创业风险投资的收益来源，而通过出售持有的企业股权变现则是创业风险投资独特的收益方式。在具体操作中，国有科技成果转化的风险投资主要采用创投基金金融工具进行资金的筹集、投资与退出。从资金的来源和运营目的进行划分，可以将风险投资分为财务类创投基金和产业类创投基金，前者以追求财务回报为核心诉求，后者往往只投资与机构自有产业链相关的创业企业，不但追求财务回报，同时希望有一定的业务协同。

三、 科技银行

科技银行，专门为科技型企业提供融资配套服务。定位于科技金融专业信贷服务机构，为科技型中小企业提供专业化服务，服务主体有：高新技术企业、科技型中小企业、创业投资企业。国内把专为高科技企业提供融资服务的银行机构定义为"科技银行"。在美国，它被称为风险银行，因为创新型高科技企业往往伴随高风险，科技银行主要为风险投资及其投资对象——高科技企业提供金融服务。

四、 科技保险

科技保险是金融创新和科技创新结合体系的重要组成部分，不仅具有一般保险分担风险的功能，为科学研究提供风险保护，还可以为其他金融工具的使用提供保障。2006 年，保监会和科技部联合下发《关于加强和改善对高新技术企业保险服务有关问题的通知》（保监发〔2006〕129 号），标志着我国科技保险工作的正式启动。2007 年，保监会会同科技部下发了《关于开展科技保险创新试点工作的通知》，提出了保险行业服务科技企业的具体要求，确定了开展科技保险的基本思路、工作要求和政策支持。

相较其他科技保险内容，我国首台（套）重大技术装备、首批次新材料保险发展最为迅速。近年来，我国装备制造业产值规模突破 20 万亿元，占全球装备制造比重超过三分之一，稳居世界第一。我国装备制造企业数已达 8.2 万家，出口额总额高达 2.1 万亿元。但是高端装备具有较高的技术复杂性特点，当企业进行装备的国产化替代时，需要不间断地测试装备精度、可靠性、与现有生产体系兼容性等性能，在测试评估与配套设备更换等方面需投入大量财务、时间与精力成本，而且高端装备的更换也可能带来较高的不确定性与应用风险，这给企业的国产化替代应用带来巨大压力和难度，因此，客户往往以"求稳"为决策重点，无明显优势的情况下选择尝试国产的意愿不高。2015 年，财政部、工信部、原保监会三部委联合发布《关于开展首台（套）重大技术装备保险补偿机制试点工作的通知》，决定建立首台（套）重大技术装备保险补偿机制，由工信部制定《首台（套）重大技术装备推广应用指导目录》。保险公司为该目录内装备定制综合险，装备制造企业投保，承保首台（套）重大技术装备质量风险和责任风险的综合险保险产品，与用户共同受益，中央财政适当补贴投保企业保费。部分省份保费补贴比例最高达 90%。

2024 年，工信部、财政部、金融监管总局再次联合发布《关于进一步完善首台（套）重大技术装备首批次新材料保险补偿政策的意见》，加快推动重大技术装备和新材料产业高质量发展，破解首台（套）首批次进入市场初期的推广应用难问题，同时培育风险共担、利益共享的保险市场，推动创新成果向现实生产力的转化，带动企业研发积极性。

五、 科技担保

担保公司可以实现融资担保规范化和科技担保创投化。担保是针对科技贷款市场信息不完全和信息不对称的外部治理措施。担保体系的完备程度会影响科技贷款市场的运行和科技型中小企业科技贷款融资的可得性。

六、 小额贷款

我国现阶段以政府主导的、国有金融体系为特征的金融制度环境决定了我国科技金融中介的模式为科技支行为主导，科技支行和科技小额贷款公司并存。由于科技支行实质为现有商业银行以国家纵向信用联系为基础从事科技金融业务的分支机构，而科技小额贷款公司则是以横向信用联系为基础的科技金融中介。

七、 知识产权证券化

知识产权证券化是资产证券化的一种，具体是以知识产权的未来许可使用费为支撑，发行资产支持证券进行融资。知识产权证券化是一种表外融资，不计入发起人的资产负债表，资产负债表没有压力。通过特殊目的载体（special purpose vehicle，SPV），可以有效地进行风险隔离，降低投资者风险，进而降低融资成本。

八、 证券市场

证券市场是可以为科技型企业及其成果转化提供直接融资的资本市场，它以资本市场为依托，通过科技资源为内容和运行载体，促进科技成果更快地转化为生产力，最终实现科技成果的产业化。根据风险的高低、企业规模的大小等，可以将证券市场分为多个层级类别，如主板、创业板、科创板、中小企业板等。2021 年，习近平主席在 2021 年中国国际服务贸易交易会全球服务贸易峰会致辞中宣布，继续支持中小企业创新发展，深化新三板改革，设立北京证券交易所，打造服务创新型中小企业主阵地。此外，证券市场与科技金融体系的其他组成部分也有着密切联系，它为风险投资提供退出机制，为知识产权证券化提供平台，科技保险也有赖于证券市场的发展。

第三节　科技金融相关政策

金融科技是技术驱动的金融创新。"十四五"规划明确，稳妥发展金融科技，加快金融机构数字化转型。

一、　国家科技金融政策

1. 财政部相关政策

2019 年 7 月，财政部和科技部等五部门联合印发《关于开展财政支持深化民营和小微企业金融服务综合改革试点城市工作的通知》，提出鼓励试点城市先行先试，探索深化民营和小微企业金融服务的有效模式，建立健全融资担保体系和风险补偿机制，形成可复制、可推广的经验，树立标杆，打造样本，放大政策效果。

2022 年 8 月，财政部和科技部联合印发《企业技术创新能力提升行动方案（2022—2023 年）》，强化对企业创新的风险投资等金融支持。提出建立金融支持科技创新体系常态化工作协调机制，鼓励各类天使投资、风险投资基金支持企业创新创业。推广企业创新积分贷、仪器设备信用贷等新型科技金融产品，鼓励地方建设科技企业信息平台，完善金融机构与科技企业信息共享机制。

2. 中国人民银行相关政策

1985 年，中国人民银行、国务院科技领导小组办公室发布《关于积极开展科技信贷的联合通知》，标志着我国开启了以政策引导科技金融发展的模式。

2019 年 8 月，中国人民银行公布首轮金融科技发展规划——《金融科技（FinTech）发展规划（2019—2021 年）》。这份纲领性文件的出台，明确了金融科技发展方向、任务和路径，有力推动了金融科技良性有序发展。

2022 年 1 月，中国人民银行印发《金融科技发展规划（2022—2025 年）》，提出新时期金融科技发展指导意见，明确金融数字化转型的总体思路、发展目标、重点任务和实施保障。从宏观层面对我国发展金融科技进行顶层设计和统筹规划，将进一步推动金融科技迈入高质量发展的新阶段，更充分发挥金融科技赋能作用，提高金融服务实体经济的能力和效率。

同年 2 月印发了《金融标准化"十四五"发展规划》，以支撑金融业高质量发展为主题，以深化金融供给侧结构性改革为主线，以维护国家金融安全为底线，推动标准化与金融业重点领域深度融合，支持健全现代金融体系，融入和服务以国内大循环为主体、国内国际双循环相互促进的新发展格局。

3. 科技部相关政策

2006 年，科技部发布《国家"十一五"科学技术发展规划》，提出了政府引导金融机构加大对高新技术产业的投入力度、加大财政对科技创新、技术改造和兼并重组、区域协调发展的信贷支持等一系列科技金融措施。

2010 年 12 月至 2011 年 10 月，科技部和中国人民银行等机构联合相继印发《关于印发促进科技和金融结合试点实施方案的通知》《地方促进科技和金融结合试点方案提纲》《关于确定首批开展促进科技和金融结合试点地区的通知》等一系列政策，更为详细地指出了信贷、投资、保险等各类型金融工具创新推动科技发展，致力于拓宽科技企业的资金来源，建设多层次的资本市场。

2011 年 12 月，科技部等八部门发布《关于促进科技和金融结合加快实施自主创新战略的若干意见》，提出科技创新能力的提升与金融政策环境的完善是加快实施自主创新战略的基础和保障，促进科技和金融结合是支撑和服务经济发展方式转变和结构调整的着力点。

2019 年 8 月，科技部印发《关于新时期支持科技型中小企业加快创新发展的若干政策措施》的通知，提出要加强创业投资引导，要设立科技成果转化引导基金、"双创"基金、天使投资，要引导银行信贷支持转化科技成果的科技型中小企业，为优质企业进入"新三板"、科创板上市融资提供便捷通道，优化创新金融工具，强调运用直接融资工具。

2020 年 5 月，科技部发布了《关于进一步推进高等学校专业化技术转移机构建设发展的实施意见》，提出为科技成果转化项目提供多元化科技金融服务。

4. 国家知识产权局相关政策

2014 年 10 月，国家知识产权局印发《关于知识产权支持小微企业发展的若干意见》，缓解小微企业融资难，建立知识产权金融服务需求调查制度，加强与商业银行的知识产权金融服务战略合作，引导各类金融机构为小微企业提供知识产权金融服务，多渠道降低贷款、担保和保险等费率。

2015 年 3 月，国家知识产权局印发《国家知识产权局关于进一步推动知识产权金融服务工作的意见》，提出知识产权是国家发展的战略性资源和国际竞争力的核心要素，金融是现代经济的核心。加强知识产权金融服务是知识产权工作服务经济社会创新发展、支撑创新型国家建设的重要手段。

2021 年 6 月，国家知识产权局、中国银保监会和国家发展改革委联合印发《知识产权质押融资入园惠企行动方案（2021—2023 年）》，聚焦产业园区，强化"政企银保服"联动，在措施优化、模式创新和服务提升等方面积极行动，推动知识产权质押融资工作深入园区、企业和金融机构基层网点，更好服务实体经济，有效缓解创新型中小微企业的融资难、融资贵问题，激发全社会创新创业活力，推动经济高质量发展。

二、 地方科技金融政策

1. 北京市科技金融政策

2009 年 3 月，国务院在《关于同意支持中关村科技园区建设国家自主创新示范区的批复》中明确表示，支持中关村示范区建设的先行先试政策，支持新型产业组织参与国家重大科技项目，制定税收优惠政策，编制发展规划，政府采购自主创新产品以及建设世界一流新型研究机构。

2012 年 8 月，由北京市政府与国家九部委联合共同出台第一个国家级的、关于金融创新和科技创新结合的指导性文件——《关于中关村国家自主创新示范区建设国家科技金融创新中心的意见》，该文件确定了北京中关村作为国家金融创新和科技创新结合创新中心的地位。

2014 年，《中关村国家自主创新示范区债务性融资机构风险补贴支持资金管理办法》《中关村国家自主创新示范区中小微企业担保融资支持资金管理办法》等配套文件相继出台，目前中关村已经形成了相对完整的科技金融政策支持体系。

2018 年 11 月，中关村科技园区管理委员会等联合印发《北京市促进金融科技发展规划（2018 年—2022 年）》，明确了金融科技的定义与特点，分析北京发展金融科技的机遇与优势，并进一步介绍了重点任务，包括推动金融科技底层技术创新和应用、加快培育金融科技产业链、拓展金融科技应用场景。提出打造形成"一区一核、多点支撑"的发展格局，同时提出要为科技金融提供政策支持。

2022 年 6 月，北京市科学技术委员会、中关村科技园区管理委员会印发《中关村国家自主创新示范区促进科技金融深度融合发展支持资金管理办法（试行）》，该办法聚焦企业全链条金融支持，大力发展天使和创业投资，深化科技信贷、科技保险创新，支持企业利用资本市场融资发展，引导金融资源向科技领域配置、促进科技与金融融合发展。

2022 年 7 月，北京市地方金融监督管理局等六部门印发《关于对科技创新企业给予全链条金融支持的若干措施》，加大对科技创新企业的创业投资、银行信贷、上市融资等多方式全链条金融支持力度。

2. 上海市科技金融政策

自 2009 年起，上海市政府协同相关部门制定了一系列鼓励和促进金融资源与科技企业有效结合的政策文件，为科技企业解决融资难问题营造了良好的政策及金融环境。

2009 年，上海市政府出台了《关于本市加大对科技型中小企业金融服务和支持实施意见的通知》，内容包括建设信贷业务体系、加大信贷投放力度、健全担保体系以及建立专家库为科技型中小企业提供专业咨询服务等方面。

2011 年，上海市政府出台了全面的实施意见，即《上海市人民政府关于推动科技金融服务创新，促进科技企业发展的实施意见》，其中提到政府应充分发挥引导作用，鼓励和促进金融创新和科技创新结合体系中的其他参与者（创业投资基金、风险投资基金、商业银行、担保机构等）向科技型中小企业投放金融资源，缓解融资难的问题。

2015 年 8 月，上海市政府办公厅印发《关于促进金融服务创新支持上海科技创新中心建设的实施意见》，提出推进多元化信贷服务体系创新，发挥多层次资本市场的支持作用，增强保险服务科技创新的功能等实施意见，进一步推动科技与金融紧密结合，提高科技创新企业融资的可获得性。

2016 年 4 月，银监会等部委印发《关于支持银行业金融机构加大创新力度 开展科创企业投贷联动试点的指导意见》，将上海张江国家自主创新示范区列为第一批投贷联动试点地区，上海银监局根据试点地区和银行的实际情况，充分发挥上海科技资源和金融资源优势，深化金融中心建设与科创中心建设融合互动机制，较早在全国开展了科技金融体系化建设和投贷联动探索工作。

2020 年 1 月，上海市人民政府办公厅关于印发《加快推进上海金融科技中心建设实施方案》，力争用 5 年时间，把上海打造成为金融科技的技术研发高地、创新应用高地、产业集聚高地、人才汇集高地、标准形成高地和监管创新试验区，将上海建设成为具有全球竞争力的金融科技中心。

3. 江苏省科技金融政策

"苏科贷"：为鼓励和引导金融机构加大对全省科技型中小微企业的信贷支持力度，自 2009 年起，江苏省财政安排省科技成果转化贷款风险补偿资金，用于补偿合作金融机构以"苏科贷"形式支持科技型中小微企业在科技成果产业化过程中所发生的贷款损失。

"苏科投"：自 2013 年起，省财政安排省天使投资风险补偿资金。2017 年，江苏省科技厅联合省财政制定了《江苏省天使投资引导基金管理暂行办法》，对入库的天使投资项目，从项目入库之日起，5 年内发生投资损失，省财政厅给予一定比例的风险投资损失补偿。

"苏科保"：江苏省于 2016 年正式启动江苏省科技保险风险补偿工作，由省、地方科技部门共同支持保险机构分担科技型中小微企业创新发展过程中的风险，增大科技型企业"首次"保险覆盖面。

2022 年 6 月，中国银保监会江苏监管局关于印发《江苏银行业保险业深化科技金融服务行动方案》，提出持续加大对科技企业信贷支持力度，加大科技企业中长期贷款、信用贷款投放力度。

4. 广东省科技金融政策

2013 年 8 月出台的《广东省人民政府办公厅关于促进科技和金融结合的实施意见》，明确促进科技与金融结合的目标要求，分别从创业投资、科技信贷、资本市场以及科技金融服务体系和体制机制等四个方面促进科技和金融结合工作，成为广东发展科技金融的纲领性文件。

2014 年省政府召开科技金融工作会议，出台了《2014 年科技·金融·产业融合创新发展重点行动》《科技金融支持中小微企业发展专项行动计划》，进一步对科技、金融、产业融合发展做出具体部署。

2019 年 1 月，《广东省人民政府印发关于进一步促进科技创新若干政策措施的通知》，在促进科技金融深度融合方面提出建立企业创新融资需求与金融机构、创投机构信息对接机制；鼓励银行开展科技信贷特色服务，创新外部投贷联动服务模式；省市联动设立当地科技风险准备金池；对私募股权和创业投资管理企业给予适当奖补；发挥省创新创业基金引导作用等一系列科技金融突破性举措，进一步加大金融对科技创新的支撑力度。

近年来又先后出台《广东省科学技术厅关于印发〈关于发展普惠性科技金融的若干意见〉的通知》《广东省促进科技企业挂牌上市专项行动方案》等一系列配套文件，目前科技金融结合工作已进入全面融合发展阶段，围绕"一二三多"的特色全方位展开，即一个专项、两个平台、三个体系、多方联动。

回顾 30 年以来科技金融政策的演进历程可以发现，科技金融政策演进呈现出由抽象到具象、由点状到面状、由割裂到融合的转变。政府在国家战略层面制定了科技与金融相结合的方向，通过财政手段主导着科技金融的发展，积极引导各类主体参与到科技金融体系的建设中。

第四节　科技金融融资流程

不同类型的科技金融产品融资流程各不相同，以最常见的申请风险投资流程为例，介绍融资流程。

一、撰写商业计划书

商业计划书（business plan，BP）是考验概念验证的主要管理工具，通过商业计划书系统梳理和规划转化项目有助于投资人了解项目情况。商业计划书需要充分体现市场空间、技术特点、团队优势、竞争分析、商业模式、经营规划、财务预测、退出方式等关键因素。

二、 与投资机构交流

通过大赛（中国创新创业大赛、中央企业熠星创新创意大赛等）、路演、财务顾问推介等方式，基于商业计划书与市场投资机构进行交流，由于市场投资机构众多，建议优先选择对本行业最了解、对未来企业发展帮助最大的战略投资人，在沟通中结合投资人的意见，不断优化自己的商业策略。

三、 尽职调查

投资人在审完商业计划书，独立或委派第三方机构进行尽职调查，尽职调查涉及技术、市场、财务、法律等方面，综合评价投资风险。

四、 确定投资方案

如尽职调查未发现重大风险，投资人将与创业团队就被投资企业价值、投资金额和风险保障措施进行谈判，依据谈判结果签订投资协议。

五、 交割与工商变更

按照投资协议约定，投资人履行注资义务，创业团队配合完成工商变更。

第五节　科技金融实践案例

一、 深圳市财政经费投入发放科技创新券

"科技创新券"是深圳依据《关于促进科技创新的若干举措》《深圳市科技计划管理改革方案》等文件，为扶持创业者量身定做的一项创新之举。它是一种利用财政资金支持科技型中小微企业和创客而发放的配额凭证，可以向已入库的服务机构购买科技服务，发放数量受年度预算总额控制。2021年6月，深圳市面向4852家单位发放2021年科技创新券（电子券），发放单位分布在新一代信息技术、生物医药、新能源、新材料等领域，涉及面极广，合计总额37516万元。

二、 风险投资和科创板助力中科寒武纪快速发展

中科寒武纪科技股份有限公司（以下简称"寒武纪"）成立于2016年3月，于2020年7月在上海证券交易所科创板上市，2024年4月1日收盘市值727亿元，是非常典型的科技成果转化项目快速成长的案例。寒武纪曾获得中国科学院设立的"科技成果转化重点专项"资金支持，在早期研发阶段积极争取政府资助、科研经费。在科技成果转化的过程中，寒武纪很好地处理了与中国科学院计算所的知识产权和合作关系，给寒武纪提升品牌影响力和促进经营业绩带来积极的帮助，比如利用中国科学院计算所与珠海横琴新区管委会就横琴先进智能计算平台项目签署的合作协议。寒武纪从2016年7月第一

次股权融资，到 2020 年科创板上市，在发展过程中跨出了具有里程碑意义的一大步。其中，国家科技成果转化引导基金出资的国投基金三次持续投资寒武纪，累计投资约 3 亿元，有力支持了寒武纪的技术发展。

三、 重庆试点知识价值信用贷款破解企业融资难

为破解长期困扰科技企业的知识产权评估难、抵押物缺乏等问题，重庆市科技局、重庆银保监等部门自 2017 年以来开展科技型企业知识价值信用贷款改革试点工作，截至 2020 年 9 月末，全市银行机构累计为 4515 家科技型企业发放贷款 133.78 亿元。

重庆建立"银行信贷支持＋财政风险分担"新模式，基于对重庆区域内样本企业的资产状况、融资需求与还款信用的调查分析，依靠大数据等技术，建立对创新要素和经营管理要素双向评估的知识价值信用评价体系，并以此为主要依据向企业发放信用贷款。为解除银行的后顾之忧，重庆市、区两级财政以 4∶6 的比例出资设立知识价值信用贷款风险补偿基金，补偿合作银行发放知识价值信用贷款逾期本金的 80%，合作银行承担本金 20% 的风险敞口和利息损失，同时设置熔断机制激励银行加强自身风险管控。

四、 某增容输电导线技术成果转化

随着社会经济的高速发展，光伏发电、风力发电等新能源大规模接入电网，局部区域的电力传输能力需求超过历史设计线路承载容量，输电线路经常出现"卡脖子"现象，每年会产生大量迫切的增容需求。在解决增容需求的过程中，既要考虑"三跨"（即跨越高速铁路、高速公路和重要输电通道的架空输电线路区段）严格的低弧垂要求，又要应对征地拆迁、塔基改造等复杂现状，还要兼顾综合建造成本可控，如何同时满足输电线路规划的科学性、经济性与时效性，一直是电网公司输电线路建设需要面对的棘手问题。为解决上述问题，国网某电力公司科研人员着手研发高性能增容导线技术，完成了专利保护。为推动科技成果转化，与国网某金融单位组成联合成果转化团队验证转化可行性。

1）为确定市场真实需求，成果转化团队率先开展市场调研，由于存量碳纤维导线替代和减少停电时间进行线路增容的现实需求，电网公司对增容导线的需求是刚性且迫切的。通过对国家电网有限公司、南方电网有限责任公司的每年输电线路增容工程招标情况统计，保守估计增容导线市场空间约为 6 亿元/年，碳纤维导线替代市场空间约为 3 亿元/年，预计国内市场需求合计为 9 亿元/年。

2）为确定技术实现方式满足用户需求，成果转化团队开展行业用户调研，确定在 5 种提升输电容量的实现方式中"不改变输电线路走廊与铁塔，又能使线路输电容量倍增"的材料创新路线最符合用户需要。

3）为确认创新技术是否具备产品化条件，成果转化团队相继调研处于行业上游的先进钢铁材料行业与先进有色金属材料行业龙头企业，调研处于行业下游的导线生产销售龙头企业，了解行业上游原材料需求与现有设备、产能承接新技术能力。最终确定全行业在不需要新增投资的情况下，以现有设备实现创新技术升级。

4）为确认产品成本是否具备大规模推广条件，成果转化团队相继调研电力设计院与经研院，比较该产品与传统输电导线的综合成本，经测算该产品不仅成本远低于国内相似竞

品，并且与传统输电导线用在新建输电工程的综合造价基本一致，该技术已经满足在新建输电工程上大规模使用的成本可行性，市场规模可进一步扩大到 30 亿元/年。

5）遵循该技术在新型电力系统现代产业链的功能定位，按照产业链企业既有商业模式，成果转化团队拟定成果转化方案，计划将该创新技术部分分解转化至上下游配套相关企业，部分用于新设产业化公司，并获得了上下游央企产业投资机构的投资意向，完成了该创新技术在全产业链的升级应用。

第四章　国际技术转移

第一节　海外技术转移历史沿革

一、技术传播经典理论

1. 什么是技术

根据世界知识产权组织（WIPO）1977年版的《供发展中国家使用的许可证贸易手册》中的定义，技术是指制造一种产品的系列知识，所采用的一种工艺或提供的一项服务，不论这种知识是否反映在一项发明、一项外形设计、一项实用新型或者一种植物的新品种，或者反映在技术情况或技能中，或者反映在专家为设计、安装、开办、维修、管理一个工商企业而提供的服务或协助等方面。

根据《国际技术贸易（第二版）》相关内容，技术拥有如下特点：

1）技术属于知识的范畴。

2）技术是能应用于生产活动的系统知识。

3）技术是一种无形资产。

4）技术具有私有性。

5）技术具有商品的属性。

6）技术是一种间接的生产力。

7）技术不等同于科学。

技术是一种无形资产。技术本身是无形的，但是利用技术可以创造财富。技术具有私有性，具有商品的属性，技术的复杂程度、先进程度和实效决定了技术的价格。

2. 什么是技术转移

依据亚太经济合作组织《APEC技术转移指南》（2019年），国际技术转移是指技术在国家、地区、行业内部或外部，以及技术自身系统内输出与输入的活动过程。《APEC技术转移指南》对技术转移有"公共部门技术转移"与"私营部门技术转移"的概念划分：公共部门技术转移是指公立研究机构与高校、科研院所等科研成果的转移转化。私营部门技术转移是指通过技术资本化、创新创业等形式开展的技术转移转化。根据《财经大词典》词条解释，技术转移是指某种技术（包括成熟技术和处于发明状态的技术）由其起源地点或实践领域转而应用于其他地点或领域的过程。按转移方向，技术转移一般可分为地理空间位置上的双向传播和不同实践领域的单向扩散两大类；按转移方式，技术转移可分为有偿转移和无偿转移；按转移范围，技术转移可分为国际转移和国内转移。依据《技术转移服务规范》（GB/T 34670—2017），技术转移是指制造某种产品、应用某种工艺或提供某种服务的系统知识，通过各种途径从技术供给方向技术需求方转移的过程。技术转移的内容包括科学知识、技术成果、科技信息和科技能力等。依据《国际技术贸易（第二版）》，技术转移是指技术地理位置的变化，既可以是技术在国家内不同地区间的移动，也可以是在世界范围内不同国家间的移动。

3. 什么是技术贸易

一般意义上的技术贸易（technology trade）是指有偿的技术转让（technology assignment），它是指以协议形式，按一般商业条件，在主体之间进行的技术使用权的交换行为。技术贸易当事双方处于同一个国家时，称为国内技术贸易；当事双方处于不同国家时，则称为国际技术贸易。技术贸易是伴随着商品经济的发展而逐步发展起来的。18世纪以后，随着工业革命的开始，资本主义大机器生产逐步替代了封建社会的小农经济，这为科学技术应用和发展提供了广阔的场所，并出现了以许可合同为主要形式的技术交易。19世纪以来，随着西方各国技术发展加快和技术发明数量的增多，绝大多数国家都建立了以鼓励发明创造为宗旨的保护发明者权利的专利制度。专利制度的诞生，为国际技术贸易加快发展提供了重要前提。

技术贸易标的的存在形式是无形知识和产品，包括专利、商标、专有技术、计算机软件、工业品外观设计、集成电路布图设计、版权等，这一特点决定了技术贸易所涉及的问题往往与知识产权有关。与标的为有形资产的商品贸易相比，技术贸易当事人的关系更为多样，既有竞争也有合作，技术贸易标的转让之后，标的所有者一般不会失去所有权，而只是标的的使用权、销售权和制造权的转让。

技术贸易的方式与一般贸易相比更加复杂，主要包括许可贸易、建设—经营—转让（build—operate—transfer，BOT）、特许经营、技术服务、技术咨询、合作研发、工程承包和补偿贸易等。在很多贸易实践中，还存在大量的技术贸易标的嵌入在实物的机器设备等商品中，技术贸易与商品贸易同步进行的情况。因此，技术贸易不仅包括供求双方的责任、义务和权利，还涉及对技术产权的保护、技术秘密的保护、限制与反限制、技术风险和技术使用费等问题，适用法律不仅涉及合同、合作、投资等法律，还包括知识产权、技术转让等法律。

二、美国技术转移政策法规体系建设与高校院所技术转移实践

1. 美国技术转移政策法规体系建设

（1）《拜杜法案》

美国《拜杜法案》是国际技术贸易重要鼓励政策，《拜杜法案》由美国国会参议员 Birch Bayh 和 Robert Dole 提出，1980年由国会通过，1984年又进行了修改，后被纳入美国法典第35编（《专利法》）第18章，标题为"联邦资助所完成发明的专利权"。在《拜杜法案》制定之前，由政府资助的科研项目产生的专利权，一直由政府拥有。复杂的审批程序导致政府资助项目的专利技术很少向私人部门转移。《拜杜法案》的重点是把国家科研基金资助下取得的科技成果、专利发明，通过立法将归属权从国有变为高校或科研机构所有。

（2）史蒂文森-怀勒技术创新法

该法案要求联邦政府实验室促进向州政府、地方政府和私营部门转让联邦政府拥有的发明和技术。各联邦政府实验室要把其研究开发预算按一定比例用于转让活动，并要成立研究和技术应用办公室促进这种转让。

（3）《无尽前沿法案》

2020年5月，美国国会两党政治联盟基于《科学：无尽的前沿》的愿景提交《无尽前

沿法案》（The Endless Frontier Act）议案，呼吁联邦政府重塑基础研究作为科学引擎的关键角色，增加在决定未来竞争的关键技术领域的科学发现、创造和商业化投入，巩固美国在新一轮科技创新革命中的领先地位。

2. 美国及西方高校院所技术转移实践

（1）斯坦福大学技术转移办公室

斯坦福大学是美国高校中最早设立技术转移办公室的成功实践者。斯坦福大学技术转移办公室（OTL）成立于 1970 年，由 40 多人组成，其中执行主任 1 人、副主任 3 人。下设技术许可部门（由 10 名技术经理人和 9 名助理组成）和专门负责产学研发合作的产业合同办公室（Industrial Contract Office，由 1 名主任、1 名副主任和 7 名合同官及助理组成），同时还设有合规部门（2 人）、财务部门（3 人）、行政管理部门（4 人）、专利部门（1 人，具有专利代理人资格，主要负责与外部专利代理机构联系协调专利申请事务）。

经过 50 年的发展，OTL 构建了成熟稳定的技术转移机制，并不断创新发展。目前，OTL 稳定管理创新技术 3600 多项，有效技术专利 2100 多件（美国专利），许可率为 20%～25%，许可收益累计超过 20 亿美元。近年来，OTL 每年受理科研人员披露的技术发明约 500 件，通过评估评价，对其中约 50% 申请专利保护，每年对外签署许可协议 100 多件。

根据 2020 年最新统计，OTL 全年技术许可收入达到 1.14 亿美元，成立创新企业 22 家，达成产业科研合作意向 2030 项，资助研究项目 390 项，仅此一年便产出了 264 项新专利，超过全年技术披露（595 项）的一半。OTL 促成的重大技术成果中，体量超过 1 亿美元有 9 项，超过 10 万美元的有 42 项。

（2）魏兹曼科学院耶达研发有限公司（Yeda）

耶达研发有限公司（Yeda Research and Development Company Ltd of the Weizmann Institute of Science，以下简称"耶达公司"）是魏兹曼科学研究院的商业化公司，专门负责其研究成果的应用开发和技术转移，促成源自魏兹曼科学院专利的商业化发展，同样也成为基础技术和商业应用的中间桥梁。

耶达公司成立于 1959 年，是以色列第一个学院科技转移公司，同时也是世界上首创及最为成功的科技转移公司之一。耶达公司拥有的三个最为知名的药物专利：以色列医药公司梯瓦（Teva）生产的多发性硬化症（MS）药物 Copaxone、雪兰诺公司（Serono）生产的 Rebif 和美国英克隆系统公司（ImClone Systems）生产的抗癌药 Erbitux，仅这三项专利，每年就能带来数十亿美元的收入。

魏兹曼科学院建于 1934 年，在化学、核物理、生物医药、脑科学、纳米材料、太阳能、计算机等领域具有很强的科研实力，曾被评为全球十佳科研机构。该院属于公立科研机构，共有 2800 人左右（含学生约 1000 人）。在经费预算中中央政府拨款、竞争性科研项目收入、犹太社团和社会捐赠各占三分之一。除培养新一代科学家外，将学术知识和科研成果转化为商业产品也是魏兹曼科学院的重要目标。2014 年，魏兹曼科学院修订了知识产权和成果转化管理章程（《魏兹曼科学院知识产权与利益冲突管理章程（2014）》），更加明晰了科学院、科学家、耶达公司三者之间的关系，规定了各自的职责、权利和义务，防范兼职的利益冲突，确定经济利益分配原则，以及发明成果等知识产权的权属。该管理章程长达一万多字，规定非常具体明确，具有很强的可操作性。

1959 年，魏兹曼科学院创办耶达公司。该公司秉承"让科学家专心做科研，其他事情我们来办"的理念，独立运营，市场化操作，全权负责科学院的技术转移工作，主要包括鉴定评估研究计划的潜在商业价值、保护研究所及其研究人员的知识产权、许可相关产业使用研究所创新成果及技术、在产业内为研究计划进行渠道融资等。

目前，耶达公司对科学院 2070 项专利拥有使用权，其中制药、化学与材料、信息技术（IT）三类专利最多，制药业的专利占比高达 36％。一方面，耶达公司自行开展科技成果转化，在毗邻的魏兹曼高科技园区投资或持股创办了 80 多家高科技企业；另一方面，耶达公司也向多家公司转移转化专利技术，并配合其进行二次技术开发和产业化开发。2016 年，相关公司利用魏兹曼科学院的研究成果实现的年产品销售额高达 360 亿美元。

第二节　跨境技术转移与国际技术贸易

一、　国际技术贸易

1. 国际技术贸易的概念

以技术作为标的的国际贸易是国际技术贸易，国际技术贸易是指不同国家的当事人之间按一般商业条件进行的技术跨越国境的转让或许可行为。依据对《国际技术贸易（第二版）》的解读，国际技术转移、国际技术转让、国际技术贸易三者的定义是不断缩小的关系，国际技术转让是一种特殊的国际技术转移形式，主要特点是有特定双方，以援助、赠与或出售为方式，而其中有偿的技术转让则被称作国际技术贸易。

2. 当代国际技术贸易主要特点

1）技术贸易软件化：国际技术贸易发展初期，主要是通过机器设备和新产品的买卖进行的，在购买硬件设备的同时兼买软件技术，软件技术随硬件技术发生转移。进入 21 世纪以后，为了引进某项专利或专有技术而采购技术设备或关键零部件，以纯知识或信息形态的软件技术贸易占据了越来越重要的地位。

2）信息技术迅猛发展：随着信息技术研发、应用的发展，信息产品及由此带来的信息技术产品交易呈现出高增长的发展态势，信息对技术贸易的重要性进一步加强。

3）国际技术贸易格局呈现多极化：目前国际技术贸易市场份额的 80％集中在发达国家手中，美、英、法、德、日是世界上最主要的技术贸易大国。

4）技术贸易方式日益增多和复杂化：包括许可贸易、工业产权、非工业产权的转让、技术服务和技术咨询、国际租赁、国际工程承包、国际合作生产和开发、直接投资、设备买卖、国际 BOT、特许经营、补偿贸易等方式，交易越来越复杂。

5）跨国公司扮演重要角色：跨国公司已经成为世界新技术、新发明的主要发源地，同时也是技术转让的主要载体，是国际技术贸易活动的重要组织者。

6）高新技术和关键技术的垄断性加强：各国企业在国际市场上的竞争空前激烈，竞争只体现在企业的技术实力上，因此各国企业都在最大限度地保持着技术垄断。

二、　跨境技术交易

国际技术贸易是全球化的重要标志，二战以来，在科技全球化和开放科学兴起的背景下，机构间的科研人员流动和合作日益增加，知识产权支付、高技术出口在对外贸易中占有更加重要地位。中国改革开放四十多年来对国际技术贸易的参与，不仅有效地满足了国内增长迅猛的技术需求，而且对全球贸易体系发展也产生了巨大的促进作用。当前，中国正在加快从科技大国向创新型国家，进而向科技强国迈进，必须促进国际技术贸易发展，让技术贸易体系更加高效、更多以服务为基础且更具包容性，让技术贸易能造福世界。在世界科学技术突飞猛进的今天，国际技术贸易已成为一国扩大对外经济合作与交流的一项重要工作。

创新技术产业化国际合作更加聚焦在科技创新国际合作之中，创新技术在跨境合作的同时，提升基础产业化水平，实现创新技术成果转移、转化的过程，突出国际技术贸易为许多国家带来显著的社会与经济效益的作用。许多国家经济发展的道路充分说明，引进外国先进技术并使之本国化是提高本国生产水平、加速本国企业现代化、缩短与世界先进水平差距、发展本国经济的有效途径。

三、 技术贸易相关法律法规

以美国为例，美国 2018 年国会通过《出口管制改革法案》，美国商务部工业安全局出台了一份针对关键新兴和基础技术和相关产品的出口管制框架，内容包含 AI 技术、AI 芯片、机器人、量子计算等几项正在蓬勃发展的核心前沿技术。同时设立《出口管理条例》下的实体经济清单，进一步限制清单内的实体参与涉美的国际技术贸易。出口管制框架包含生物技术、人工智能和机器学习技术、定位导航和定时技术、微处理器技术、先进计算技术、数据分析技术、量子信息和传感技术、物流技术、增材制造技术、机器人技术、脑机接口技术、高超音速空气动力学、先进材料技术、先进监控技术等。

中国在 2008 年修订《中国禁止出口限制出口技术目录》后，于 2020 年增加了软件业中的计算机通用软件编制技术、信息安全防火墙软件技术；计算机服务业中的信息处理技术、计算机应用技术；电信和其他信息传输服务业中的通信传输技术、计算机网络技术、空间数据传输技术、卫星应用技术；通信设备、计算机及其他电子设备制造业中的电子器件制造技术、半导体器件制造技术、微波技术、计算机硬件及外部设备制造技术、无线通信技术、机器人制造技术、空间材料生产技术以及专业技术服务业、水上运输业、中医医疗、农林畜等产业领域内的重要技术。

根据《中华人民共和国对外贸易法》《中华人民共和国国家安全法》等法律法规的规定，《不可靠实体清单规定》已经完成立法程序。经国务院批准，《不可靠实体清单规定》已于 2020 年公布。

技术进出口管制等制度对我国的国际科技合作产生了一定影响，美国及其盟国对华出口管制政策的演变经历了以下几个重大历史事件，管制制度也有所变化。1972 年，中美关系正常化，中国被美国列为"非敌国"。1983 年，里根执政期间，中国被列为"友好的非盟国"。1989 年，美国冻结对华优惠待遇。2009 年，美国进行了出口管制改革，但并未调整和简化对中国的出口管制程序。2011 年，美国商务部实施了新的出口管制方案，即《战略贸易许可例外规定》，中国仍然不属于 44 个可享受贸易便利措施国。

发达国家的出口管制政策严重影响了国际高技术合作的对外开展。例如，美国认为生物技术和医药技术领域的某些技术有助于研制生化武器；在地球观测和导航技术领域的技术合作有助于提升军事实力；信息技术领域是影响竞争优势的关键领域；在能源技术领域的很多能源设备、技术及关键材料都会被军方使用；新材料技术领域的很多材料和仪器设备涉及特殊应用背景，因此这些高技术领域很难开展合作。此类进出口也被称作技术性贸易壁垒（TBT）。

目前，我国电力技术相关产品出口遭遇国外 TBT 冲击较为严重，经常受到"反倾销""反补贴"等案件诉讼的影响。据统计，近年来相关通报明显呈上升趋势，并且集中在电力行业等重点领域。当前，我国的电力产品出口存在对于发达国家市场过于依赖的问题与隐患，美国、欧盟、日本等经济体在 TBT 政策制定上具有长期的历史与经验，制定了大量严格的技术标准与法规，其中大部属于国际标准。为此，我国电力系统技术转移工作的国际化发展亟须取得重视。

第三节　技术商业化生态体系建设与开放创新

一、创新生态"三螺旋"理论

创新生态系统通常被定义和描述为经济体发展中所必需的、有助于持续创新的、数目庞大且多样化的资源与参与者。其中包括但不限于投资者、企业家、技术和业务开发服务提供商，以及研究人员等。因此，一个经济体创新生态系统的实力将决定这个经济的创新能力。所以，国内创新生态系统/创新系统是所有从事技术转移和创新的实体公私部门总和。值得注意的是，从事技术转移和产业化的每一所高校、研究机构实际上都旨在创建自己的创新生态功能系统，从而进一步实现其目标。

在宏观层面，只有通过私营部门、公共部门和政府三个主要利益相关者密切合作，才能使创新生态系统蓬勃发展。这三者通常被称为"三螺旋"，其需要通过不同的项目密切互动，以取得创新的成功，从而促进经济发展。尤其是通过高效率的公共部门技术转移，让更多的大学与这种模式交织在一起。

"三螺旋"是一种创新模式，如图 4-1 所示，是指大学（或科研机构、产业机构）、政府和公共部门这三方在创新过程中相互协同、彼此互动、紧密合作，同时这三方在协同互动过程中都保持自身特有的独立身份和价值体系。

二、国际技术转移业务运营生态体系

国际技术贸易是一个复杂的过程，除上述技术标

图 4-1　"三螺旋"模式

的、技术交易主体、技术交易模式等关键问题外，还涉及技术交易流程、技术成熟度、技术的供给侧与需求侧，以及重要技术领域等问题。本节将全面梳理以国际技术贸易为核心的创新生态体系，并以示意图的形式表述各环节及相关背景之间的关联情况。

1. 技术成熟度

技术成熟度是指技术相对于某个具体系统或项目而言所处的发展状态，它反映了技术对于项目预期目标的满足程度。任何一项技术都必然有一个发展成熟的过程，从理论上来说，技术的成熟和发展都遵循相似的成熟规律，例如循序渐进。技术成熟度就是人们在大量科研和工程实践的基础上，对技术成熟规律认识的一种总结。

技术成熟度等级则是指对技术成熟程度进行量度和评测的一种标准，可用于评价特定技术的成熟度，也可判断不同技术对同一项目目标的满足程度。在国际技术贸易生态体系中，对技术本身发展程度的判断，基本可以采用技术发现、方案研究、数据验证、应用环境测试、模拟演示、真实演示、工程样机、运行评估的9个阶段进行分类。处于实验室阶段、产业化阶段的技术，应分别参照技术供给侧、需求侧工作流程衔接必要资源与服务。

2. 技术供给侧与需求侧

国际技术贸易存在由技术供给侧驱动或由技术需求侧驱动的情况。其中，技术供给侧指的是提供制造某种产品、应用某种工艺或提供某种服务的系统知识的组织或个人，主体类型主要包括高校、科研机构与创新型企业等。而技术需求侧指的是基于自身发展需求，获取制造某种产品、应用某种工艺，或提供某种服务的系统知识的组织或个人，其中政府公共部门、产业私营部门、各类产业化创新机构等都具有获取先进技术解决实际问题的需要。

在技术供给侧方面，党中央、国务院正在部署推进职务科技成果赋权改革试点和科技成果评价改革试点。通过赋权改革，进一步完善科技成果产权制度，总结出可复制、可推广的经验，尽快在更大范围推广。在技术需求侧方面，国家同样高度重视，科技部设立了"揭榜挂帅"机制，旨在切实提升科研投入绩效、强化重大创新成果的"实战性"，重点研发计划聚焦高质量发展亟须、应用导向鲜明、最终用户明确的攻关任务，突出最终用户作用。

3. 技术转移服务机构、技术经理人

技术转移的"第三方"服务包括技术开发、转让、咨询、评价、投融资与信息服务等。

技术转移服务机构是指从事技术转移服务的事业、企业、社团和其他依法成立的单位，包括科技评估、信息情报、知识产权、政策咨询、股权交易等，以及提供企业注册、会计金融、法律法规、管理咨询等商务服务、人员培训的专业机构。

技术经理人是指在科技成果转移转化过程中，发挥组织、协调、管理、咨询等作用，从事成果挖掘、培育、推广、交易并提供金融、法律、知识产权等相关服务的专业人员。技术经理人的主要职能基本覆盖上述服务内容，国家目前已对该群体的知识水平、实践技能、经验业绩、职业素养等做出明确要求。"技术经理人"新职业计划正式收录人力资源社会保障部会同国家市场监督管理总局、国家统计局《中华人民共和国职业分类大典（2022年版）》。

4. 技术交易工作流程

技术供给侧、技术需求侧、"第三方"技术转移服务分别具有不同流程，各参与主体在其中通过差异化方式开展具体工作。其中，以供给侧为牵引的技术转移需经过成果识别、发明披露、技术评估、知识产权保护、市场调研、投资/合作接洽、达成交易、交易执行等流程完成技术转移。以需求侧为牵引的技术转移则需经过需求挖掘、需求梳理、技术吸纳能力评估、需求发布、对接洽谈、供方响应与评估、达成交易、执行验收推广等流程。过程中，技术转移服务方一般通过委托意向、接洽论证、委托达成、委托实施等流程为双方提供服务。

5. 交易模式、形态与重点领域

技术转移的参与各方通过各类交易模式，以不同的交易形态完成技术转移流程，其中直接交易模式包括许可交易、专利联营、技术咨询与服务、产权转让等，间接交易模式包括联合研发、委托研发、合作生产、补偿贸易、BOT（建设—经营—转让）等。技术转移按照载体不同、内容完整性不同、技术功能不同存在各种分类，如移植性技术转移、嫁接型技术转移。除此之外，科技创新领域重点领域，包括新一代信息技术、智能制造、新材料、新能源等，也会通过其具体特征影响生态体系的构建发展。国际技术转移生态体系示意图如图4-2所示。

三、 开放式创新理论

开放式创新的概念源于这样一种观念，即没有任何实体可以独立完成产品进入市场所必须的研究和开发工作。公司将越来越需要技术许可引进与转让，并与科研机构和大学建立研发合作。过去20年里，以制药公司为代表的企业在此趋势的推动下，不断在将其研发工作进行外包。

2003年，Henry W. Chesborough教授正式提出了"开放式创新"的概念。总的来说，与传统的封闭式创新模式相比，Chesborough认为开放式创新更加有效，并且更加节约成本。他在其理论中强调了两个核心理念：首先，公司应该利用外部知识和技术来加强自身创新能力；其次，公司应该尝试从内部开发的、不能立即适用于自身业务的创新中创造价值。换句话说，公司需要技术许可引进和转让策略以保持创新的模式。

而开放式创新实际上是一种机构之间的内、外向耦合关系，共同为开发和推出新的产品、服务而开展合作。内向开放式创新指，公司在内部研发以外，引入来自外部的更加多样化的创新资源，以及从其他公司引进许可流程或发明专利；外向开放式创新指将目前无法在业务中投入使用的内部创新进行外部合作（例如通过许可、合资或分拆等）。近来"开放式创新"的趋势从简单企业与外部研发者之间的互动，发展为构建由开发者、公司、创新型消费者和创新用户等团体组成的生态系统。大部分可预见的开放式创新交易都是以如下形式开展的。

（1）销售/购买创新产品/服务

在这种情况下，外部公司成为客户的创新产品/服务的供应商。为了实现这种情况，外部开发公司必须拥有足够的制造能力，而与大学相关的小型技术公司通常并非如此。

（2）销售/购买/许可技术

在这种情况下，外部公司以及大学将某些技术的权利许可给产业客户。对于这种情况，外部开发公司必须拥有强大且受到良好保护的知识产权，这是交易的标的。通常情况下，此类交易需要更长时间才能完成，但一旦成功，外部开发人员就会获得长期的基于版税的被动收入。

（3）销售/购买能力

这是指外部开发机构与产业公司客户之间的商业研发合同。需要强调的是，许可协议通常伴随着研发合同，其原因很简单，因为许可协议转让权利，而研发合同转让知识。对于此

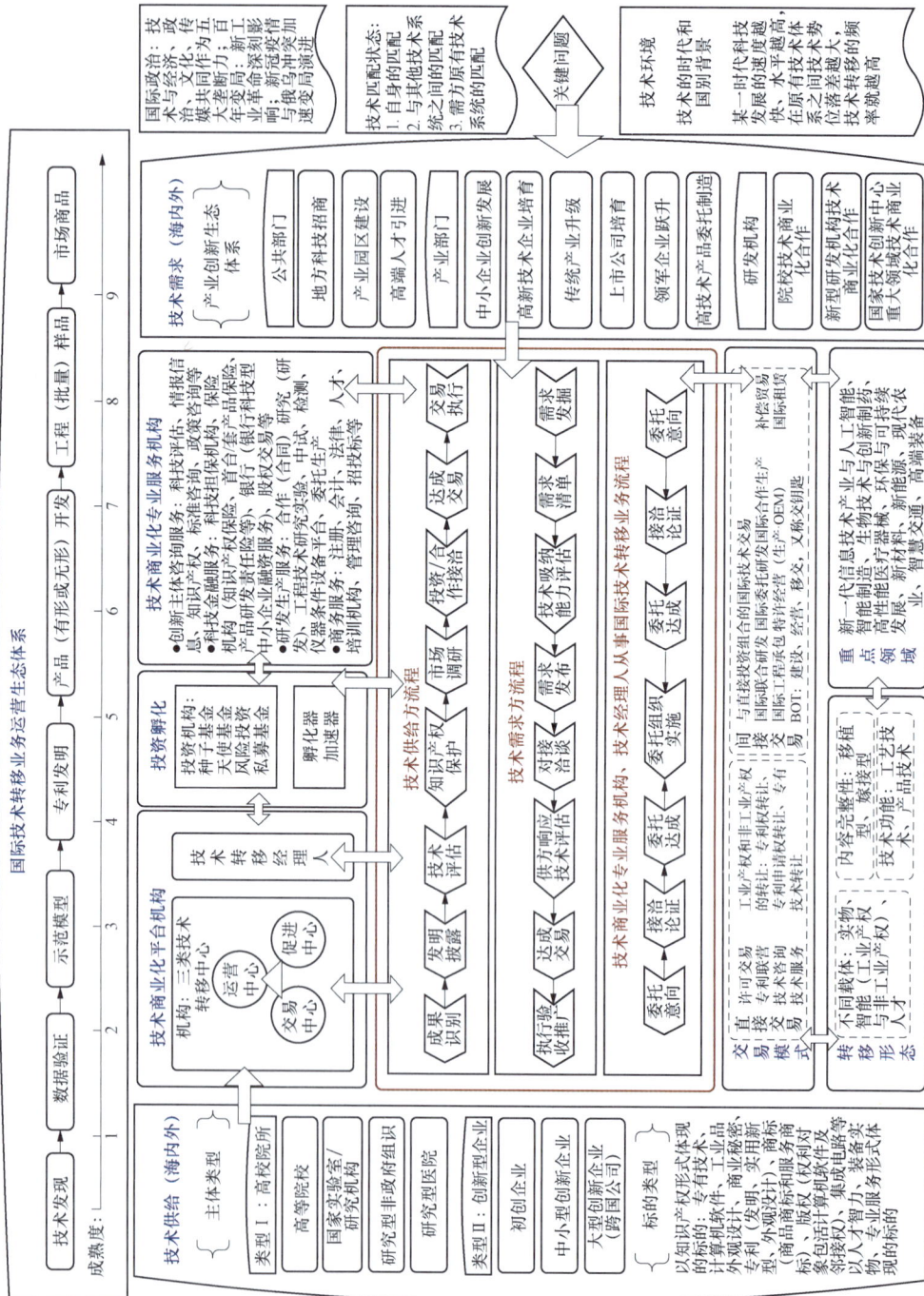

图 4-2　国际技术转移生态体系示意图

类交易，外部开发公司必须拥有经过验证的必要能力以及对科学设备、专业软件等资源的访问权限，而受到保护的知识产权并没有那么重要。研发合同可能会相对较快地签署，但其收入仅限于合同期内，并不意味着基于版税的被动收入。

（4）收购（spin-in）

在这种情况下，客户公司收购外部开发公司及其所有有形和无形资产，包括知识产权、设备和软件，以及最重要的专业团队。在这种情况下，团队通常承担在一段时间内为收购公司工作的义务。外部创新情况与内部创新类似，只不过在这种情况下，收购被衍生公司取代。采用开放式创新模式最大的担忧是知识产权盗窃、创新过程失控、文化差异的负面影响、利益相关者远程管理困难，以及知识共享效率低下。

四、 加强创新能力开放合作

"十三五"中后期，我国国际科技合作在从跟随到引领的变化过程中，外部环境发生了深刻变化。美国与我国在经贸、科技领域的摩擦，"逆全球化浪潮"和贸易保护主义的抬头，各国对中国崛起的疑虑和担心，以及我国在全球化过程中处理掌握国际规则的方式和能力等，都影响着新形势下开展国际科技创新合作的思路和方式。

2019年5月中央全面深化改革领导小组审议通过的《关于加强创新能力开放合作的若干意见》，都对新时期国际科技创新合作提出新要求。研究表明，"十四五"期间，国际科技合作应从落实党和国家的外交大政方针、提升全球资源配置能力、促进人才交流、加强平台建设、引导企业积极"走出去"，以及完善合作政策、优化合作环境等方面，多角度谋划合作布局，有针对性地开展国际科技合作。

1. 落实党和国家的外交大政方针

新时期国际科技合作，应始终坚持和围绕党中央对外交大政方针和战略的总体领导和部署，形成党中央总揽全局、协调各方的对外合作大协同格局。继续发挥科技创新对中国特色大国外交的支撑作用，重视"民间科技合作"纽带的建立和维护，不断扩大我国的"朋友圈"。始终重视国际科技合作在各领域的布局，充分结合"一带一路"建设，有效发挥科技创新合作的先导作用，同"一带一路"共建国家发展战略、科技创新需求对接，打造"一带一路"创新共同体，加强创新成果共享。

2. 提升全球创新资源配置能力

应稳步推动科技计划/项目的对外开放，鼓励外籍专家参与我国科技创新规划研究编制，深入参与项目实施。提升科技创新主体利用全球创新资源的能力，提出、发起和组织国际大科学计划、大科学工程，并依此聚集全球资源，开展高水平科学研究，共同应对全球挑战。鼓励高新技术、装备制造的进出口，加快高技术货物贸易优化升级，推进更高水平对外开放。

3. 进一步促进人才资源的国际流动

持续优化创新、创业、营商环境，构建领军人才、青年人才、留学生等梯次化人才队伍，创新用才方式和激励机制。加强制度保障和环境建设，促进人才创新资源的有序流动，继续优化和创新人才科研、工作、居住、出入境等便利化措施，提高对各类人才的吸引力和凝聚力。

4. 建设合作平台链接全球创新资源

对标国际规则和惯例，优化各层级国际科技合作基地和平台。鼓励各类创新主体搭建合作平台，共建新型联合研发机构，打造创新合作新高地。同时，完善国际创新合作信息、资金、渠道、培训等中介服务平台，提升服务质量。

5. 发挥企业的科技创新主体作用

推动企业深度参与国际科技合作，规范企业海外经营行为，遵守国际惯例，促进装备、技术、服务"走出去"的同时，积极向全球价值链高端跃升。营造国际一流的市场环境，引导外资流向我国高新技术产业。提升各类创新主体的知识产权保护和维权意识，打造公平竞争的国际化创新创业环境。

6. 进一步完善有利于创新要素流动的配套政策

培养国际科技合作管理人才和服务人才。从多元化投入、战略研究和咨询、监督评估等方面，形成对国际科技创新合作工作的支撑和保障，做好应对全球动荡源、科技合作风险、人类共同挑战的预判和预案。

行业篇

第五章 电力行业概述

第一节 电力行业发展状况

电力行业是现代社会的支柱之一，其重要性不言而喻。随着工业、交通、住宅和信息技术的发展，对电力的需求日益增长。电力行业从传统的火力发电、核能发电到新兴的风能、太阳能等可再生能源的利用，不断探索创新。

随着社会经济的发展，电力行业作为基础产业已经渗透到人们生活的各个角落。电力行业是一个综合性、高度关联的产业体系，主要由电源、输变电、配电及市场销售等环节组成。首先，电源是电力行业的关键环节。燃煤、水力、核能等传统发电方式，以及光伏、风能等新能源发电方式既给电力行业注入了新的活力，同时也为能源环保和可持续发展做出了积极贡献。其次，输变电是电力行业的重要组成部分。输变电是指将发电的电能通过电缆、架空输电线路等方式输送到用电地点并进行变压、分配等。输变电具有地域性、资金开支大、建设周期长等特点，但正是通过输变电，才能让电源产生的电能真正地服务于每个人。最后，配电及市场销售环节，配电主要包括变配电站、高低压配电设备、电能表及终端用户接户线路等，市场销售是电力公司的一项重要职能，售电方式也越来越多样化。当前，我国发展迅速的电力市场体系已经为电力生产企业带来很多的挑战和机遇。

未来，随着电力技术的不断创新发展，电力行业也将面临新的机遇和挑战。电力行业需要不断加强自身的科技创新和管理创新，推动能源结构优化升级，推进能源和环境保护的协同发展，为实现经济可持续发展做出更大的贡献。

第二节 中国电力行业发展历程

电力行业的发展是改善国民生活、推动经济繁荣、促进全社会科学发展的重要保障。在未来，随着新技术、新形势的不断出现，电力行业的市场竞争也会越来越激烈。电力企业应以更加负责的态度，注重创新和可持续发展，以更高的质量标准、更优质的服务水平回报社会，助推电力行业的良性发展。

中国电力行业是伴随着国家经济的高速发展而快速发展起来的，已成为我国经济的重要支柱之一，其发展与国家能源安全、经济社会发展、环境保护等方面密切相关。

一、 中国电力行业的发展历程

20 世纪初期，中国电力行业进入了发展的初期。从 19 世纪末开始，电力设施在中国逐渐兴起，1928 年国营"沙河工厂"建成，这标志着中国电力工业的起步。1949 年新中国成立后，电力行业得到了国家的高度重视，电力发展的目标变成了为国民经济服务。20 世纪50 年代开始了电厂的建设，到 70 年代电厂建设取得了突破性进展。

20 世纪 70 年代末，实行改革开放政策后，中国电力市场开始逐渐开放，这一时期吸引了国外大量的投资，也带来了先进的技术和管理经验。随着市场化改革和电力市场建设的不断推进，国家电力市场竞争加剧，从而成为拉动经济增长的新动力。

二、 中国电力改革发展历程

回顾改革开放至今，中国电力体制改革大体上经历了四个阶段。

第一阶段（1978—1985 年）：主要解决电力供应严重短缺问题。推行"集资办电"，解决电力建设资金不足问题。电力部提出利用部门与地方及部门与部门联合办电、集资办电、利用外资办电等办法来解决电力建设资金不足的问题，并且对集资新建的电力项目按还本付息的原则核定电价水平，打破了单一的电价模式，培育了按照市场规律定价的机制。

第二阶段（1986—2001 年）：主要解决政企合一问题。提出"政企分开、省为实体、联合电网、统一调度、集资办电"的"二十字方针"和"因地因网制宜"的电力改革与发展方针。将电力联合公司改组为电力集团公司，组建了华北、东北、华东、华中、西北五大电力集团。1997 年 1 月 16 日，中国国家电力公司在北京正式成立。这个按现代企业制度组建的大型国有公司的诞生，标志着我国电力工业管理体制由计划经济向社会主义市场经济的历史性转折。此后，随着原电力工业部撤销，其行政管理和行业管理职能分别被移交至国家经贸委和中国电力企业联合会，电力工业彻底地实现了在中央层面的政企分开。

第三阶段（2002—2012 年）：厂网分开与电力市场初步发育阶段。2002 年 12 月，国务院下发了《电力体制改革方案》（即电改"五号文"），提出了"厂网分开、主辅分离、输配分开、竞价上网"的"十六字方针"，并规划了改革路径。总体目标是"打破垄断，引入竞争，提高效率，降低成本，健全电价机制，优化资源配置，促进电力发展，推进全国联网，构建政府监督下的政企分开、公平竞争、开放有序、健康发展的电力市场体系"。根据该方案，电力管理体制、厂网分开、电价机制等一系列改革开始推进。

但是，后来国内外经济与电力供需形势出现较大变化，改革环境风险加大，利益纷争加剧，意见分歧较多，致使电力改革裹足不前，与国际趋势偏离渐远，未能实现改革初衷。2003 年，中国经济增长速度达到 10.5%，电荒苗头开始显现，发电企业竞价上网动力明显不足；2003 年 8 月 14 日的美加大停电事故、后续的英国伦敦与欧洲电网等多起大停电事件、2008 年国内南方冰冻灾害后的大停电事故，以及国外电力改革后出现的市场操纵与电价上涨等负面效应加大了国内对电改引发通胀预期和不稳定因素的担忧，使得改革重心向维护电网安全稳定运行偏移。近年来，国际低碳转型趋势以及国内能源环境问题的日益严峻，促使我国加快发展可再生能源发电技术，对电网安全稳定运营的依赖性提高，市场化改革态度则较为保守，改革步伐放缓。然而，经济改革不应随着个人意志而转移，而是要符合一国国情与经济发展规律。

自 2002 年电力体制改革实施以来，中国电力产业供应能力大幅提高，要素生产率有所提升，电价形成机制逐步完善，如发电环节实行了发电上网标杆电价，部分省份对输配环节差价进行了初步核定，销售环节相继出台了差别电价、居民阶梯电价与惩罚性电价政策等。然而，电力市场改革还面临许多矛盾和问题，如电力交易机制还很薄弱，市场定价机制尚未有效形成，某些业务领域的行政性垄断依然过强，管制制度与管制专业化水平有待提高，企业生产效率还有很大的提升空间，企业产权制度单一、内部人控制甚至腐败的问题依然突出，市场配置资源的决定性作用难以发挥，产业组织间的利益博弈与矛盾突出，节能高效环保机组不能被完全有效利用，弃水、弃风与弃光现象突出。此外，现行政府管制电价政策不灵活，电价调整滞后于市场供需形势与能源成本变化，不能合理地反映用电成本与资源价格，缺乏对供需机制、竞争机制与外部性的有效反映。

随着中国经济步入新常态，国际国内经济形势的各种不确定因素和风险加大，电力需求出现明显放缓趋势，电力能源环境问题与安全问题凸显，如何针对新形势下的能源电力经济进一步深化改革，成为政府工作的重点。

第四阶段（2013 年至今）：电力体制改革进入新常态，市场化步伐加快。目前中国经济已经步入新常态，在增速回落调整与结构转型升级的经济形势下要实现"十三五"规划，未来的一段时期，电力体制改革必须要与其他领域改革一起不断推进和深化，这将构成中国式电力体制改革的新常态。这一阶段的特点如下：一是政策密集出台；二是我国经济进入新常态发展阶段，电力经济也进入新常态发展时期；三是电力市场改革落地实践，输配电价与售电侧开放等改革成为热点；四是电力产业组织结构调整加快，电价制度更加灵活；五是更注重可再生能源开发与应用；六是注重顶层设计与企业共识相结合。

三、 中国电力行业现状

中国电力市场已形成了以中国电力公司、国家电网有限公司为骨干的电力生产和供应体系。当前中国电力行业的健康发展主要表现为三个方面：首先是电力行业规模持续扩大，电力年产量突破 4 万亿 kWh 大关；其次是电力行业多元化发展，大力推进清洁能源、新能源的开发利用，整合电力、能源资源，构建协同发展的新格局；最后是电力行业科技创新水平大幅提升，核电、海上风电、太阳能、地下热回收等技术不断发展，实现了对电力的高效利用和有效发电。

第三节 电力系统分类

一、 传统电力系统分类

传统电力系统包括发电、输电、变电、配电、用电、调度和通信信息平台七个环节。

1）发电：主要指利用各种能源（如煤炭、水力、风力、太阳能等）进行电力生产。

2）输电：将发电厂发出的电力通过输电线路输送到电力消费区域。

3）变电：将输电线路输送的电力进行电压变换，以便满足不同负荷的需求。

4）配电：将变压后的电力分配到电力用户。

5）用电：电力用户使用电力进行各种消费，包括家庭用电、工业用电、商业用电等。

6）调度：对电力系统进行调度和控制，以确保电力系统的稳定和安全运行。

7）通信信息平台：这一环节涉及以光纤化、网络化、智能化为特征的大容量、高速通信网络的建设，以及信息安全边界防护的加强等，以确保电力信息的有效传输和处理。

二、 新型电力系统分类生产环节

新型电力系统按生产环节可分为：

1）分布式电源：包括分布式光伏、风电、生物质能等。这些分布式电源在电力系统中扮演着重要的角色，可以通过信息采集、数据分析以及聚合优化等技术，实现电力的高效利用。

2）储能技术：储能技术是新型电力系统的重要环节，可以有效地解决可再生能源发电的间歇性问题，提高电力系统的稳定性。

3）新能源汽车：新能源汽车是未来电力系统的重要组成部分，可以有效地减少化石能源的使用，降低碳排放。

4）智能微电网：智能微电网是新型电力系统中的重要组成部分，可以有效地管理分布式电源、储能技术以及新能源汽车等，提高电力系统的效率和稳定性。

5）综合能源管理系统：综合能源管理系统可以对能源的产生、传输与分配等进行有机协调与优化，形成能源产供销一体化系统。

第四节　电力技术体系

电力技术体系是指在实践中应用于发电、输电、配电、供电等多个方面的技术体系。电力技术体系在我国能源发展中具有至关重要的地位和作用。中国电力已经逐渐发展成为产品完备、市场广阔的现代化服务业。如今，随着世界电力技术的不断发展，电力技术已经逐渐成为人类社会重要的支柱产业之一。电力技术与人类社会的每一个方面都息息相关，是保障现代社会各种基础设施正常运转的必要前提。

电力技术最主要的功能是将化石燃料、核能、水利能、风能、太阳能等能源转化为电力，以便满足人类社会对能量的需求。因此，电力技术的核心在于电力的生产、传输与分配。

在发电方面，电力的生产过程中，通过电力厂所提供的大功率设备，将不同类型的能源转化为电力，而此中又分为火力发电、核能发电、水力发电、风力发电、太阳能发电等多种方式。其中，火力发电是最主要的一种方式，其通过燃烧燃料产生高温热能，利用机组转化为电能供应。另外，水力发电通过水的动力产生电能，具有经济、环保的优点。核能发电通过核裂变产生热能，再转化为电能供应，风力发电、光伏发电则是利用自然能源直接发电，具有清洁能源的优点。

在输电方面，通过电力输电线路可将电能从电厂输送到用户端，其中最重要的是要保证输电线路的稳定性与效率，以便确保能源的快速便捷传输。电力技术体系主要包括高压输电、特高压输电等多种技术。高压输电技术是目前主要的输电方式，通过大电流输送电能。特高压输电技术则是目前最高压的输电方式，具有输电损耗小、经济性好的优点。

在配电方面，由于用电需求较为复杂，需要根据用户的需求，根据电力的用途将电能分配到用户最终需要使用的地方。电力技术体系主要包括开关控制、遥测遥控、自动化控制等多种技术。开关控制主要是通过电动机械开关来确保电力的可靠性，遥测遥控是通过单向或双向通信信道对电力系统进行测量和遥控，自动化控制则是通过电力系统控制器通过模糊控制、核心控制等方式对电力系统进行自动调节。

在供电方面，电力技术体系主要包括供应质量、电缆接头、插头插座等多种技术。供应质量保证了供电质量的稳定和可靠，电缆接头则是必不可少的电力设备，插头插座则是为了便于安装、更换。

总的来说，电力技术的体系是极为复杂的，涉及电力的发电、输送、分配等多方面，需要牢记电力技术的发展宗旨——实现持续跨越的发电方式，减轻对环境的影响，提高电力的能源效率。电力技术体系的不断发展和完善，从多方面保障了我们的用电需求，也为我国未来的能源发展提供了良好的技术基础。

第五节　电力行业基本特点

我国的电力行业主要呈现出以下几个基本特点：

1）电力生产的特殊性首先表现在电力产品不能保存，因此电力行业具有很强的计划性。电力企业的经济效益主要取决于核定发电量尤其是上网电量，相应地还要受到核定上网电价以及各种税费政策的影响。

2）由于我国煤炭资源相对丰富，因此电力生产以火力发电为主，约占总装机容量和发电量的70%；水力发电次之，约占总装机容量和发电量的20%；其他如核电等所占比重很小。

3）电力需求增长存在地区性不平衡状况：东南沿海等经济发达地区电力需求增速明显高于全国平均增长水平，而东北和四川等地区增速较低。相应地，东南沿海地区的电力上市公司的业绩也高于其他电力上市公司的平均业绩水平。

4）由于电力项目往往投资额巨大，投资周期长，规模的大小对经济效益影响比较显著。一般而言，电力企业规模越大，效益就越好，而那些规模较小的企业由于生产成本高，相对缺乏竞争力。

5）鉴于现行电力体制垄断特征明显，"厂网分开、竞价上网"成为今后的改革方向。

6）从今后的发展趋势来看，水电作为电力行业中的朝阳产业，发展前景非常广阔。加快和优先发展水电建设，已经成为我国电力工业发展的一项基本的和长期的策略。

7）"西电东送"战略的加紧实施对未来电力企业的经营影响越来越大。

第六节　电力行业总体运营状况

截至2022年底，我国各类电源总装机规模25.6亿kW，西电东送规模达到约3亿kW。全国形成以东北、华北、西北、华东、华中、南方六大区域电网为主体，区域间有效互联的电网格局，电力资源优化配置能力稳步提升。2022年，全社会用电量达到8.6万亿kW·h，总发电量8.7万亿kW·h。电力可靠性指标持续保持较高水平，城市电网用户平均供电可靠率约为99.9%，农村电网供电可靠率达99.8%。

电力绿色低碳转型不断加速。截至2022年底，非化石能源装机规模达12.7亿kW，占总装机容量的49%，超过煤电装机规模（11.2亿kW）。2022年，非化石能源发电量达3.1万亿kW·h，占总发电量的36%。其中，风力发电、光伏发电装机规模为7.6亿kW，占总装机容量的30%；风力发电、光伏发电的发电量为1.2万亿kWh，占总发电量的14%，分别比 2010 年和 2015 年提升 13、10 个百分点。2022 年全国各类电源装机容量和发电量占比如图 5-1 所示。2011—2022 年全国发电装机容量如图 5-2 所示。

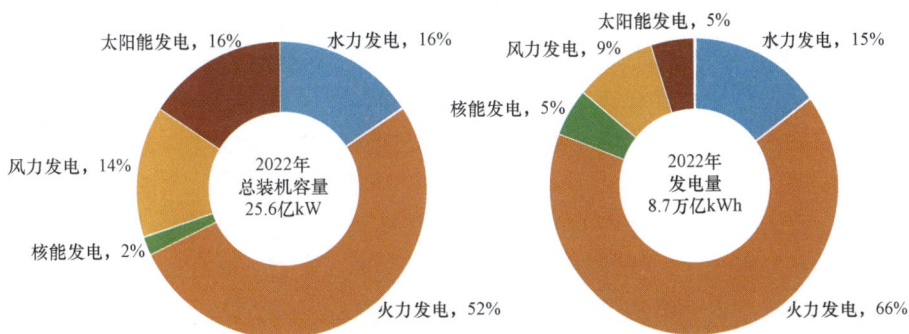

图 5-1　2022 年全国各类电源装机容量和发电量占比

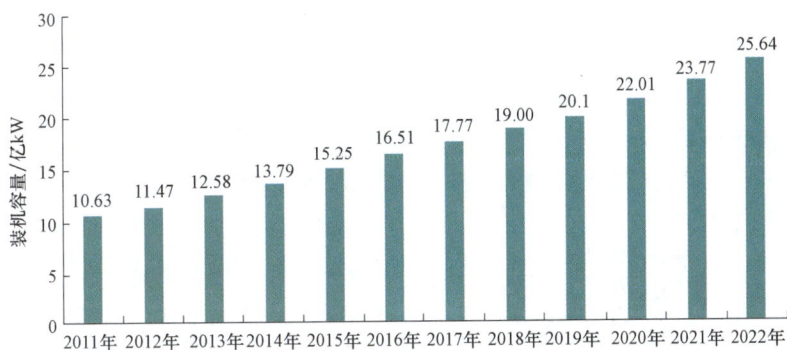

图 5-2　2011—2022 年全国发电装机容量

电力系统调节能力持续增强。截至 2022 年底，煤电灵活性改造规模累计约 2.57 亿 kW，抽水蓄能装机规模达到 4579 万 kW，新型储能累计装机规模达到 870 万 kW。新能源消纳形势稳定向好，全国风力发电、光伏发电利用率达到 97％、98％，特别是西北地区风力发电、光伏发电利用率达到 95％、96％，分别同比提升 0.8、1.0 个百分点。

电力技术创新水平持续提升。清洁能源装备制造产业链基本完备，全球最大单机容量 100 万 kW 水电机组投入运行，华龙一号全球首堆投入商业运行，全球首个具有四代技术特征的高温气冷堆商业示范核电项目成功并网发电，单机容量 16MW 全系列风电机组成功下线，晶体硅光伏电池转换效率创造 26.8％ 的世界纪录。全面掌握 1000kV 交流、±1100kV 直流及以下电压等级的输电技术，世界首个 ±800kV 特高压多端柔性直流工程昆柳龙直流工程成功投运。大电网仿真技术广泛应用，新型储能技术多元化发展态势明显，工农业生产、交通运输、建筑等领域电气化水平快速提升。

第七节　电力行业的未来发展

由于我国宏观经济形势总体良好，电力行业作为与国民经济发展密切相关的支柱产业，也面临着良好的发展机遇。未来，中国电力行业将向高效、清洁、可持续发展方向迈进，更加注重提高资源利用效率和环境保护水平。针对电力需求的不断增长，加快新技术的引进和应用，推动清洁能源的快速发展。同时，培养电力工程技术、管理人才，力争达到可持续发展的目标，成为世界电力行业的一个重要强国。

自 20 世纪初期开始，我国电力行业经过多年的努力和不断的创新，已经取得了巨大的成就。在未来，电力行业需要在技术创新、人才培养、环保等方面继续努力，不断提升自己的服务质量和发展水平，为中国的经济社会发展提供坚实的能源支持，并成为世界电力行业的重要力量。

展望未来，我国电力工业将在党的二十大报告精神指引下，秉承"创新、协调、绿色、开放、共享"的新发展理念，构建新发展格局，积极推进能源转型升级，全力推进新型能源体系建设，为构建新型电力系统、早日实现"双碳"目标，建立清洁低碳、安全高效的现代电力体系贡献行业力量。

我国电力行业历经了数十年的发展，已成为世界上电力工业规模最大、能源结构最优、技术水平最先进的国家之一。从大型煤电基地到水电站，从核电站到光伏电站，我国电力行业拥有雄厚的设施和先进的技术。同时，我国电力行业也在积极推动能源管理、产业升级和技术革新，努力为社会和经济发展提供更加可靠、安全、高效、环保的电力服务，为构建美丽中国做出更大的贡献。

2024 年 7 月 25 日，国家发展改革委、国家能源局、国家数据局关于印发《加快构建新型电力系统行动方案（2024—2027 年)》的通知，明确了从电力系统稳定保障行动、大规模高比例新能源外送攻坚行动、配电网高质量发展行动、智慧化调度体系建设行动、新能源系统友好性能提升行动、新一代煤电升级行动、电力系统调节能力优化行动、电动汽车充电设施网络拓展行动、需求侧协同能力提升行动九个方面构建新型电力系统。

第六章　电力科技成果转化与技术转移

本节主要是厘清科技成果转化相关概念、了解科技成果转化的现状和形式，掌握科技成果转化的思路和方法。本节包含科技成果转化与技术转移的基本概念、电力科技成果转化的现状和形势任务、电力科技成果转化的思路和特殊事项以及科技成果转化资源整合的基本概念等四部分内容。

第一节　科技成果转化与技术转移基本概念

一、科技成果转化相关概念

"科技成果转化"是我国"本土化"的术语，在1996年《中华人民共和国促进科技成果转化法》颁布实施后，"科技成果转化"从法律层面进行了明确规定，2015年修订《中华人民共和国促进科技成果转化法》时对科技成果转化的定义进行了修改和增加，其中第二条第二款规定："本法所称科技成果转化，是指为提高生产力水平而对科技成果所进行的后续试验、开发、应用、推广直至形成新技术、新工艺、新材料、新产品，发展新产业等活动。"本书中科技成果转化的定义与现行《中华人民共和国促进科技成果转化法》第二条规定的科技成果转化定义保持一致。

科技成果产业化是一个比较中式的概念，国外用得很少，我国也没有权威的、准确的、具有法律意义上的论述。

科技成果产业化包括两层意思：一是成功对科技成果进行孵化形成稳定经营的企业，实现技术创业，实际上就是指科技成果孵化为可工业生产的、有市场销路的新产品，或在生产建设实践中可实际运行的新企业，这类科技成果一般是应用性科技成果；二是针对关键技术和共性技术，其产业化是指该技术在产业中的大规模应用，实质上是科技成果转化时追求社会最大效益的过程，是指某项科技成果由少数企业使用，到某个甚至数个行业范围内的企业使用，由服务少数人到服务大众的活动，产生了新产品或者新工艺、新材料，乃至新产业的科技成果转化活动。

科技成果转化的概念有五层含义：一是转化的目的是提高生产力水平；二是转化的对象是科学研究与技术开发所产生的具有实用价值的科技成果；三是转化活动包括对科技成果所进行的后续试验、开发、应用、推广等一项或若干项的组合；四是转化结果是新技术、新工艺、新材料、新产品；五是转化的最终目标是发展新产业。

科技成果的主要转化方式如下：

（1）自行实施转化

自行实施转化是由科技成果所有者运用自身资源和能力，对其拥有的科技成果，开展持续研发、产品化、商品化等市场化的科技成果转化活动。

（2）科技成果转让

科技成果转让是指科技成果所有人将科技成果（大多为知识产权）转让给科技成果受让

人的活动。

（3）科技成果许可

科技成果许可是指科技成果所有人通过与被许可人订立技术许可合同，授予被许可人实施科技成果的权利，由被许可人开展科技成果转化的活动。根据被许可人获得的科技成果使用权的大小及使用范围，科技成果许可类别有独占许可、排他许可、普通许可、交叉许可等。

（4）合作实施转化

合作实施转化是指科技成果所有人以科技成果为合作条件，采取多种形式与他人合作，完成科技成果商品化的活动。它是供求双方各自发挥其研究开发、产业应用优势形成良好互补，实现收益共享、风险共担的转化方式。

（5）科技成果作价投资

科技成果作价投资是指将科技成果确定价格以资本形式投入企业，取得企业股份的转化方式，其实质是科技成果从技术要素转变为资本要素的过程。

二、 技术转移的概念

科学技术是全人类的共同财富，必须通过转移服务于全人类，才能发挥它的巨大作用，这就是最一般意义上的技术转移。学术界一般把联合国贸易与发展大会（UNCTAD）1985年在《国际技术转移行动守则草案》（The Draff International Code of Condunct on the Transfer of Technology）提出的技术转移定义，作为讨论技术转移概念的起点。该行动草案认为，技术转移是指转移关于制造一项产品、应用一项工艺或提供一项服务的系统知识，但不包括只涉及货物出售或只涉及货物出租的交易。

2001年，国家经贸委、教育部在全国重点高等学校已经建立技术转移机构的基础上，认定了一批"国家技术转移中心"。2008年8月，科技部根据《国家技术转移促进行动实施方案》和《国家技术转移示范机构管理办法》，对技术转移示范机构进行整合，统一按照新的办法认定"技术转移示范机构"。2017年，我国发布了国家标准《技术转移服务规范》（GB/T 34670—2017），明确规定了技术转移的定义，即"技术转移是指制造某种产品、应用某种工艺或提供某种服务的系统知识，通过各种途径从技术供给方向技术需求方转移的过程"，并标明技术转移的内容包括科学知识、技术成果、科技信息和科技能力等。本书所指技术转移定义与上述国家标准中规定的技术转移定义保持一致。

三、 科技成果转化与技术转移的关系

从概念内涵和应用场景等角度来看，技术转移和科技成果转化两者联系紧密，也有一定的区别。

1. 技术转移与科技成果转化的联系

二者都是为了科技成果能够获取价值，都和科技成果产业化紧密相关，其最终目的都是实现科技成果的产业化，从而实现科技成果的经济价值和社会价值，促进经济和社会的发展。

技术转移与科技成果转化都是以科技成果为工作的基本点。技术转移中所指的技术，与

科技成果转化中的科技成果，实际上所指的内容是相同的，其来源都是高校、科研院所这类具有丰富的科研资源和较强的科研能力、不直接参与市场经济活动的组织。

2.技术转移与科技成果转化的区别

二者产生的社会文化背景不同。技术转移的概念虽然借联合国的影响力得以确立，但是和美国等西方发达国家的科技管理体制、社会文化关系密切。和"技术转移"相比，"科技成果转化"一词来源于我国的科技政策、法律和管理实践。在我国，高校、科研院所基本是由国家设立，我国政府基本上不限制高校、科研院所创办企业。高校、科研院所创办企业是大学补偿其运营经费、实现科技成果产业化的重要途径，是大学科技成果实现自身价值的重要方式。我国绝大多数的民营企业成立于改革开放后，发展时间较短，企业经营水平和技术水平有限，吸收先进技术的能力有限，能够对高校和科研院所的高科技成果进行产业化经营的企业较少。除此之外，我国技术市场发展时间短、不够成熟，产学研合作不密切。在这种情况下，我国很多高校、科研院所成立企业，对其所研发的科技成果进行产业化，涌现出一批知名的"校办企业""院办企业""所办企业"。

二者侧重点不同。技术转移的概念强调技术本身及其权益在不同主体之间的转移过程。参与技术转移的主体可以分为技术输出方、技术输入方。技术转移的过程中，技术一般是从高校、科研院所转移到企业。高校、科研院所主要负责科学研究、技术研发，研发成功后，由产业界中的企业完成后续的中试、产业化生产、销售等经营活动。科技成果转化的概念侧重于科技成果实现商品化、产业化的全过程，即科技成果不断成熟和完善，使之达到商品化的程度，从而能够走向市场，产生良好的社会和经济效益，其本质是科技成果由知识性商品、成果转化为供市场销售的物质性商品、服务的全过程，是一种带有科技性质的经济行为，其过程一般包括小试、中试、产业化生产和销售几个阶段。

第二节　电力科技成果转化现状和任务

一、电力科技成果转化的现状

1.电力科技成果转化取得的成效

近年来，电力行业企业高度重视科技成果转化和产业化工作，不断创新科技成果转化体制机制，加强科技成果供需对接，建设科技成果转化平台，促进了一大批高、精、尖科技成果的转化和产业化，推动了先进实用技术装备的规模化应用，逐步实现了科技成果转化与产业化的有效衔接，试点建设了科技成果转化信息系统，搭建了科研成果与产业对接、共享和交流的平台，完善了创新成果的发现、跟踪和筛选机制。

如某国有电力企业科技成果转化工作以转化电网发展中迫切需要的具有全局性和前瞻性的重大科技成果为首要任务，以示范应用和推广应用电网先进适用技术为重点，以解决电网规划、设计、建设、运行、控制和企业经营管理中的共性和热点技术问题为基础，开展电网运行管理控制技术的成果转化研究，提高了电网安全稳定运行水平和抵御自然灾害能力，提升了电网整体技术水平和技术装备水平，提高了企业管理水平和经济效益。

电网企业逐步实现了科研与产业的良性互动，以科研推动产业发展，产业反向支撑科研为总体思路，推动科研优势变为产业优势，支撑企业可持续发展。一方面利用产业积累资金进行科研投入，另一方面产业需求引导科研开发方向。

2. 电力科技成果转化面临的问题与挑战

（1）科技成果和市场需求不契合

在电力企业的科研单位中，一般会有科技成果考核机制以及相应考核指标的设定。但是考虑到一直以来电力企业体制因素的影响，很多电力行业的科研院所十分重视科研成果理论的研发，却对实践应用的关注度不足，导致在科研理论研发应用上难以和实际需求契合，虽然科技成果研发的数量越来越多，但是这些成果难以真正应用到具体实践中，因此电力企业最终呈现的科技成果和市场需求之间难以保持高度的契合，导致电力企业的科技成果难以充分赢得市场的肯定。

（2）既有的制度对科研成果转化存在制约

由于很多电力科研单位为国企单位，所以在实现科研成果转化的过程中，需要有较多的流程，加上当前央企国有资产评估以及相应备案管理规定的存在，会对企业科研成果转化形成一定的制约。另外，在针对科技成果转化过程中也有关于资产评估以及备案的相应规定，目前既有的政策在该方面的内容规定上不一致，不同文件中有不同规定内容。这些问题的存在都会对电力企业科研成果的转化造成负面影响。

（3）科技成果转化缺乏市场化运作机制

电力企业在科技成果转化方面以企业强制实施为主，虽然企业内已颁布实施了一系列制度大力推动科技成果的转化，但还是缺乏系统化、市场化的科技成果转化考核体系与激励措施，导致科技成果转化效率低下，内生动力不足。

（4）科研成果转化意识不足，宣传有待强化

在科研成果转化过程中，很多电力企业科研人员虽然有较高的科研工作参与热情，但是不具备出色科研成果转化的意识，只重科技成果产出，而轻科技成果转化。同时，科技人员对成果转化政策的学习深度广度不够，理解政策不到位，担心成果转化后无法在申报奖项、职称晋升等方面使用，以致成果转化的积极性不高，导致一些科研成果在成功研发后得不到及时的转化。

二、 电力科技成果转化重点任务

1. 打通流程堵点，推进政策落实

深入开展赋予电力企业职工职务科技成果所有权或长期使用权试点，完善单位、职工、转化服务成果转化收益分配链条，合理地激发成果转化各相关方的积极性。探索国有技术类无形资产单独立法，减轻该类资产保值增值管理压力。优化国资管理、技术入股过程、工商注册流程、科技成果转化奖励税收优惠等环节。针对国有企业职工制定有利于促进科技成果转化的考核评价体系，细化并解读科技成果转化系列政策，打消基层执行人员和科技成果转化人员的疑虑，推广打通政策链的典型经验和做法。

2. 强化市场作用，完善转化链条

技术市场是在社会主义市场经济条件下，促进科技成果迅速转化为现实生产力的主要渠道，是国家和地方科技创新体系中的重要组成部分。因此，现阶段必须充分认识技术市场在

加速科技成果产业化进程、促进科技与经济结合中的重要作用。推动技术市场与资本市场、人才市场协调发展，促进科技成果尽快产业化。技术作为一种生产要素，最终目的是实现技术的转化。科技成果的转化要经过三个环节：研发、中试、产业化。随着中国社会主义市场经济的发展，此过程需要其他生产要素的介入和其他要素市场的互动，技术与资本的结合将会促进风险投资、技术入股、新兴企业的发展；技术与人才的结合将会加速智力的流动，使更多的科技人才进入经济建设主战场。三个要素市场的渗透、融合的速度与程度直接影响着技术转移和成果转化的速率和效果。因此，需要加快推进三个要素市场的相互结合与渗透，促进技术商品尽快产业化。

3. 加快人才培养，搭建转化平台

技术经纪人队伍建设是科技转化的关键环节，应充分发挥各类创新人才培养示范基地作用，依托有条件的地方和机构建设一批技术转移人才培养基地。加快培养科技成果转移转化领军人才，纳入各类创新创业人才引进培养计划。推动建设专业化技术经纪人队伍，畅通职业发展通道。通过搭建具有信息查询、信息咨询、融资投资、项目申报、科技成果鉴定、科技查新、技术转让、产权交易等服务的科技成果转化平台，能够有效促进供需两端双向发力，使成果方及时地了解市场变化与发展趋势，需求方更便捷地寻找适合产业化的科技成果，更好地促进科技成果转化与产业化。

第三节 电力科技成果转化思路和特约事项

一、 电力科技成果转化思路和基本原则

1. 电力科技成果转化的思路

坚持需求导向，加强产研协同，建立电力科技成果孵化转化机制，搭建覆盖电力企业及电力上下游企业的科技资源共享平台，打通电力科技成果转化通道，提升电力科技成果转化效率，拓宽转化渠道，充分借助外部技术市场实施电力科技成果对外转化，推动电力科技创新成果快速产业化。电力科技成果转化工作应由电力企业科技管理部门指导，科技资源共享服务机构负责协调，电力企业内部科研单位及电力企业上下游企业密切配合，以成果评估为基础，落实保障措施，分工协作，共同推进，确保电力科技成果转化工作顺利开展。

2. 科技成果转化的基本原则

（1）遵循企业战略导向原则

以国家利益和企业战略为首要出发点，经评估对国家和企业具有重大意义的科技成果应强制转化。对于企业内部的科技成果，优先考虑内部转化应用，其次向外转化推广。

（2）遵循市场需求导向原则

以市场需求为导向，鼓励供需双方自行洽谈确定转化协议，建立统一开放的科技资源信息交流机制和共享平台，实现企业内科技成果申报全覆盖，允许同一科技成果向多家企业转化。

（3）遵循科学公正评估原则

构建覆盖技术、市场、产业等各领域的高水平评估专家团队，遵循科技成果转化自然规

律和发展链条，构建多维度评估指标体系。

3. 主要方式及流程

科技成果转化方式主要包括：①自行投资实施转化；②向他人转让该科技成果；③许可他人使用该科技成果；④以该科技成果作为合作条件，与他人共同实施转化；⑤以该科技成果作价投资，折算股份或者出资比例；⑥其他协商确定的方式。

电力行业科技成果转化的流程主要分为成果申报、成果评估、成果转化三个步骤，具体内容如下：

（1）成果申报

1）企业内部下达科技成果转化考核指标并下发通知，组织开展可转化的科技成果的申报工作。

2）企业组织开展成果信息和转化需求的初审和申报，通过科技成果转化平台完成科技成果信息和转化需求的提报。

3）电力行业上下游企业通过科技成果转化平台申报成果转化信息和转化需求信息。

4）通过科技成果转化平台实现电力企业科技成果信息与电力行业上下游企业转化需求的供需对接。

（2）成果评估

1）企业内部组织成立相应的专家组，针对不同领域的科技成果进行分类评估，形成评估意见，并通过科技成果转化平台上报至企业内部科技成果管理部门。

2）企业内部科技成果管理部门审定评估结果，成果所有方根据评估结果与转化企业开展转化洽谈和协议签订工作。

3）企业内部定期发布"公司科技成果推广目录"，优先安排和支持目录内成果的转化实施。

（3）成果转化

1）按照成果类型和转化方式，采用符合国家或地方规定的协议范本签署成果转化协议，通过科技成果转化平台上报企业内部科技成果转化部门。

2）成果方完成转化协议签署后，报企业内部科技成果转化部门备案，成果转化协议应涵盖以下基本内容：成果转让方式、价格和支付方式，成果提交的形式、内容和交付期限，成果保护及违约责任等。如需后续合作开发，还应涵盖合作开发形式、主要开发内容及实施计划。

3）企业内部科技成果转化部门组织开展成果实施过程检查，对转化过程及转化后的实施情况进行跟踪和协调。

二、 电力科技成果转化特约事项

1. 技术边界界定

科技成果转化激励，所有的标的物，都需要一个概念清晰、边界清晰、范围清晰的科技成果。然而实践中要完成确认技术边界、清晰技术产权的任务并不容易。一些技术领域，比如电网主业之前不涉及或者没有直接关系的领域，比较容易确定；但是面对更多的情况是，很多技术的研发都是持续性、迭代性、相关性的，一些新技术的基础框架构建在原有技术、设备和工艺的基础上，同时相关周边技术也很复杂。这个时候，合理地区分一项科技成果的技术边界，确定其独立性，就面临很大的挑战。

2. 估值评判

国有资产评估方法不断完善，各类资产估值日渐成熟，但国有技术类无形资产评估，依然是学界和实践界都在持续讨论和探索的课题。如何来界定一项电力科技成果在投资、转让等过程中的价值呢？资产评估方法，一般是要明确历史投入，观察分析市场同类技术价值，预测未来科技成果的市场收益和转化成本，再通过建立模型来确定这个技术的价值区间。难题在于科技成果通常是一项新的尚未得到应用的技术，未来收入的不确定性很大，影响因素也很多，这样的预测主观性较强，所以在技术价值谈判中很难达成各方的共识。如何解决价值评判的难题是科技成果转化中绕不开的核心问题。

三、 成果转化主要影响因素

1. 成果本身的因素

科技成果成熟度（一般也称为技术成熟度）是综合反映科技成果的技术实用性程度、在技术生命周期中所处的位置，以及实施该成果的工艺流程与所需配套资源的完善程度等，也是反映某个具体系统或项目中的技术所处的发展状态，以及该技术对于达到或实现该系统或项目预期目标的满足程度。对于技术成熟度1~3级的技术，因其尚处于概念想法、方案报告、功能分析等理论研究阶段，需要经过后续验证、中试、规模生产等的研究开发，与成果转化方案设计有或远或近的距离，在成果转化的方案设计上通常考虑采用合作研发、技术咨询等方式，较少进行技术转让或许可。对于技术成熟度4~6级的技术，其经过仿真验证、部件环境验证系统样机演示等实验室的应用研究，有可能成为生产经营的产品或服务，一般倾向于选择科技成果的转让、许可、合作实施等方式，也是部分种子投资、风险投资机构与技术拥有方作价投资成立企业的对象。对于技术成熟度7~9级的技术，其处于成熟度较高的工业化生产前端，成果转化对资金、市场和人员等的需求量较大，是技术交易市场中最受欢迎的成果转化对象，可以综合选择转化方式。当然，成果转化方式的选择不能一概而论，采用何种转化方式，最终还需要供需双方根据具体情况协商确定。

2. 团队的因素

科技成果转化的初始团队里往往不乏富有战略思维和创新精神的研发人员或科技专家，也不难找到专业的专利代理机构，却很难找到拥有知识产权运营能力的技术经理人和拥有丰富金融投资、价值评估及谈判执业经验的团队成员。如果待转化产品（注意：不是技术）的目标客户和上下游供应商能够加入转化团队，一个近乎完整的"技术链＋产业链"则往往可以事半功倍。

3. 市场的因素

面对激烈的市场竞争，一个产权清晰、经营目标长远的企业必然具有依靠科技进步提高企业效益的自觉性，会对技术创新产生较高的市场预期，愿意购买新技术或进行技术开发外包。反之，在不正当竞争中，企业缺乏中长期发展规划，疲于应对市场价格与成本波动，即使有创新意愿，也只对"短平快"、可以立竿见影的科技成果感兴趣。由此可见，有序的竞争环境与健全的企业制度影响着科技成果资本化的实际需求。

4.法律的因素

自从新修订的《中华人民共和国促进科技成果转化法》于 2015 年 10 月 1 日施行以来，国家和地方出台了一系列政策文件。随着成果转化实践的推进，该法与《中华人民共和国国有资产法》《中华人民共和国公司法》《国有资产评估管理办法》等法律法规的衔接也逐渐顺畅。一些过去难以逾越的障碍，如科技成果转化奖酬金难以兑现、科技成果必须评估定价、国有科技成果资产保值增值、相关政策难以落实等难题在部分地区已逐步在探索中破解。

第四节　电力科技成果转化资源整合

一、　资源整合的概念

科技成果转化的资源整合是围绕创新链、产业链、资金链、人才链深度融合，补齐科技成果转化中缺失的链条，实现科技成果转化的目标和任务。绝大部分机构和个人都不具备实现创新成果转化以及运营所需要的全部资源，一般都是在自己的熟悉链条上有资源优势。如果不进行资源整合，缺少实现成果转化的必要条件，根本就不能实现科技成果的运营。

二、　资源整合，以人为本

1.资源整合中的"贵人"

所谓"贵人"就是能给自己或组织提供帮助的人。在资源整合中，"贵人"包括掌握资源的人、引路人、牵线人、咨询人员等。

2.资源整合中的人脉管理

资源整合以人为本、以人为枢纽，如何找到助推自己不断扩大资源范围的"贵人"是资源整合的关键所在。做好人脉管理，积累运营中的"贵人"要有计划地做好以下事情：

1）进行有意识的人脉积累和拓展自己的朋友圈，做到朋友没有圈。

2）建立人脉渠道，要熟悉掌握科技成果运营资源的人脉分布，可以精准地和他们取得联系，建立合作关系。

3）找到人脉资源分布的枢纽和节点，可以点带面，以达到事半功倍的效果，迅速整合到所需要的资源。

4）联系关键人物。处在人脉节点和枢纽位置的，往往是一个团队，说服核心人物并建立稳定的信任与合作关系，直接决定整合资源工作的成败，要考虑好联系他们团队的关键人物，是直接找主管领导，还是分管领导，还是关键岗位……

5）不断提高自己的能力（技艺）水平和价值，在某个领域做到一流，做到顶尖。某个领域的顶尖人物，跨界到另外一个行业，他接触到的依然是行业翘楚，可以轻松调配行业内优质资源。

6）设计出资源整合方案，清楚地知道自己或组织要找什么样的资源，什么样的人，明确优先次序，规划行动路径，做出执行计划。

3.资源整合的跨界之美

跨界首先是完善自己的产业链上下游资源。跨界，跨出自己熟悉的业务领域，接触自己固有圈子以外的世界。跨界的精妙之处在于相邻相近的产业里有能够说话、有影响力的朋友，他们是资源整合的关键所在；跨界的精妙在于朋友的朋友就是好朋友，朋友帮我们开阔视野，跨越阶层，开辟新领域，朋友的资源就是我们的资源，我们和朋友一起开辟新的道路；跨界的精妙之处在于吸纳融合自己需要的资源，升华出更好的产品和服务，为组织成长壮大创造更优良的环境。

三、 以任务为核心的资源整合

资源整合的前提是对形势和资源需求的精准判断，明确资源整合的核心任务是资源整合最根本的遵循。

1. 科技成果运营中资源整合的任务

科技成果运营中资源整合的任务就是通过对运营全过程的预测和分析，精准判断出科技成果运营面临的形势以及主要困难，找到克服困难的办法及所需要的条件，配齐完成运营目标的必备资源。

2. 资源整合之根本

资源整合最根本的是运营主体的综合实力，能够整合科技成果运营过程中对创新链、产业链、资金链、政策链、人才链、市场链上资源的需求。

资源整合要先整合丰富的信息和人力资源，保证自己能够熟悉并掌握所需资源的动态变化，找到资源的决策者并以合适的方式说服他们。高超的商业策划能力和创造性的整合模式是说服资源方的关键；资源整合对运营主体来说，团队中必须有一支掌握科技、法律、政策、金融、人才、市场等资源的技术经纪人队伍。这支队伍专业的服务能力、对成果人和事情的策划及驾驭能力是成功的根本保障。

3. 资源整合的几个关键问题

资源整合必须要解决好几个关键问题：自知、知人、知己、知彼和知战，这是一个完整执行体系的关键节点。

自知：明确自己要做什么，需要什么。

知人：谁掌握自己需要的资源，他们在哪里。

知己：我手里有什么资源和渠道可以吸引所需要的资源。

知彼：所需要资源的所有者利益点和关注点在哪里。

知战：我的方案和策略，模式清晰，计划可行。

五个关键问题中最核心的是知己和知战。知己是前提确保整合工作目标清晰，执行坚定坚决；知战是要知道资源方的情况，知战体现在清晰、有吸引力的整合策略、整合模式、整合计划。

4. 资源整合的渠道选择

渠道通常指水流的通道，如水渠、水沟等，这里是指资源整合的路线和充分条件。路线是指为实现整合目标通过一定的社会网络联系到资源掌管者中的网络。充分条件是指办成事情所需要的全部必要条件和资源整合模式。

（1）官方渠道

官方渠道是政府，首先是政府资源，其次是充分利用政府的影响力和协调能力进行资源整合。除非特别有影响力的项目或者会对当地产生深远而巨大影响的产业，一般政府不会直接利用其影响力和协调能力帮助整合资源。

（2）体制内渠道

体制内渠道是国有企业、事业单位以及其挂靠的各类学会（协会）等。首先是其自身的资源，其次是其协调能力和影响力。体制内渠道的通达性和便利性非常好，由于它们是国民经济的支柱力量，掌握体量庞大、种类丰富的资源，往往能够协调整合科技成果运营所需要的各种资源。

（3）专家渠道

专家渠道是相关行业专家，大多数被尊称为专家的人，活动范围都比较广泛，接触的人多，信息来源广，有一定的影响力。有的专家对政府、体制内的国有企事业单位以及其挂靠的各类机构都非常熟悉，有话语权，是拓展关系、整合资源的重要力量。

（4）民间渠道

民间渠道是科技成果运营主体通过亲戚朋友关系寻找并整合自己所需的资源。有的运营主体其民间关系藏龙卧虎，可以通达更多的资源，乃至影响政策，所以民间渠道可能是最强的渠道，也可能是最弱的渠道，关键是运营主体自身的能量。

（5）市场渠道

市场渠道是依据法律法规和政策，按照市场规则，通过经济手段，互惠互利整合好科技成果运营所需要的资源。选用合适的资源整合模式，相互吸引，共赢是市场渠道成功的关键所在。

科技成果资源整合渠道的重点是建设和运维好自己的资源而不是如何选择和使用。

四、 资源整合中的信息管理

1. 资源整合中的信息需求管理

资源整合过程中的信息管理包括：①资源整合中的信息需求分析；②资源整合的信息架构设计；③关键信息的获取渠道和方法；④信息的质量控制；⑤把信息整合成完整运营链条。这五个方面构成一个完整的信息管理运营体系，完美的信息管理工作就是把信息整合成完整的运营链条，用信息清晰呈现科技成果运营过程和资源匹配信息。

资源整合中的信息需求分析是资源整合的基础，需求分析必须做到：①满足成果运营需要；②满足成果与运营评估需要；③满足资源整合任务需要（人的信息、项目信息、任务信息）。

2. 资源整合中的信息架构

信息架构，就是一个运营主体的信息构成点，合理、优秀的信息结构是高质量信息的关键保障条件之一，它描述的是信息所包括的基本内容。信息架构的作用就是确保信息有用并且够用。不同的使用目的，会有不同的信息架构，比如我们介绍一个人，推荐工作和相亲所提供给对方的内容是有很大区别的。

信息架构必须满足几个条件：①为谁服务；②做什么事情；③信息使用者最关心的事情；④标准是什么；⑤元数据规范。元数据，就是描述数据的数据，主要用来规范数据属性的信息，用来支持如指示存储位置、历史数据、资源查找、文件记录等功能，它是一种电子式目录，作用是协助数据识别、检索、聚类、排序、评价等。元数据实现信息资源的有效发现、查找、一体化组织和对信息资源的有效管理。

确定信息架构的基本原则：①紧密围绕战略规划与任务目标，这是信息有效性的根本保证；②体系完整、相互支撑，这是信息够用的根本保证；③便于智能化采集和分析。

3. 信息收集渠道和方法

每一个运营主体都有自己的信息渠道和方法，或丰富、开放、实时或传统、封闭、滞后，或建立了完整的信息收集、管理和运营体系或被动接收、使用，勉强维持基本状况。

信息收集方法一般分为公开方法和技术手段方法。技术手段专指公安、军事等机构采用特殊的设备获取信息，有很强的机密性，科技成果运营机构不适用，不是本书的关注点。信息收集要特别重视从专家渠道获得的信息，目前我国的决策机制大都是专家决策和行政决策相结合的方式。一方面专家们有自己的渠道获得最新的信息，这些信息传播面比较窄，不容易得到；另一方面专家们还是专业领域内重要思想和计划等的提出者、推进者，他们本人的信息同样很重要。

科技成果运营的信息收集还要特别注意收集高校、院所、新闻媒体和相关杂志期刊等机构收集信息并纳入信息分析系统，与其他信息一并分析处理和使用。

4. 完整的电力科技成果运营信息链条

单条的信息并不一定具备很高的价值，只有把分散的信息连贯起来，连成完整的事情的起因、过程和结果，才能够有力地支撑科技成果运营决策工作。高价值的信息都是从大量数据中抽丝剥茧淬炼而获得的，从庞杂无序的海量信息中按照一条主脉络进行梳理、提取、凝练成一条以科技成果运营为核心、资源匹配与资源整合的信息链条。

为了保证对科技成果运营及其所需资源动态信息的及时掌握，运营机构必须高度重视信息管理工作，建立信息管理机制，形成收集和分析的流程和标准，配备必要的设备、物资和人员等。

第五节　案　例　分　析

案例：某电力公司"一种单相接地故障选线装置"专利许可

1. 实现目标

通过对防止线路过电压保护的研究，实现了：

1）防止电气设备过电压运行，避免对设备造成损害。

2）永久性过电压，正确识别故障并动作跳闸。

3）间歇性过电压，正确识别故障并告警。

4）识别谐振过电压，避免长期谐振过电压对设备造成损害，以便运行人员采取正确的处理方式进行处理。10～35kV变电设备防止线路过电压保护装置具有智能分析、快速正确识别故障并实现故障快速处置的特点，可实现故障告警信息远传，全面提升配电网单相接地故障快速处置能力，及时正确选线，消除电网谐振，是保障人身和设备安全、防范事故扩大的关键。装置投入后能对变电站过电压进行监测及保护，有助于巡检人员及时、直观、有效地了解实际情况，明确并及时做出科学的决策，提高运维管理水平，同时可以对相关数据进行有效的分析，对于提高科研效果也有极大的促进作用。该系统的研发和投运作为某省电力公司的初步尝试，积累了大量经验，也为其他单位的类似应用提供了参考依据，最大限度地缩短停电时间，避免给电气设备带来损害，由此带来的经济效益不可估量。

目前该项目获得专利一项，2021 年获得收益 2.064 万元，2022 年实现收益 26.83 万元。

2. 专利许可

发明团队与某科技公司共同研发了过电压保护装置，获得了国家输配电安全控制设备质量监督检验中心的型式试验报告。通过技术许可的方式签订了成果转化合同，将研发中产生的专利进行了成果转化，转化期为 3 年。目前已投入生产，并在 2020 年将成果成功上架至某电子商务平台，年产值超过 300 万元。

2020 年，该省电力公司在扩大试点应用工作推进会中提出，"各供电公司尽快落实扩大试点应用计划的实施工作"。目前项目组研发的装置已经在该省 4 个地市投入使用，6 家公司进行了项目储备及产品的购置。该装置在转化期内已产生直接经济效益 26.83 万元。其中，2021 年产生直接经济效益 2.064 万元，2022 年产生直接经济效益 26.83 万元，2023 年预计可实现收益 1032 万元，产生了超过 3000 万元的间接经济价值。该装置每年避免了多次过电压烧毁事件，提高了供电可靠性。投入使用的变电站均已超过一年的时间，运行情况良好，能够达到项目组研发所设立的目标，持续产生了良好的经济效益和社会效益。

成果篇

第七章　科研项目管理

第一节　电力行业科研项目现状

一、　项目分类现状

中国电力企业主要包括两大电网公司（国家电网有限公司、中国南方电网有限责任公司）和五个发电集团（中国华能集团有限公司、国家电力投资集团有限公司、中国大唐集团有限公司、国家能源投资集团有限责任公司、中国华电集团有限公司），皆为央企。承接中央企业管理要求，管理模式存在一定共性。

集团公司组织架构包括公司总部、直属机构和各分/子公司和各基层单位三个层级，对应的科技管理部门也可以分为总部科技部、省级公司科技部、地级市单位科技管理部门。

电力企业科技创新实施主体主要包括以下三个层面：

1）集团层面研究院，主要包括国家电网有限公司的中国电力科学研究院、国网电力科学研究院，中国南方电网有限责任公司的科学研究院、数字电网研究院等。主要承担国家、行业最前沿方向的科技研究或集团公司布局的重点攻关任务。

2）省级电网公司电科院与科研型专业子公司。主要承担专业领域的重大或重点科研项目，具有鲜明的专业特色或核心方向。

3）地市级层面电力生产运营企业。一般无专业科研机构，部分企业拥有专职科技研发人员或研究试验中心。主要承接上级公司下达的普通科研项目或重大示范工程。

电网企业主营业务与组织架构情况如图 7-1 所示，电网企业科技创新具有鲜明的专业特色，多以电网规划和建设、电网运行和维护、电力销售和服务为主营业务，不同于其他的企业是以产品开发为中心从事研发工作，它围绕主要业务专业方向开展，创新活动多以任务、目标为导向，以科技创新项目为载体实施。

二、　存在的问题

对企业而言，科技项目选题一般要符合企业发展方向，在企业的边界内做科技创新，即依据公司科技创新发展规划，这样的科研项目模式是一种封闭式创新思维模式。

封闭式创新思维的逻辑是内部聚焦逻辑。封闭式创新的一些基本原则如下：

1）应聘请最优秀的人才，让其为我们工作。

2）为了将新产品和新服务推向市场，必须进行自主研发。如果研究出来，就能第一个将其推向市场。最先将创新产品或服务推向市场的公司必将胜利。

3）如果我们在研发方面的投资处于行业领先地位，就会发现我们的研发成果将引领市场。

4）保护好知识产权，这样竞争对手就不会从我们的研发中获利。

封闭式创新的思维逻辑创造出一种良性循环，如图 7-2 所示。企业投资于内部研发，然后开发出很多突破性的新技术。这些新技术可以使企业向市场推广新产品和新服务，从而

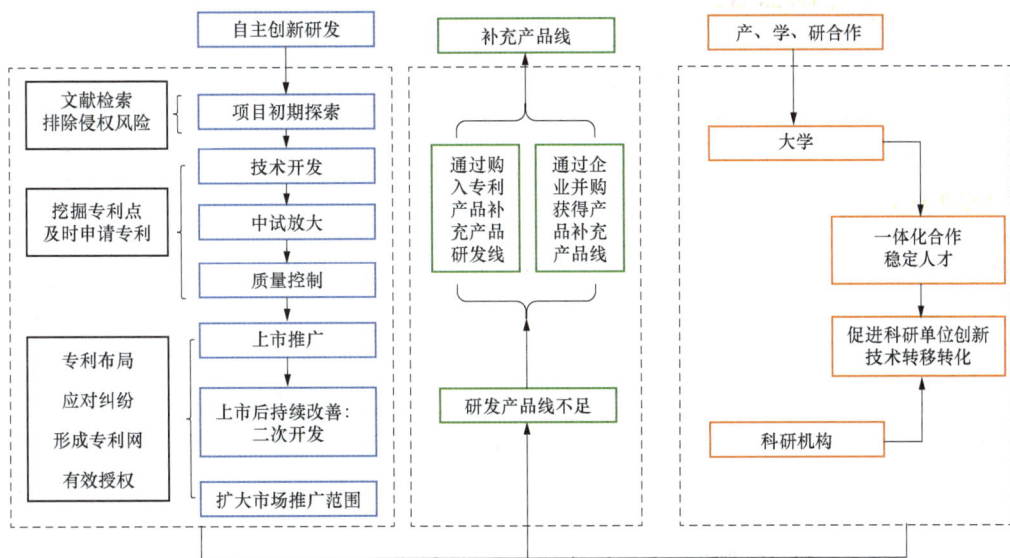

图 7-1　电网企业主营业务与组织架构情况

图 7-2　良性循环

实现更高的销售额和边际收益，接着再投资于更多的内部研发工作，这又会推动进一步的技术突破。因为内部研制开发的知识产权被企业紧密地保护着，所以外部企业无法获得这些技术。

图 7-3 描述了封闭式创新范式的研发，粗实线表示公司的边界。科研想法涌进公司（左侧），然后流向市场（右侧）。公司在研究过程中对科研想法进行筛选，将幸存的想法转化为开发项目，然后推向市场。

在图 7-3 中，研究和开发之间的联系是紧密耦合的，并且是关注公司内部的。现有的研发管理理论就建立在这个概念之上。这方面的例子是阶段流程、链环模型和产品开发漏斗，这些都能在大多数关于管理研发的文本中找到。项目从左边进入，并在公司内进行筛选、开发，直到它们提供给右边的市场客户。该过程旨在消除误

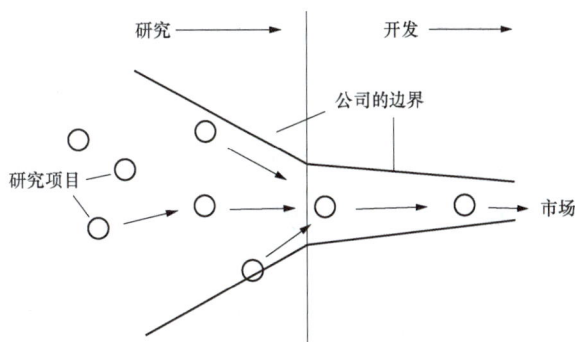

图 7-3　封闭式创新范式

报，即避免有些项目最初看起来很有吸引力，但研发结果却令人失望。在经历了一系列内部筛选后幸存的项目，有望在市场上获得更多的成功机会。

然而，在20世纪的最后几年，有几个因素共同侵蚀了封闭式创新的基础。第一个因素是经验丰富和技术娴熟的人员的流动性不断提高。当员工在公司工作多年后离开公司时，他们将大量来之不易的知识带到了新雇主那里。第二个因素是不断增长的大学教育研究。越来越多的人将知识溢出到各行业的各种规模的公司。第三个因素是风险投资日益增多。人们专门将外部的研究成果以商品化的方式创立新企业，然后再把这些企业转变成为高增长、高价值的公司。通常，这些能力很强的初创公司成了大型成熟公司的强大竞争对手。

产品和服务的上市时间越来越快，使得特定技术的生命周期越来越短，也进一步挑战了封闭式创新的逻辑。此外，客户和供应商的知识越来越丰富，也进一步挑战了公司从知识孤岛中获利的能力。当这些侵蚀因素开始冲击行业时，那些一度使封闭式创新成为有效创新途径的假设前提和思维逻辑变得不再适用（图7-4）。当基础性的技术突破发生时，实现这些突破的科学家和工程师们开始意识到先前缺乏的外界机遇。如果为研究及寻求技术突破提供资金的公司没能及时地提供对等的机遇，那么科学家和工程师们就会追求自身的突破——到初创公司里工作，而这些初创公司就可以把这些新技术商品化。

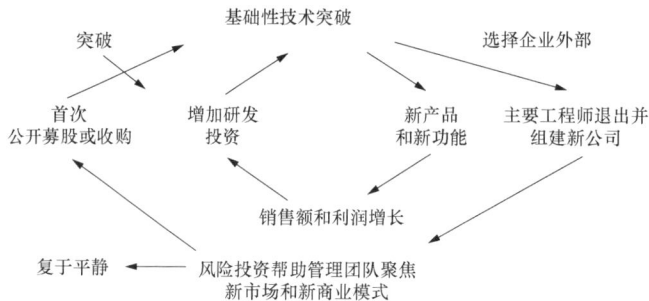

图7-4　良性循环被打破

有效的创新需要建立在一个开放系统上。开放式创新的原则就是站在巨人肩膀上或与巨人同行。大多数创新会失败，但不创新的公司会死亡。在当今世界，唯一不变的就是变化，创新对维持和推进公司现有业务至关重要，对开发新业务也具有关键性的作用。

在这些侵蚀因素已经发挥作用的情况下，封闭式创新不再是可持续的。在这样的情况下，新的开放式创新正在出现，以取代封闭式创新。开放式创新是一种范式，假设企业可以而且应该使用内外部有价值的创新思想，以及内外部进入市场的路径。开放式创新将内外部的想法应用到组织架构中，企业利用这些内部和外部的研究创造价值，同时建立起相应的内部机制分享所创造的价值。开放式创新假设内部研究也可以通过公司当前业务之外的渠道推向市场，以产生额外的价值。图7-5为产品研发时开放式创新管理模式。

在图7-5中，想法仍然可以源自公司的研究过程，但其中一些想法可能会在研究阶段或开发阶段泄露出去。这种泄露的主要载体是初创公司，通常由公司的内部员工创立。其他泄露机制包括外部专利转让和离职员工带出。科研成果可以从公司的实验室外开始，也可以转移到内部。如图7-5所示，公司之外有很多潜在的研究成果。在图7-3中，漏斗形的实

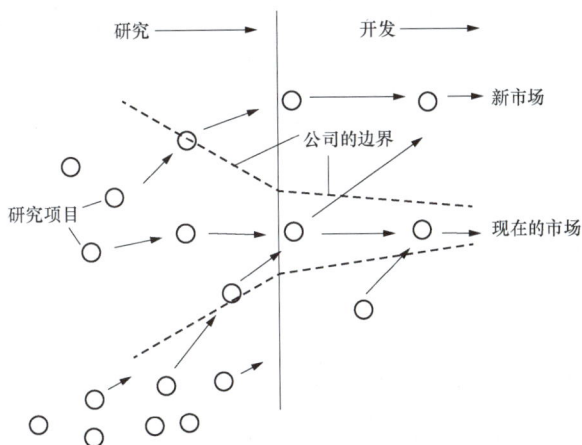

图 7-5　产品研发时开放式创新管理模式

线代表公司的边界。在图 7-5 中，同样的边界现在用虚线表示，反映了企业更易渗透，即企业内部所做的工作与企业外部交互的界面。

三、对策/趋势

大公司为什么会被颠覆？为什么历史上有数不清的百亿甚至千亿市值的公司轰然倒下？跟不上技术迭代是原因之一。从技术演化 S 形曲线来讲，一项技术发展到曲线末端时已经相对成熟，市场需求接近饱和，进入壁垒降低、竞争加剧。此时，企业如果没有新兴技术替代现有技术，将面临市场萎缩的风险。而能够避免企业落伍的创新技术与方法，往往不在企业内部，而在外部。因为企业在现有体系下，只能运用内部资源研发产品，但唯有符合现阶段市场需求的技术才能获得商业化机会，这被亨利·切萨布鲁夫教授称为"封闭式创新"。

反观起源于美国制药行业的"开放式创新"方法，不论是在帮助企业突破技术发展的 S 形曲线瓶颈，还是在获得系统性持续增长上都获得了亮眼的成绩。当时，强生、辉瑞、拜耳、诺华等企业为分散研发风险、尽早发现有潜力的技术方向，先后通过与学术机构建立联合实验室、开放科研资源、设立战略投资基金等方式，利用企业外部人才与技术，提高了企业研发效率。其中最为活跃的强生 JJDC 投资基金，在成立 46 年间投资了超过 150 个项目，为其大量专利申请和新药研发奠定了重要基础。此后，"开放式创新"成为大公司保持战略灵活性、走在变革前端的核心手段之一。

第二节　开放创新模式

一、开放创新起源

开放式创新的起源可以追溯到 20 世纪 80 年代。随着技术的快速发展和竞争的日益激烈，单一企业内部研发投入和创新能力的发展难以满足技术创新日益增长的成本及复杂性要求。在这样的背景下，企业开始注意到外部资源在创新过程中的重要性。开放式创新环境下，跨组织边界获取并利用外部资源和商业化途径，有利于创新要素跨组织、跨产业、跨学科，甚至跨国家的融通协同。开放式创新不仅通过管理机制实现了知识的开放和跨组织边界流动，也实现了创新参与者的无准入限制、创新资源的自由流动、创新决策的开放参与、创新过程的透明及创新成果的全球共享。这种深度开放的创新实践拓展了现有的开放创新理论，成为产业发展的核心动力，在数字化、智能化、网络化科技快速创造并普及的时代，为产业确立数字化创新的公共基准，为经济提供持续不断的增长动能。

二、 开放创新模式与封闭创新模式

从根本上讲，开放式创新的逻辑基于丰富的知识背景，如果要为创造它的公司提供价值，就必须随时使用这些知识。公司在其研究中发现的知识不能仅限于其内部市场途径。同样，其进入市场的内部途径不应限于使用公司的内部知识。这种观点提出了一些非常不同的研究和创新组织原则。表 7-1 显示了开放式创新的一些基本原则，并与封闭式创新的基本原则进行了对比。

表 7-1 　　　　　　　　　　　　开放式创新与封闭式创新比较分析表

比较内容	开放式创新	封闭式创新
创新资源的来源	创新主体内部和外部	创新主体内部
创新活动的过程	通过创新资源外部化，利用外部创意实现创新成果转化；通过创新资源内部化，直接获得外部创新成果	在创新主体内部实现
商业模式	积极整合内外部创新资源并尽快转化为创新成果，进入市场	不与外部资源进行整合，严格保密内部创新活动并使其转化为新产品进入市场
知识产权	购买其他主体的知识产权为己所用的同时，也将自身的知识产权转给其他创新主体	严格保护自身的知识产权
合作意愿	有条件地进行合作	完全不进行合作
企业文化	最好的创新资源同时存在于创新主体的内部和外部	最好的创新资源只存在于创新主体内部

简言之，创新过程需要新的观点与新的角度。即使你在培养内部研发体系，也应该热衷寻求外部知识和技术研发。利用任何来源的有价值的科研成果推进公司的业务，并将公司自己的科研成果置于其他公司的业务中。21 世纪的公司，通过向知识的世界敞开大门，可以避免困扰众多公司研发的创新悖论，可以更新其现有业务并产生新业务。对于知识充裕的新公司来说，当今就是最好的时代。

以任务、目标为导向的科技创新都是有相对明确的需求的，而开放式科技创新需要做好最前端的需求管理。

第三节　电力行业开放创新模式探索与构建

一、需求管理

（一）需求与需求管理的定义

1. 需求的定义

项目需求需要把握项目整体的方向和宏观的需求，项目管理知识体系（project management body of knowledge，PMBPOK）将需求定义为"产品、服务或结果所必需的条件或能力，旨在满足合同或其他正式实施规范。"需求是对产品或过程的操作、功能和设计的特性或约束的表述，这些表述是明确的、可测试的、可度量的，而且对于产品或过程的可接受性（被顾客或内部质量保证措施）来说是必需的。

需求分为高层次需求（业务需求：组织为什么要做这个项目）；中层次的相关方干系人的需求（干系人希望从项目上得到什么以及期望什么）；低层次的需求——项目要提供什么、要做什么，包括解决方案需求（为满足业务需求和干系人需求，产品、服务或成果必须具备的特性、功能和特征）、过渡和就绪需求（描述了从"当前状态"过渡到"将来状态"所需的临时能力，如数据转换和培训需求，这种需求是临时的，项目结束就不存在了）、质量需求（用于确认项目可交付成果的成功完成或其他项目需求的实现的任何条件或标准）及项目需求，如图7-6所示。

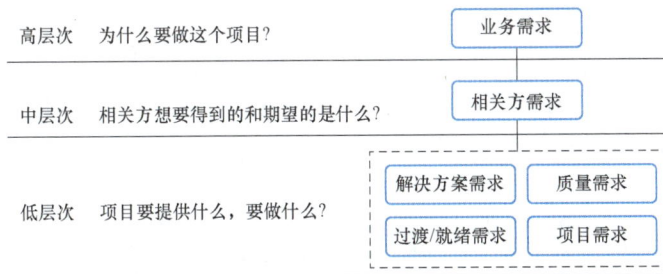

	高层次	为什么要做这个项目？	业务需求
	中层次	相关方想要得到的和期望的是什么？	相关方需求
	低层次	项目要提供什么，要做什么？	解决方案需求　质量需求　过渡/就绪需求　项目需求

图7-6　项目的需求层次

如果前期未进行深入调研，未准确界定好各种需求，在项目进行中极易产生需求的变更，进而带来各种项目风险。另外，由于很多项目属于非标准化的创造性科研任务，没有太多的类似产品可供参考，在项目开展过程中会面临技术、进度、成本等多方面的风险。

2. 需求管理的定义

需求管理是对已经批准的项目需求进行全生命周期的管理，包括收集需求、设计需求、需求分解、需求变更管理等，需求管理贯穿项目的全过程，如图7-7所示。需求管理的目的是确保成功达成产品开发目标，它是一系列用于对需求进行记录、分析、划分优先级并达成一致的技术，以便工程团队始终掌握最新的已核准需求。需求管理可跟踪需求变化，促进各项目干系人从项目开始直到工程生命周期整个过程中进行沟通交流，从而避免出错。

在开放式创新项目管理中，需求管理是非常重要的环节之一，以任务、目标为导向的科

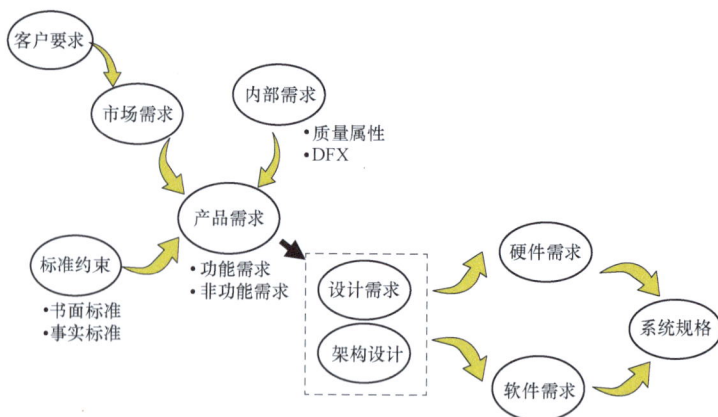

图 7-7　需求管理贯穿项目全过程

技创新都是有相对明确的需求的，而开放式科技创新需要做好最前端的需求管理。需求管理中的问题通常被认为是造成项目失败的主要原因，因为它能让工程团队控制项目范围，在产品开发生命周期中提供指导。需求定义不明确会造成范围蔓延、项目延迟、成本超支以及产品质量低下等问题，无法满足客户需求和安全要求。

（二）需求管理过程与方法

需求表示满足项目战略的能力，所有这些需求都需要收集、分析和细化——这个过程被称为需求管理。需求管理是确保项目验证并满足内/外部利益相关者需求的过程。在整个项目生命周期中，这个过程是连续进行的。

如图 7-8 所示，一般来说，需求管理的过程主要包括需求收集、需求整理与分析、需求分配和分解以及需求实现与验证，并且需求变更管理可能出现在不同的阶段。下面将对过程中的每一个环节与其中的方法进行梳理。

1. 需求收集

收集需求是需求管理的第一步，也是范围界定的必要过程，因而需求的梳理与规范化在成功的项目管理中显得尤为重要。在开放式项目管理中，不仅需要收集并满足内部利益相关者的需求，还需要收集外部利益相关者的需求。如图 7-9 所示，需求库是需求收集分析的基础，是指用于整理和分析开放式创新项目需求的信息资源集合，其中包括一手信息和二手信息。一手信息主要来自市场活动、销售活动和用户活动；二手信息则主要来自公开信息、商业伙伴和专业数据。通过有效地整理和分析需求库中的信息，可以提供更加丰富和合理的需求分析内容，为项目的管理打下基础。

2. 需求整理与分析

需求整理与分析是开放式创新项目管理过程中至关重要的一步，它能够帮助项目团队清晰地了解用户需求、识别关键问题，并为项目的设计、开发和实施定下明确的目标。如图 7-10 所示，需求整理与分析过程包括解释原始数据、整理需求、设置权重和概念选择。需求整理与分析是开放式创新项目管理中不可或缺的一步。通过解释原始数据、整理需求、设置权重和概念选择，项目团队能够更好地理解用户需求、明确项目目标，并为后续的设计和开发提供清晰的方向。在每个步骤中，项目团队可以选择适合其具体需求的方法和工具，并

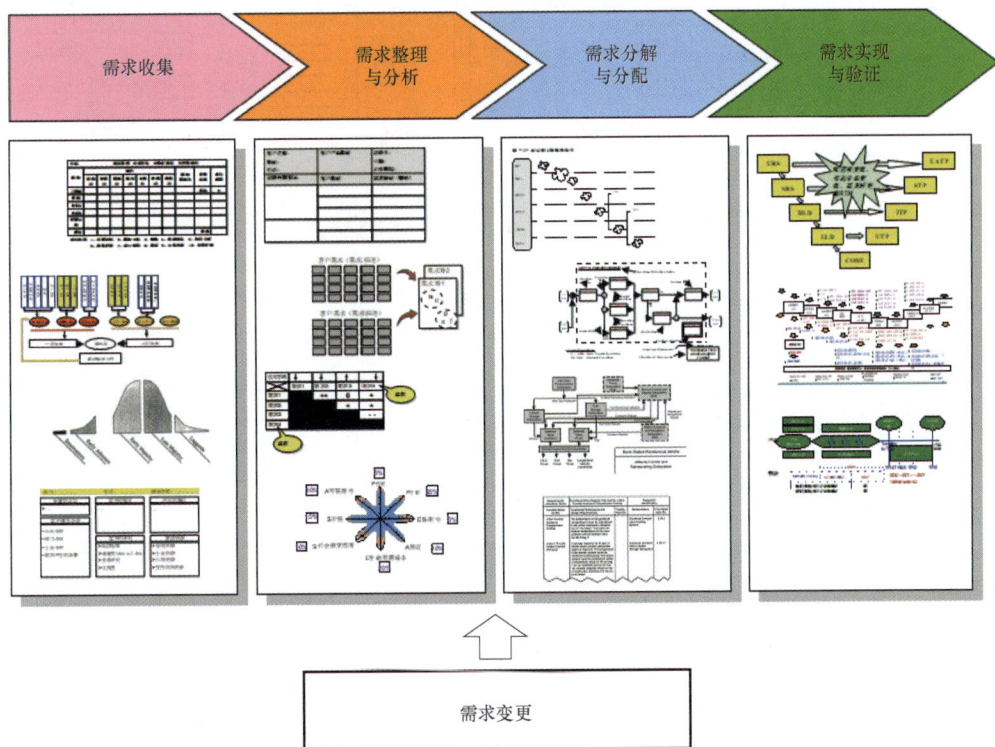

图 7-8 需求管理过程与方法

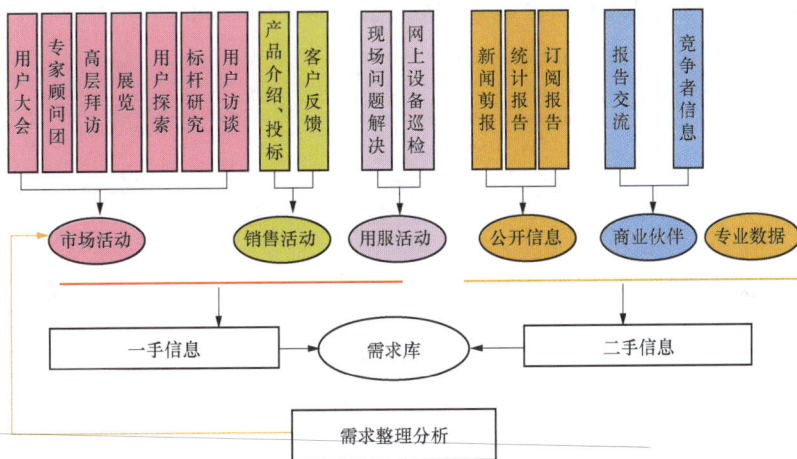

图 7-9 需求收集内容

结合专家意见和决策来完成需求整理与分析的过程。每个步骤都需要团队成员积极参与，并综合考虑各种因素，以确保最终选择的方案能够满足用户需求、实现项目目标，并具备可行性和价值。

3. 需求分配与分解

在需求管理中，需求分配与分解阶段的目标是将整体的需求转化为具体的子功能，并将

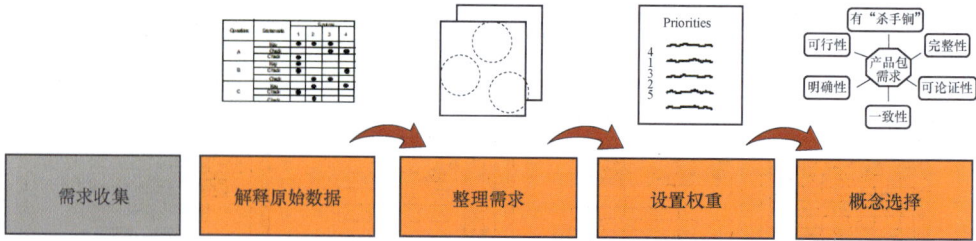

图 7-10　需求整理与分析过程

其分配给相应的团队或个人，以确保项目能够按计划进行并达到预期的目标。需求分配与分解过程旨在细化和明确项目的功能需求，并将其分派到各个功能模块中。在这个过程中，需要根据分析需求的结果，并根据项目的目标和范围，将功能进一步分解为更具体的子功能。这样做的目的是更好地管理和安排项目资源，确保实施过程中能够满足用户的需求，并提升项目的整体效率和质量。在需求分配与分解的过程中，还需要考虑功能之间的关联性和依赖关系，以及不同功能模块之间的接口和协作方式。通过明确功能模块之间的接口规范和交互方式，可以确保各个模块能够有效地协同工作，并最终构建出完整的系统。除此之外，非功能需求也需要纳入考虑范围，如性能、安全性、可靠性等。这些要求不仅影响各个功能模块的设计和开发，还对整体系统的性能和质量产生重要影响。

通过对需求分配与分解的深入理解和运用，可以在项目的早期阶段就能够明确项目的目标和要求，合理规划项目的执行流程，并为后续的设计和开发工作打下坚实的基础。本章节将具体介绍需求分配与分解的过程和方法。如图 7-11 所示，需求分配与分解的过程一般包括功能定义、功能分解与架构建立、需求分配和设计验证。

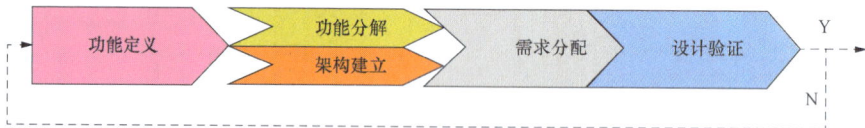

图 7-11　需求分配与分解过程

4. 需求变更

需求变更是指在项目实施过程中修改、调整或追加已定义的需求。在软件开发和项目管理中，需求变更是不可避免的，因为在项目的不同阶段和实施过程中，对需求的理解和业务环境可能发生变化，进而需要对需求进行调整。这种变更可以源于不同的原因，比如独立业务环境的变化、技术限制的发现以及项目团队对需求的深入理解等。无论是规模较小的项目还是复杂的项目开发，需求变更都是一个常见的现象。

需求变更具有重要的意义。在需求变更发生时，团队可以及时调整计划、资源和工作重点，以适应新的要求和目标。另外，需求变更可以提高项目的成功概率。通过持续地关注和响应变化的需求，项目团队可以避免开发后期发现问题和需求调整带来的风险，从而提高交付的质量和客户满意度。然而，需求变更也带来了一些挑战和影响。需求变更可能会增加项目的成本和时间，时间和资源的重新分配可能会导致进度延误和预算超支。需求变更可能会对项目团队的动力和稳定性产生影响，加大了项目管理的复杂性。

5. 需求实现与验证

需求实现与验证旨在确保项目的需求规格准确地描述预期的系统行为和特征，并提供充分的基础用于项目的产品设计、构造和测试。它的主要目的是确保需求的正确性、完整性和一致性，同时发现并更正错误的数据。

二、 项目管理

项目管理是指把各种系统、方法和人员结合在一起，在规定的时间、预算和质量目标范围内完成项目的各项工作。即从项目的投资决策开始到项目结束的全过程进行计划、组织、指挥、协调、控制和评价，以实现项目的目标。开放式创新项目管理的目标是在项目实施过程中使外部合作、共享知识和资源最大化，以实现提高创新力和竞争力的结果。项目管理在项目实施和协调方面起着重要作用。项目管理团队需要制订详细的项目计划和时间表，确保项目的进展和里程碑的达成。项目管理团队还需要监控项目的进度、资源的分配和重要决策的执行情况。项目管理应具备灵活性，能够适应外部合作伙伴的需求和变化，及时做出调整和应对。

如图 7-12 所示，项目管理流程为：科研立项→项目启动→项目实施→项目结题→成果转化。

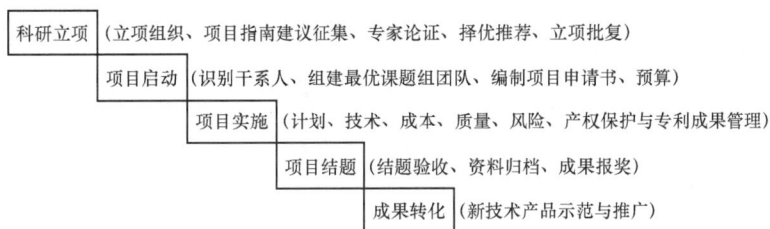

科研立项（立项组织、项目指南建议征集、专家论证、择优推荐、立项批复）
项目启动（识别干系人、组建最优课题组团队、编制项目申请书、预算）
项目实施（计划、技术、成本、质量、风险、产权保护与专利成果管理）
项目结题（结题验收、资料归档、成果报奖）
成果转化（新技术产品示范与推广）

图 7-12 项目管理流程

1. 科研立项

科研立项是项目管理的起点，是确定项目的可行性和技术可行性的过程。科研立项的目的是明确项目的研究方向、目标和方法，为项目的后续实施提供基础。在科研立项阶段，主要进行立项组织、项目指南建议征集、专家论证、择优推荐和立项批复等工作。在立项组织阶段，设立专门的立项组织和机构，负责项目的立项申报、审批和管理等工作。然后，发布项目指南，征集科技工作者和研究机构的项目建议，以此作为潜在的研究课题。通过专家论证，对提交的项目建议进行评审和论证，以确定项目的科学性和可行性，并提出专家意见和建议。根据专家评审和论证的结果，选取优秀的项目建议进行推荐。最后，经相关机构或部门的批复，决定是否予以项目立项和资助。

2. 项目启动

在项目启动阶段，通过对项目的充分规划和准备，确保项目能够在正确的方向上顺利启动并取得成功。在项目启动阶段，项目管理团队需要根据项目需求，梳理项目的目标、范围、预期成果等，该阶段涉及识别项目的干系人、组建最优课题组团队、编制项目申请书和预算等工作。在项目启动前，项目管理团队应该认真识别和分析项目的干系人，并明确他们的需求、期望和影响。这有助于在项目的后续阶段建立有效的沟通和合作机制，确保项目能够得到支持并达到预期结果。在项目启动阶段，项目管理团队需要根据项目的要求和目标，认真选择合适的课题组团队成员。这包括具有相关专业知识和经验的人员，并考虑团队的多样性，以促进创新和合作。同时，编制项目申请书和预算也是项目启动的重要任务。项目申请书是项目启动的关键文档，它包含项目的背景、目标、预期成果、方法和计划等内容。项目管理团队需要编制具体、清晰的申请书，以获得项目组织或相关机构的支持和批准。此外，预算编制是确保项目资源合理利用的重要方面。项目管理团队需要根据项目的需求和计划，编制详细的预算和经费计划，确保项目能够按时、按质完成。

3. 项目实施

项目实施阶段是项目管理的核心阶段，涉及计划、技术、成本、质量、风险、产权保护与专利成果管理等方面的工作。在项目实施过程中，各项工作紧密协调，以保证项目顺利进行和达到预期目标。项目实施阶段需要制订详细的项目计划，明确项目的目标、任务和里程碑，制订项目的工作安排和时间表。然后，进行技术研发和实验工作，根据项目的要求和目标，开展相关的技术工作，以确保项目能够按照预定的方法和标准实施。同时，对项目的成本进行管理和控制，包括预算监控、费用核算、成本控制和预算调整等工作，确保项目在预算范围内进行。此外，质量管理也是项目实施的重要方面，通过建立质量管理体系、制定质量标准、执行质量检查和控制等措施，确保项目的质量达到预期要求。在实施过程中，需要识别、评估和管理项目的风险，制订风险管理计划和应对策略，以降低风险对项目实施的影响。过程需要对项目的研究成果进行产权保护，并进行专利申请和管理，以保证项目所产生的知识成果得到合法保护，并实现其商业化和利益最大化。

4. 项目结题

项目结题阶段标志着项目达到了预设的目标，并进入最后的总结阶段。首先，项目结题阶段要进行项目成果的评估。项目管理团队需要评估项目所产生的成果，包括实现的目标、交付的成果、效益和质量等方面。通过评估项目成果，可以确定项目的成功度，比较实际成果与计划成果之间的差距，以及发现项目存在的问题和不足之处。其次，项目结题阶段要对项目过程进行总结。项目管理团队应该回顾整个项目的执行过程，评估项目管理的有效性和效率。这包括对项目管理方法、工具和流程的评估，以及团队合作和沟通的效果。通过总结项目过程，项目管理团队可以提取出有益的经验教训，为日后的项目管理提供参考和借鉴。最后，项目结题阶段需要进行项目的文档整理和归档。项目管理团队应该整理项目的相关文档和记录，包括项目计划、会议记录、决策文件等。这有助于保留项目的资料和信息，以备将来的参考和回顾。对于项目的研究成果可以申请相关的奖项和荣誉。

5. 成果转化

在项目成果转化阶段，项目已经完成并取得一定的成果，需要将这些成果转化为实际的应用价值。在这个阶段，项目管理团队需要考虑如何将项目成果推向市场或应用领域，并实现商业化或社会化的转化。项目管理团队需要对项目成果进行市场调研和商业化评估，了解市场需求和竞争环境，评估项目成果在市场中的潜在价值和可行性，包括考虑产品或服务的定位、目标客户、市场规模和商业模式等因素，以制订成果转化的战略和计划。找到成功转化方向之后，项目管理团队需要进行合作伙伴的寻找和洽谈，积极与行业合作伙伴、投资者、孵化器或技术转移机构等进行接触，寻求合作和资源支持。通过与合作伙伴的合作，可以为项目成果的转化提供更广阔的渠道和机会。除了市场化转化，项目管理团队还应考虑将项目成果的转化应用于社会领域。这包括与政府、非营利组织或社会企业合作，发挥项目成果在解决社会问题、改善社会福祉方面的作用。通过社会化转化，项目成果可以产生更大的影响和价值。

三、团队管理

项目管理中的团队管理是确保项目的成功关键之一。有效的团队管理可以帮助团队成员保持高效的工作状态，提升团队协作能力，实现项目目标。在团队管理中，项目经理需要进行招募、培训、激励和沟通等工作，以确保项目团队的稳定性和高绩效。

招募合适的团队成员是团队管理的基础。项目经理需要根据项目的需求和团队的横向和纵向技能要求，制订招募计划并进行招募活动。通过科学、公正、客观的选拔过程，项目经理可以选择到适合项目的人才，为项目的成功打下坚实基础。项目经理需要评估团队成员的技能差距，并制订培训计划，为团队成员提供必要的技能培训和知识分享。培训可以通过内部培训、外部培训、专业认证等形式进行。通过培训，团队成员可以不断提升自身能力，适应项目需求的变化，提高工作质量和效率。另外，团队管理主要包括成员之间的有效沟通和决策。项目经理需要确保项目信息的及时传递和共享，明确任务的目标和优先级，解决团队成员之间的沟通障碍。团队成员之间的积极沟通和良好的信息流动有助于减少误解和冲突，促进决策的高效性和准确性。

本部分将具体介绍团队管理的内容与方法。

进行项目中的团队管理之前，需要了解项目/产品开发团队与其他一般团队的区别，如图7-13所示。

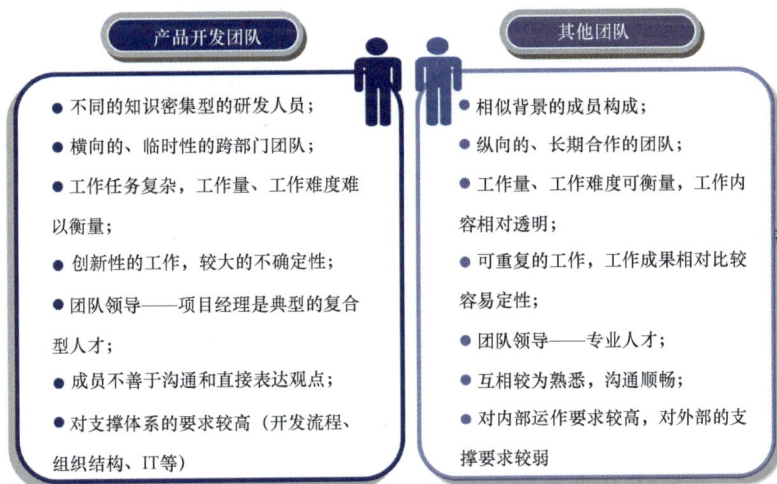

图 7-13　产品开发团队与其他团队的不同

项目/产品开发团队一般由不同的知识密集型的研发人员组成，是横向的、临时性的跨部门团队，团队内部工作任务复杂，工作量、工作难度难以衡量。团队一般进行创新性的工作，面临较大的不确定性，而团队领导是项目经理，是典型的复合型人才。一般来说，团队成员不善于直接表达观点，沟通的顺畅性需要项目经理的引导和促进，团队对支撑体系的要求较高，包括开发流程组织结构、IT等。

而其他一般团队一般由相似背景的成员构成，是纵向的、长期合作的团队。这类团队工作量、工作难度可衡量，工作内容相对透明，一般进行可重复的工作，工作成果相对比较容易定性。团队中的领导是专业人才，团队成员互相较为熟悉，沟通顺畅。一般对团队内部运作要求较高，对外部的支撑要求较弱。

这些区别使得项目/产品开发团队在团队管理上具有一些特殊性和挑战性。由于成员的多样性和任务的复杂性，团队管理需要从多个方面进行考虑。例如，项目/产品开发团队的领导者需要具备较高的综合素质和管理技能。他们需要具备技术专业知识，能够理解和指导团队成员的工作。同时，他们还需要具备良好的沟通和协调能力，帮助团队成员解决问题并提高工作效率。另外，由于项目/产品开发团队的工作任务常常具有一定的创新性和不确定性，激励机制的设计就显得尤为重要。团队成员需要有正确的动机和积极性，以应对挑战并取得良好的工作成果。激励机制可以包括奖励措施、认可和晋升机会等。此外，由于团队成员的背景和专业领域的差异，以及任务的复杂性，项目/产品开发团队的沟通和合作显得尤为重要。项目经理需要建立良好的沟通渠道，确保信息的及时流动，促进团队成员的合作和协作。项目/产品开发团队往往面临着来自不同利益相关方的需求和变化。团队管理者需要具备较强的需求识别和管理能力，确保项目团队对需求的理解和落地与项目目标保持一致。

明确项目团队与一般团队的区别之后，打造出高绩效和高效率的项目团队是项目管理的核心目标。打造出高绩效与高效率的项目团队有四个关键步骤：选、育、用和留，如图7-14所示。

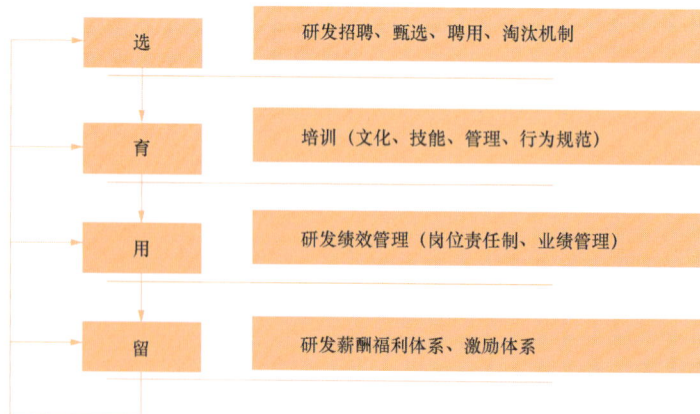

图7-14 打造高绩效团队的四个要点

"选"是指在项目团队建设过程中，从众多候选人中筛选和聘请最合适的人才。具体来说，需要制定明确的人才需求和招聘标准，并广泛宣传招聘信息，吸引具有相关技能和经验的人才。可以通过招聘网站、社交媒体和专业网络平台等渠道进行广告宣传。对于应聘人才，使用合适的面试流程和方法，包括技术测试、行为面试和案例分析等，对应聘者的技能、经验、行为和团队协作能力进行综合评估，以筛选出最优秀的候选人。基于甄选面试的结果，结合团队的需求和人才规划，项目经理和团队负责人共同做出明智的聘用决策，确保最适合的人选加入团队。为了确保团队的高绩效，需要建立绩效评估机制，并定期对团队成员进行绩效评估。对于表现不达标的成员，项目经理需要采取适当的措施，包括培训、辅导或合理的终止劳动合同等，以保持团队的整体水平。

"育"指的是培养团队成员的能力和素质，提高他们的专业水平和绩效表现。培养团队成员的具体方法包括建立积极的团队文化，鼓励创新、协作、开放的价值观以及共同的目标与愿景。可以通过组织团队建设活动、定期举办团队聚会和分享会等方式来加强团队文化的建设。团队可以提供持续的技能培训计划，包括相关技术、工具和方法的培训，以保持团队成员的专业素养和竞争力。可以邀请专家进行内部培训，或者鼓励团队成员参加外部培训和专业会议。除此之外，需要帮助团队成员开发管理和沟通技巧，使他们能够更好地协调和领导团队工作。可以组织管理培训课程，提供管理书籍和学习资料，或者安排高级管理人员进行1对1辅导等。在团队开发项目的过程中，需要明确并宣传团队成员的行为规范，促使大家遵守职业道德和团队价值观。可以制定团队行为准则，明确沟通和合作的原则，以及处理冲突和问题的方式。

"用"指的是充分利用团队成员的才能和潜力，确保他们在合适的岗位上发挥最大的价值。在项目中，可采用岗位责任制，明确每个团队成员的角色和责任，确保团队中的职能分工清晰，并有明确的工作目标和绩效要求。可以制定岗位职责和目标，明确每个成员的工作职责和工作范围，以便他们能够清楚地知道自己在团队中的定位和工作重点。团队成员业绩同样需要管理，可建立有效的绩效评估体系，包括定期的绩效评估和反馈机制，确保团队成员的表现与组织的目标相一致。可以制定绩效评估标准和评分体系，定期进行绩效评估和面谈，给予及时的反馈和认可。

"留"指的是留住高绩效的团队成员，确保他们的长期发展和忠诚度。为了留住能力强的原团队成员，可通过研发薪酬福利体系，制定公正合理的薪酬福利政策，根据团队成员的贡献和绩效给予相应的奖励和回报，吸引人才。可以根据市场行情进行薪酬调研，确保薪资具有竞争力，同时也考虑提供其他福利待遇，如灵活工作时间、员工健康保险和培训补贴等。类似地，可以设计激励机制，如个人和团队目标激励、奖励和认可计划等，激发团队成员的动力和积极性。可以设置目标奖励制度，给予团队成员完成重要项目或达成目标时的额外奖励，同时可以定期举行表彰会议，公开表彰和赞扬优秀的团队成员。

需要注意的是，打造高绩效团队所列举的四个步骤并不是一次性完成的，而是一个持续优化与改进的过程。项目经理和团队管理者需要不断地关注团队的需求和挑战，根据实际情况灵活调整和完善这些步骤，以确保打造出一个高绩效和高效率的项目团队，为项目的成功实施提供有力的支持。

第八章　成　果　评　价

第一节　科技成果概述

一、　科技成果的定义

科技成果是指通过科学研究与技术开发所产生的具有实用价值的成果，即人们在科学技术活动中通过复杂的智力劳动所得出的具有某种被公认的学术或经济价值的知识产品。中国科学院在《中国科学院科学技术研究成果管理办法》中把科技成果的含义界定为：对某一科学技术研究课题，通过观察实验、研究试制或辩证思维活动取得的具有一定学术意义或实用意义的结果。科技成果按其研究性质分为基础研究成果、应用研究成果和发展工作成果。

"科技成果"一词频繁被使用，也经常出现在有关科技成果管理方面的政策法规上，然而人们对该词却没有明晰统一的认识，从而造成了很多问题。"科技成果"一词是具有中国特色的一个词，它是从"科学"一词演化来的，在计划经济时期、市场经济初期、市场经济成熟期以及加入WTO后，它的内涵均有所不同。在新的时期，为了明确认识，把"科技成果"分解为"科学成果"和"技术成果"两部分，并把"软科学成果"排除在"科技成果"的范围之外。

科技成果是指由法定机关（一般指科技行政部门）认可，在一定范围内经实践证明先进、成熟、适用，能取得良好经济、社会或生态环境效益的科学技术成果，其内涵与知识产权和专有技术基本一致，是无形资产中不可缺少的重要组成部分。

二、　科技成果的特点

1）必须是经过科研活动（包括研究、开发、设计、试验）所取得。
2）必须具有一定的先进性和创新性，较前人成果应有所突破和改进。
3）必须具有一定的学术价值和实用价值。
4）必须是能重复验证或工艺成熟的成果。
5）必须具有完整、独立的内容，并有配套说明资料。
6）必须通过正式鉴定和验收或申报专利等，获得自主知识产权。

三、　科技成果基本特征

1）新颖性与先进性：有新的创见、新的技术特点或与已有的同类科技成果相比较为先进。
2）实用性与重复性：实用性包括符合科学规律、具有实施条件、满足社会需要。重复性是可以被他人重复使用或进行验证。
3）具有独立、完整的内容和存在形式，如新产品、新工艺、新材料以及科技报告等。
4）通过一定形式予以确认：通过专利审查、专家鉴定、检测、评估或者市场以及其他形式的社会确认。

第二节　科技成果评价的含义

科技成果评价指对科研成果的工作质量、学术水平、实际应用和成熟程度等予以客观的、具体的、恰当的评价。评价完成后，由专业机构出具权威成果评价报告，并在国家科技成果登记系统完成登记，颁发成果登记证书。

这是科技成果管理的一项重要内容，是一项政策性和技术性很强的工作。它直接关系到科研的发展方向和科研人员的积极性以及经济建设的发展。主要从学术价值、经济效果和社会影响三个方面进行评审。对不同类型的成果要有不同的侧重，但不能偏废。对基础研究成果主要侧重于学术价值；对技术研究成果（应用研究发展研究成果）应侧重于经济效果和社会影响。在成果具体评价上，必须坚持科学性、客观性原则。

科技部根据《国务院办公厅关于做好行政法规部门规章和文件清理工作有关事项的通知》（国办函〔2016〕12号）精神，转变职能、加强监管、优化服务的原则和稳增长、促改革、调结构、惠民生的要求，科技成果评价工作将全面展开，由专业评价机构开展科技成果评价工作。行业普遍认为，这一举措有利于市场发展需求，将大大推动我国科技成果的转移转化，促进技术成果走向市场。

一、 科技成果评价流程

科技成果评价流程如图 8-1 所示。

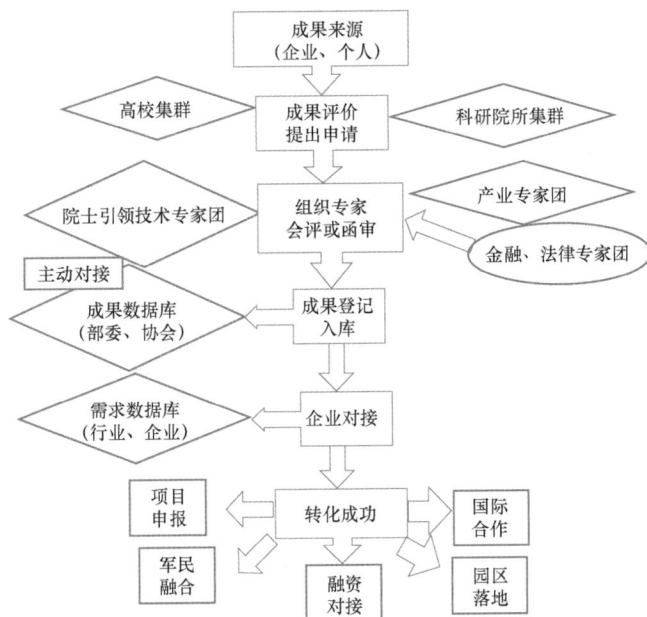

图 8-1　科技成果评价的流程

工业和信息化部围绕工信领域"评什么""怎么评""谁来评""怎么用"提出三大重点任务、11 项子任务。

一是全面准确评价。包括破"四唯"立"五元"、分类分阶段评价、推进重点项目评价、创新评价方式方法4项子任务，重点回答"评什么""怎么评"的问题。

二是健全评价体系。包括优化评价机构、强化专家队伍建设、构建多方评价体系、完善评价制度规范、加强公共服务5项子任务。重点回答"谁来评"的问题。

三是加速成果产业化。包括用好评价结果、促进产学融结合2项子任务。重点回答"怎么用"的问题。

二、 科技成果转化

根据《中华人民共和国促进科技成果转化法》规定，科技成果转化是指为提高生产力水平而对科学研究与技术开发所产生的具有实用价值的科技成果所进行的后续试验、开发、应用、推广直至形成新产品、新工艺、新材料，发展新产业等活动。根据此定义可知，一是转化对象应具有实用价值，纯理论研究或基础研究成果等不具有实用价值的科技成果不列入转化范围；二是强调转化的后续性，即研发后的后续工作，仍处于研究阶段的技术不属于转化范围。

《中华人民共和国促进科技成果转化法》第九条指出，科技成果转化可以采用以下方式进行：

1）自行投资实施转化。即科技成果持有者内部消化科技成果，实行科工贸、科农贸一体化经营。科研单位将科技成果变成商品推向市场，占有市场优势。

2）向他人转让该科技成果。

3）许可他人使用科技成果。

4）以该科技成果作为合作条件，与他人共同实施转化。

5）以该科技成果作价投资，折算股份或者出资比例。

第2）和第3）两种方式属于技术转让，一般以技术贸易方式进行。第4）和第5）两种方式是合作、合资或股份制经营方式，按照协议分配利益，或按出资比例、股份分红。

三、 科技成果增值

目前关于科技成果增值尚未有一个明确的定义，增值即为价值的增加，本书所指科技成果增值就是将蕴含在科技成果中的内在价值外在化的过程，将停留在实验室研究阶段的技术成果实现产品化、产业化，实现经济效益，为科研单位创收的过程。科技成果增值不仅包含科技成果价值的实现，还涵盖了价值量的增加为科研单位带来经济增加值的过程。

科技成果增值需要两个基础条件：

1）科技成果具有实用性，有使用价值和经济价值，不是纯理论研究，这是科技成果增值的基础。

2）科技成果可满足市场需求，能够实现推广和大规模生产，实现科技成果的产业化。

科技成果增值是一个复杂的系统行为，科技成果增值是科技成果价值得以成功转化的结果，科技成果具有实用价值是科技成果能够增值、实现转化的基础，而科技成果成功实现转化，实现产品化、产业化则是科技成果内在价值的最终目的。因此，科技成果增值是科技成果内在价值实现转化的过程，包含价值形成和价值转化两个过程。

四、 科技成果增值评估理论

科技成果增值是科技成果内在价值外部化，实现经济增加值的过程，科技成果增值评估就是科技成果拥有者为了获取经济增加值而进行的对科技成果创造效益的增值能力大小的评判。由科技成果增值的定义可知，科技成果增值包含价值形成和价值转化两阶段，因此科技成果增值评估涵盖科技成果价值评估和科技成果转化能力评估两个方面。

首先，进行科技成果增值评估需要评估科技成果价值，看其是否具有较高的价值，有没有进行增值转化的必要，如果科技成果价值较高，那么科技成果增值便有了基础和动力，然后再研究科技成果是否符合市场需要，能否依托科研院所现有资源成功实现转化并为科研院所带来效益，这便是科技成果转化能力评价的内容。

根据《科技成果评价试点暂行办法》规定，科技成果评价是指遵照委托者要求，由评价机构聘请同行专家，坚持客观公正、实事求是、注重质量、讲求实效的原则，依照规定的标准和程序，对被评价科技成果进行审查与辨别，对其科学性、创新性、先进性、可行性和应用市场前景等进行评价，并得出相应结论，但对成果知识产权不予以评价。

1. 科技成果评价范围

科技成果评价主要对软科学研究成果和应用技术成果进行评价。其中软科学研究成果是为实现决策科学化和管理现代化而进行的与管理学和发展政策科学相关的软科学研究报告和著作，主要用来指导国民经济发展以及国家、地区、行业和企业的管理和决策工作，一般为意识形态，并且价值很难量化，不是本书的研究对象。应用技术成果主要指为提高生产力水平而进行的科学研究、技术开发、后续试验等所产生的具有实用价值的新产品、新工艺、新技术、新材料和新设计等。本书所指科技成果主要为应用技术成果，一般具有物质形态，能够进行转化。

2. 科技成果评估主要内容

1) 技术创新、技术先进程度。

2) 成果成熟程度。

3) 成果应用价值与效果。

4) 取得的经济效益与社会效益。

5) 进一步推广的条件和前景。

6) 存在的问题及改进意见。

3. 科技成果评估原则

(1) 依法评估

科技成果评价主体应当遵循《科技评估管理暂行办法》《科学技术评价办法（试行）》《科技成果评价试点暂行办法》，按照评价合同约定，履行义务，并承担相应责任。评价主体主要为评估委托方、中介机构和咨询专家三方。

(2) 独立、客观、公正

独立原则：科技成果评价活动依法独立进行，不受他人干预。这包括两层含义，首先，评价中介机构独立从事评价工作，不受评价委托人干预；再次，评价咨询专家独立提供咨询意见，不受另外两方干预。

客观原则：评价中介机构应该根据科技成果的客观事实情况进行评价，不得捏造和扭曲事实；评价咨询专家在提供咨询意见时，也应本着尊重事实的原则，照实进行评审和评议，不得因为其他原因提供虚假意见；评价报告和评价意见中的任何分析、技术特点描述、结论，都应当以客观事实为依据。

公正原则：评价中介机构的立场必须公正，在完成评价的过程中不得因为评价费用等原因而听取委托方不合理的要求，夸大科技成果的价值；评价咨询专家也不能由于咨询费用而偏袒评价中介机构，做出不合理的咨询意见。

（3）分类评价、定性定量相结合

对不同种类的科技成果，应该根据其各自特点，选取不同评价指标进行评价，并应该定性定量方法相结合，以提高评价结果的准确性和科学性。

五、 科技成果转化评估

科技成果转化是一个复杂的系统行为，它以处于实验室完成阶段的科技成果为起点，经过小批量的推广试验，最终实现科技成果的产业化，获得经济增加值。科技成果转化是连接实验室理论研究和市场化产品的有效途径，是科技成果从实验室阶段转向市场的必经过程。

1. 科技成果转化特点

（1）系统连续性

科技成果转化是一个涉及多方主体、涵盖多个阶段的复杂系统行为。各主体互相协调、多阶段顺次进行是成果转化各环节连续进行的有力保障，后一阶段以前一阶段成果为基础，一旦出现断层，那么产业化过程将中断，成果转化过程将被迫终止，产业化活动失败。

（2）综合配套性

科技成果转化不但表现为一个系统连续的过程，而且在此过程中需要多种要素、各方主体互相配合，需要配套设施的协助。在成果转化过程中，需要科技成果、人力、物力、财力、组织管理、信息、市场和制度环境等各种资源的综合协调，才能完成一次完整的成果转化过程。而且在此过程中，需要各不同资源主体的不断磨合和协助配合，缺一不可。

（3）资金密集性

科技成果作为衔接技术研发和市场化生产的交叉实践活动，需要大量资金的投入。首先，在科技研发和成果形成阶段就需要资金的支持；其次，在成果形成后续转化过程中，更是需要物质的保障，以更好获取并协调所需多种资源要素；再次，在成果转化成功后，进行市场化和产业化的过程中，为保持规模化生产，也必须投入大量的资金，因此，科技成果转化是一项资金密集型的活动，需要大量资金的支撑。

（4）高风险性

科技成果转化是将科技创造付诸实践的活动，在科技研发—成果形成—中间试验—小批量生产—规模化生产过程中每个环节和阶段都存在诸多不确定性因素，包括实验室试验和应用实践出现偏差而引起的技术风险、由于市场前期预测和后期生产市场反应不同而产生的市场风险、由于待转化成果和规模化生产不契合而产生的应用风险，以及在成果转化过程中由于泄密和侵权等原因引起的知识产权风险。高资金投入和回报不确定性构成了科技成果转化的高风险性。

（5）高收益性

科技成果的成功转化能够改进产品技术、提高产品质量并延长产品使用寿命，带来生产效率的极大提高，产业化将为企业带来高额收入。首先，科技成果进入市场，进行产业化、批量化生产将为企业带来巨额利润；其次，科技成果的应用可能会节能降耗、保护环境，并带动区域经济发展，产生环境和社会效益；最后，科技成果的成功转化将提高企业的品牌价值，带来资本价值的提升，为企业带来无形效益。

2. 科技成果转化评估内容

科技成果转化包括技术研发、产品开发、中间试产、市场投放等多个阶段，为保证科技成果转化的顺利进行，需要多个子系统的支持，主要包括技术信息、生产管理、环境资源、市场机制等。因此，科技成果转化评估主要涉及以下内容：

（1）可行性评估

可行性评估是全面、系统地评估科技成果转化的技术、物质基础、转化投入、管理操作和生产适用性等各方面是否具备转化条件，这是进行科技成果转化的首要条件。首先，科技成果进行成果转化必须技术上可行，技术性能良好，技术参数齐全，能够在批量化生产中保持较高的可靠性。其次，管理操作上可行，具备产品化和商业化条件，能够适应规模化生产，在场地、生产流程和组织管理上有保障。再次，规模化生产可行，待转化科技成果应与现行生产模式相适应，并与企业长期发展规划一致。

（2）经济性评估

经济性评估是科技成果转化评估的核心，科技成果转化需要一定的物质基础和资源投入。所谓经济性评估就是科技成果转化收益能否完全补偿预期成本和风险。一方面，要评估企业的科研转化基础以及为促使科技成果转化所投入的资金和人力；另一方面，要预测科技成果的未来应用前景，预测未来经济收益。

（3）风险性评估

科技成果转化是一个多阶段、多环节的系统连续过程，转化的顺利实施需要依托良好的外部市场环境，并与政府的政策导向密切相关。转化过程中存在诸多不确定因素，为全面评估科技成果转化能力，需要对风险性进行评估，但是转化风险评估大多处于定性分析阶段，在科技成果转化过程中各利益主体在识别风险时，会遵从主观认识而非定量分析，人为因素较多，科学性不足，因此可以通过分析风险出现概率和频率，应用概率分析、蒙特卡罗模拟、决策树等方法进行风险性评估。

第三节　电力行业科技成果转化发展趋势

电力企业高度重视科技成果转化工作，已经建立了相对完善的科技成果转化机制，坚持"以用促研、以用促产"，在科技成果转化应用上取得积极进展。

（1）建立了相对完善的科技成果转化机制，不断提升科技成果转化专业化服务水平

电力行业不断建立和完善科技成果转化体系，制定实施诸如科技成果转化激励机制、发布先进科技成果转化目录、成立科技成果转化基金、颁布科技成果转化评价标准等促进科技成果转化应用的系列政策和举措，努力提升科技成果转化专业化服务水平，为电力行业科技

成果转化应用创造了良好环境。国家电网、南方电网、中国华能、中国大唐等电力企业连续多年制定科技成果转化目录，并按火电、水电、风电、光伏、环保、电气等专业分类，使科技成果迅速有效地转化为富有市场竞争力的技术。国家电网成立公司知识产权运营中心和首个双创科技园，同时强化科技成果转化激励机制建设，直属科研单位实现项目分红、岗位分红全覆盖，创新活力持续激发。中国华电建立"既要攻出来，又要用起来"的成果转化机制，确保每个攻关项目都落实了应用示范工程，实现更高的安全可靠性和更高级的智能化应用。国家能源集团设立科技成果转化基金，国家电网设立双创孵化培育基金，充分保障科技成果转化初始的资金投入，推动一批重大科技成果转化应用。

（2）坚持"以用促研、以用促产"，推动一批先进成熟的科技创新成果得到应用推广

随着电力企业对技术转化应用重视程度提高和推动力度加大，一批具有行业特色、先进适用的科技创新成果转化为现实生产力，在市场和工程中得到应用推广，有力地支撑了电力行业转型升级和创新发展。国家电网±800kV青海—河南特高压直流工程关键部件等9个项目17类设备通过国家能源首台套技术装备评估，助推世界首条35kV千米级超导电缆示范工程建设以及国产3300V绝缘栅双极晶体管（IGBT）、1100kV隔离开关绝缘拉杆、500kV直流电缆等新装备示范应用，全年成果转化应用收益达7亿元。中国华电突破了百万千瓦火电机组分散控制系统（DCS）、9E燃气轮机控制系统（TCS）、6.2MW海上风机主控、跨流域水电集控等自主可控工控系统和新能源国产密码系统上线运行，实现一年"7个国内首次"。

（3）强化知识产权转化应用，提升知识产权运营服务能力

我国电力行业历来重视知识产权战略引领作用，不断强化知识产权运营管理和转化应用，加大对高价值高质量知识产权成果的培育和布局，提升知识产权对企业和行业创新能力的牵引作用。国家电网加强关键核心和新兴技术领域专利规划布局，开展"新能源场站级建模和性能提升装置及技术""人工智能芯片"等核心技术领域的专利布局，并强化核心专利质量管控、分析和风险评估。南方电网通过利用互联网建设电力新能源产业知识产权运营平台，联合各种创新主体、运营资本、优质机构，以市场化的方式进行市场运营，从而为电力新能源产业的上中下游企业提供知识产权运营服务，吸引更多的企业加入新型电力系统建设。国家电投建设核电产业知识产权运营信息化平台，未来将核能产业先行先试经验推广到集团各产业，争取建成国家级的核能产业创新运营中心平台。

一、 电力行业科技成果特性

科技成果是指对特定技术领域展开研究，通过观察实验、研究试制或辩证思维活动取得的具有一定学术意义或实用意义的结果。而电力行业科技成果具备其特殊的行业属性。

（1）电力行业科技成果技术复杂度较高

电力行业科技成果产出以产业关键性研究成果和技术突破为主，在技术高度复杂且市场结构具有较高垄断性产业。

（2）电力行业科技成果的学科融合度高

电力行业科技成果的形成，往往与新材料、新一代信息技术、物联网、大数据等新兴产业体系结合紧密，需要学科和技术的相互交叉融合来为技术研发提供基础支撑。

（3）电力科技成果的规模效益高

电力科技成果技术创新的行业专属性高，创新过程中需要较大的资金投入和人员投入，但同时也具有较广泛的规模效益，随着技术和推广实施，边际成本逐步降低，技术实施效益不断增加。

二、　第三方科技成果评价服务

《国务院办公厅关于完善科技成果评价机制的指导意见》（国办发〔2016〕26 号）指出要引导规范科技第三方评价。发挥行业协会、学会、研究会、专业化评估机构等在科技评价中的作用，强化自律管理，健全利益关联回避制度，促进市场评价活动规范发展。电力行业第三方评价机构开展的科技成果评价活动主要包括科技项目立项评估、科技项目后评估、科技成果评价及科技成果转化。

1. 科技项目立项评估

随着"三评"改革的不断深入推进，立项评估在优化科技管理决策、推动提高科技活动实施效果和财政支出绩效发挥作用等方面日益明显。目前主要电力企业基本拥有相对完善的内部科技项目立项评估体系，制定了企业科技项目管理办法，但存在一定的差异性。2019年，中电联科技开发服务中心牵头起草了《电力科技项目立项评价导则》，规定了立项评价的原则与依据、基本要求、评价内容、评价方式与程序等，为电力行业评价机构提供科学决策支撑。

2. 科技项目后评估

科技项目后评估是检验科技项目管理和实施的重要手段和方法，通过对科技项目整个过程的再审视、再检查，及时发现科技项目制度执行和过程管理中的问题，促进科技项目科学决策、有效实施、规范管理，防止虚假创新及研究走样变形。2019 年，中国电力企业联合会（下称中电联）科技开发服务中心牵头起草了《电力科技项目后评估导则》，规定了后评估的原则、内容、程序、结果应用等，对科技活动产生的效益进行全方位的评定，为科技管理部门提供决策，为制定科技发展规划提供依据。后评估的过程中，中电联科技开发服务中心依据《电力科技项目后评估导则》，衡量和分析科技项目实施应用的实际情况及其与预期目标的差距，汇总实施成效，为科技项目创新发展提出优化建议，为进一步提升企业科技项目后评估管理工作水平提供技术支持，突出了科学价值导向作用，在评估价值引导、评估生态构建等方面切实取得实效。评估时，加大实施成效和综合效益指标权重，重点突出科研成果的应用效果和科学技术价值，形成了良好的科技后评估生态。通过持续开展后评估工作，全面建立同行评议机制，广泛获取全行业科技后评估优势资源，以评促改，以评促建，有力营造了良好的科技项目后评估生态氛围。完善了科技项目全过程价值链管控机制。通过对科技项目研发、实施和推广应用全过程的再回顾，进一步规范项目管理要求，聚焦科技项目价值链、知识链传递的核心要素，完善了企业科技项目全过程管控机制。

三、　科技成果评价

科技成果评价根据评价委托方的要求和目标，按照科学的评价方法和工作程序，组织评价专家进行审查和评价，并做出相应的结论。

科技成果评价是科研成果管理的一项重要内容，具有较强的技术性，对科研发展方向、科研人员积极、性以及技术交易中买卖双方的沟通和谈判成本、交易效率等都具有重要影响。对科技成果进行科学合理的评价有利于获得投资方和合作方的认可，可以作为获取投资、许可、转让、合作中对科技成果价值进行界定的重要依据。此外，科技成果评价也是科技成果所有者获取政府财政资金支持的重要条件，《国务院关于印发"十三五"国家科技创新规划的通知》（国发〔2016〕43号）中把科技成果第三方评价结果作为财政科技经费支持的重要依据。

电力行业科技成果评价（含鉴定、评审、评估）工作原来由电力部科技司主管，日常工作和办事机构设在电力部科技开发服务中心。1998年，电力部撤销后，电力行业科技成果评价工作由国家电力公司主管。2002年底，国家电力体制改革方案出台，电力行业科技成果评价工作基本处于停顿的状态。为加强电力行业科技成果的管理，中国电力企业联合会经请示科技部和国家发展改革委同意后，将原由国家电力公司承担的电力科技成果评价工作移交到中国电力企业联合会。中国电力企业联合会于2003年发文成立了中电联成果鉴定办公室，负责电力行业科技成果评价工作。2004年6月印发了《电力行业科学技术成果鉴定管理暂行办法》（中电联科〔2004〕73号），2016年印发了《中国电力企业联合会科学技术成果评价办法》。

2016年6月，科技部规定各级科技行政管理部门不得再自行组织科技成果评价 工作，科技成果评价工作由委托方委托专业评价机构进行。目前，电力行业科技成果评价工作主要由中国电力企业联合会、中国电机工程学会等行业协会以及学会下属的第三方专业评价机构完成。

以中国电力企业联合会为例，2017—2021年评价的科技成果项目数量由2017年的230项稳步上升至2021年的426项，如图8-2所示。

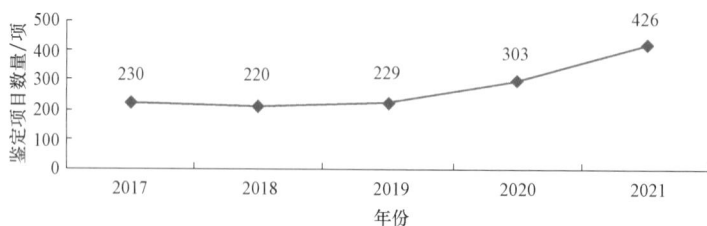

图8-2　2017—2021年中国电力企业联合会鉴定项目数量

为了规范电力行业科技成果评价工作，加快推动将科技成果转化为现实生产力，贯彻落实《关于完善科技成果评价机制的指导意见》（国办发〔2021〕26号）等国家有关完善科技成果评价机制工作部署，2021年中电联科技开发服务中心牵头起草了《电力科技成果评价规范》，规定了科技成果的评价原则、评价内容、评价要求及评价程序，将电力科技成果分为基础研究类、应用研究类、技术开发和产业化类、软科学类，根据科技成果不同特点和评价目的，有针对性地评价科技成果的科学价值、技术价值、经济价值、社会价值和文化价值，率先探索解决电力行业科技成果评价"评什么""谁来评""怎么评""怎么用"的问题。

四、 电力行业科技成果评价现存的问题

（1）科技成果评价机构良莠不齐

目前，国内尚没有明确的评价机构准入条件与监管要求，一些资质不明的机构盲目拓展业务，大肆开展科技成果评价，科技成果评价市场出现了第三方机构良莠不齐、评价流程不规范、收费标准不明等一系列"乱象"。

（2）科技成果评价指标体系有待完善

现有的成果评价标准部分内容笼统，甚至多个标准之间相互矛盾。针对行业领域不同类型、不同需求的科技成果，采用同一套科技成果评价指标体系，缺乏专业性、特殊性和针对性，评价标准体系总体不系统、不科学。

（3）科技成果评价管理体系不够健全

存在评价流程不规范、评价过程随意、形式审查敷衍了事、省略现场考察抽测、评审会组织混乱、专家遴选随意、评价结果公示不明等诸多问题，科技成果评价流于形式，委托方与受理方各自目的明确，偏离了第三方科技成果评价的初衷。

（4）科技成果评价人才短缺

国内尚未建立起专业化、职业化的评价人才培训体系，评价人才不能满足实际需求。评价机构相关从业人员队伍建设滞后，评价项目负责人、资料审查人员、专家遴选人员以及现场考察抽测人员缺乏系统培训，专业素养不高，服务能力难以达到职业标准。

（5）科技成果评价专家库储备不足

存在评价专家库存在专业领域未全覆盖、专家级别不达标、专家信息不准确等一系列问题。此外，评审专家没有明确的监督与管理机制，难免出现一些不良因素影响科技成果评价环节，影响科技成果评价工作的公正性与客观性。

五、 电力行业完善科技成果评价机制的措施

（1）健全完善科技成果分类评价体系

基础研究成果以同行评议为主，鼓励国际"小同行"评议，推行代表作制度，实行定量评价与定性评价相结合。应用研究成果以行业用户和社会评价为主，注重高质量知识产权产出，把新技术、新材料、新工艺、新产品、新设备样机性能等作为主要评价指标。不涉及军工、国防等敏感领域的技术开发和产业化成果，以用户评价、市场检验和第三方评价为主，把技术交易合同金额、市场估值、市场占有率、重大工程或重点企业应用情况等作为主要评价指标。

（2）大力发展科技成果市场化评价

健全协议定价、挂牌交易、拍卖、资产评估等多元化科技成果市场交易定价模式，加快建设现代化高水平技术交易市场。推动建立全国性知识产权和科技成果产权交易中心，完善技术要素交易与监管体系，支持高等院校、科研机构和企业科技成果进场交易，鼓励一定时期内未转化的财政性资金支持形成的成果进场集中发布信息并推动转化。

（3）充分发挥金融投资在科技成果评价中的作用

完善科技成果评价与金融机构、投资公司的联动机制，引导相关金融机构、投资公司对

科技成果潜在经济价值、市场估值、发展前景等进行商业化评价，通过在国家高新技术产业开发区设立分支机构、优化信用评价模型等，加大对科技成果转化和产业化的投融资支持。

（4）引导规范科技成果第三方评价

发挥行业协会、学会、研究会、专业化评估机构等在科技成果评价中的作用，强化自律管理，健全利益关联回避制度，促进市场评价活动规范发展。制定科技成果评价通用准则，细化具体领域评价技术标准和规范。建立健全科技成果第三方评价机构行业标准，明确资质、专业水平等要求，完善相关管理制度、标准规范及质量控制体系。形成并推广科技成果创新性、成熟度评价指标和方法。

（5）创新科技成果评价工具和模式

加强科技成果评价理论和方法研究，利用大数据、人工智能等技术手段，开发信息化评价工具，综合运用概念验证、技术预测、创新大赛、知识产权评估以及扶优式评审等方式，推广标准化评价。充分利用各类信息资源，建设跨行业、跨部门、跨地区的科技成果库、需求库、案例库和评价工具方法库。

（6）完善科技成果评价激励和免责机制

把科技成果转化绩效作为核心要求，纳入高等院校、科研机构、国有企业创新能力评价体系，细化完善有利于转化的职务科技成果评估政策，激发科研人员创新与转化的活力。健全科技成果转化有关资产评估管理机制，明确国有无形资产管理的边界和红线，优化科技成果转化管理流程。

六、 电力科技成果评价指标构建原则

电力科技成果转化技术标准评价指标构建，需要遵循综合性、科学性、系统性、静态和动态评价相结合、客观性的原则。

1）综合性原则。指标体系应能够全面反映电力科技成果转化技术标准的综合情况，应能从技术水平、经济效益和社会效益等方面进行分析，以保证综合评价的全面性和可靠性。

2）科学性原则。电力科技成果转化技术标准评价指标体系的科学性是确保评估结果准确合理的基础，指标体系在设计时要考虑标准元素及指标结构整体的合理性。

3）系统性原则。要能充分反映科技成果的成熟性、先进性、与市场对接的有效性，以及成果推广后的主要作用、成果转化为标准的主要作用、预期经济效益、对社会可持续发展的作用、对保障安全作用和预期社会效益的各项指标，并注意从中抓住影响较大的主要因素。

4）静态和动态评价相结合原则。有的评价指标受科技发展和技术进步等因素制约，在评价过程中，既要考虑到被评对象的现有状态，又要充分考虑到未来发展产生的指标变化。

5）客观性原则。对电力科技成果转化标准综合评价指标的定义应尽可能明确，界限要清晰，系统准确地反映电力科技成果转化标准综合评价的客观实际情况。

第九章　成果管理与筛选

第一节　面向项目全生命周期的科技成果管理

科技成果管理是指采用科学合理的办法，管理企业在执行军工、科技、产业、国际等业务领域的任务研究和产品研制过程中，所产生的具有实用价值的职务成果，主要包括技术方案、知识产权（包括专利、技术标准、软件著作权、论文、专著等）、典型案例等。

基于项目全生命周期的科技成果管理方法围绕项目争取、策划、实施、验收交付、售后五阶段工作要求，紧密结合科技成果特点，制订科技成果规划、培育、考核等相关机制，规范科技成果全生命周期执行管理，提升科技成果共享与复用水平，加速科技成果推广与转化应用，同时保护好科技成果贡献者的合法权益，激发员工科技创新的积极性，从根本上解决企业科技成果产出与复用程度低等方面问题，提高企业市场竞争力。项目生命周期是一个项目从概念到完成所经过的所有阶段。所有项目都可分成若干阶段，且所有项目无论大小，都有一个类似的生命周期结构。其最简单的形式主要由四个主要阶段构成：概念阶段、开发或定义阶段、执行（实施或开发）阶段和结束（试运行或结束）阶段。阶段数量取决于项目复杂程度和所处行业，每个阶段还可再分解成更小的阶段。基于项目全生命周期的科技成果管理是一种集成化的组织管理模式，核心是从全生命周期的角度，将科技成果产生部门、科技成果应用部门、科技管理部门、项目管理部门、产业推广部门等组织到一起，共同完成科技成果产生之前的规划、科技成果培育过程的推动、成果产生之后的鉴定以及推广转化应用的全流程中涉及的各种工作，如图 9-1 所示。在项目争取阶段，主要开展选取符合要求的可复用成果、知识产权等工作，用以支撑项目方案的编制；在项目策划阶段，主要开展科技成果目标制订工作，制订科技成果的产出目标和推进计划；在项目实施阶段，主要开展科技成果检查与培育工作，按照制订的目标和计划组织节点审查，推进成果培育；在项目交付阶段，主要开展科技成果验收与报奖工作，将形成的成果固化入库；在项目售后阶段，主要开展科技成果推广与转化应用工作，迭代升级相关成果，推进成果复用。

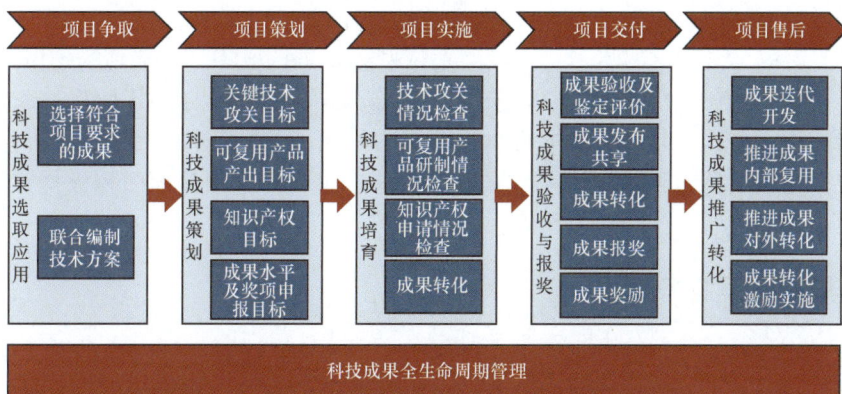

图 9-1　科技成果全生命周期管理总体流程

一般来说，在科技成果培育过程中，不同类型的项目要求不同，针对有技术攻关要求的项目，要求必须有专利和论文成果；针对大型研制类项目，要求必须有可复用产品；针对集成类项目则没有科技成果强制要求。需要各企业在项目策划阶段，根据企业特点和项目特点制定成果目标。建议对于列入企业年度计划的重点项目，相关职能机关联合组织开展项目成果策划、目标制订、执行跟踪、检查把关、验收考核、奖项申报、成果推广转化、奖励实施等工作。

第二节 成果管理流程

一、成果管理通用流程

根据各类型成果和相关工作的特点，全生命周期科技成果管理的通用流程如图9-2所示，主要以成果库为中心，围绕成果库展开相关工作。

（1）项目争取阶段

项目组根据项目评分指标要求或用户需求，搜索成果库。如果找到符合要求的专利、论文、标准、奖项或可复用产品等，则按需联合成果提供部门开展项目方案的编制，争取项目。如果找不到，则按需联合相关单位编制方案，争取项目。

（2）项目策划阶段

相关主管部门加强重点项目科技成果的规划布局，制订科技成果目标，明确成果的复用要求及标志性成果的里程碑计划。

（3）项目实施阶段

相关主管部门定期对科技成果的执行情况进行跟踪，及时发现科技成果推进不力的原因并做出整改。

（4）项目交付阶段

相关主管部门组织验收评审会，同时完成成果鉴定工作，要求成果在满足合同要求的同时，还满足规划的科技成果产出目标。会后，组织将完成的成果电子版加入成果库中，纸质版证书等存档，开发完成的产品加入可复用产品名录中，以及对相关成果进行奖励。

（5）项目售后阶段

项目售后阶段主要涉及成果共享管理、迭代升级、推广应用（主要指奖项申报、成果转化与激励）等工作。在共享管理中，相关部门做好成果的日常管理使用工作，参照项目争取阶段的工作流程。在迭代升级中，主要由成果提供单位，根据需求进行更新，并组织相关评审进行认定，参照项目验收阶段的工作流程。在推广应用中，相关部门积极推广已有成果，提高使用率。

二、奖项申报业务流程

设立科技奖项是为了贯彻尊重知识、尊重人才的方针，鼓励企业自主创新，促进科学研究、技术开发与经济、社会发展密切结合，促进科技成果商品化和产业化。企业应多申报外部奖励（奖项），这是因为科技奖项是对科技成果的认可，有助于占据行业领先地位，同时也是对科研人员科研工作的褒奖，可以激发科研人员更高的科研积极性。

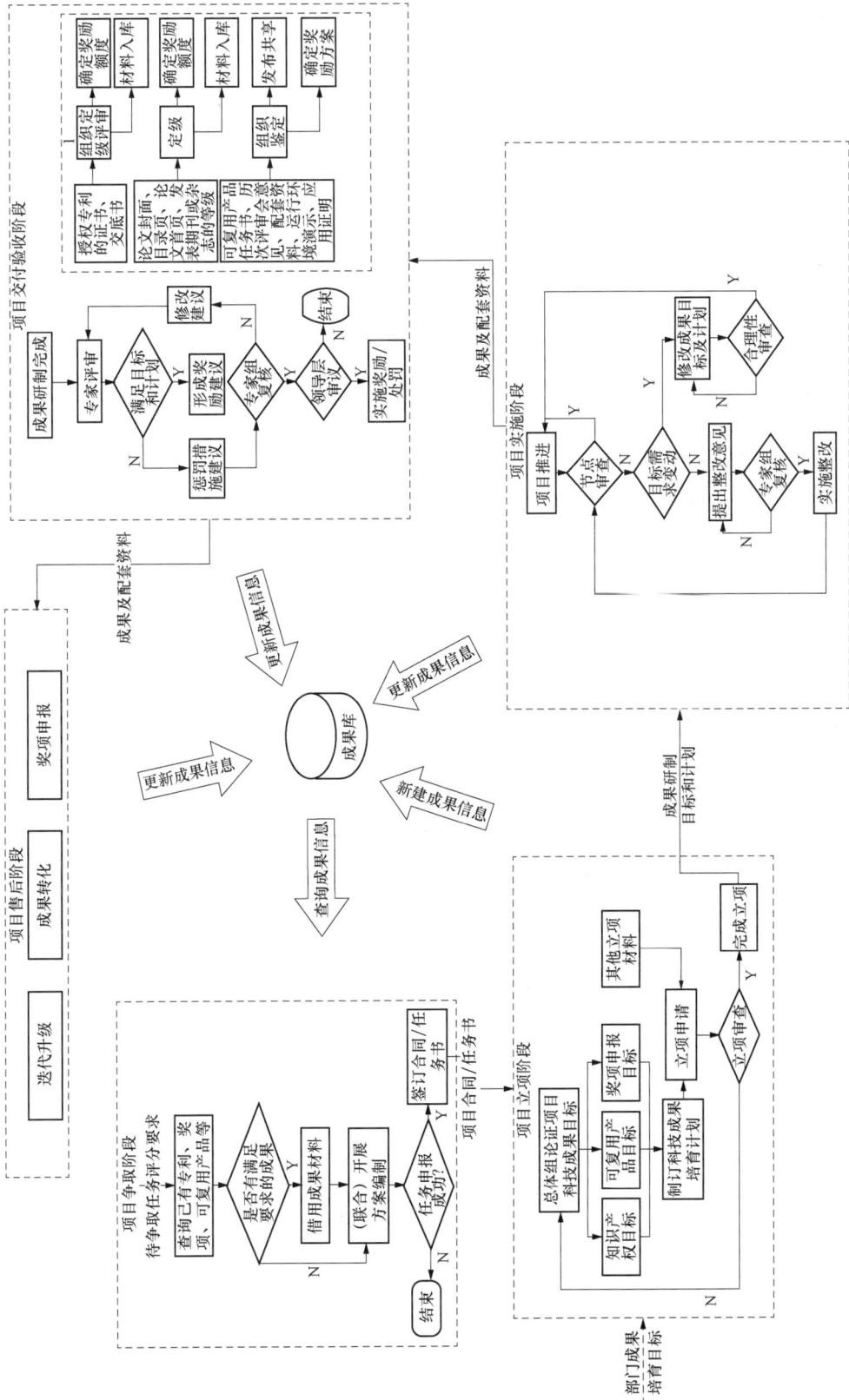

图 9 - 2 科技成果管理通用流程

但同时应注意到，科技成果奖励申报工作是一个系统的综合管理过程。一项成果能否获奖，不仅取决于成果本身的科技水平，同时也取决于成果申报的管理水平。因此，科技成果管理人员要创新科技成果管理模式，将科技成果管理介入项目执行的全过程，如图 9-3 所示。项目立项之初，就树立成果培育意识，明确成果培育目标，将专利、论文等支撑材料列入规定内容。在项目执行过程中，将大型科技项目产生的成果层层分级，预估每一个子成果可能申报的奖项等级，形成项目成果树状图，做到定期更新，动态管理。在大型科技成果申报高等级奖励之前，将其子成果申报较低等级的专项奖励，作为申报高等级奖励的支撑，做好各级科技奖励的衔接。项目完成之后，提前启动奖励申报工作，安排科技查新、策划科技成果鉴定等，在奖励申报之前做好充分的准备，有效避免在接到申报通知后，仓促准备资料导致项目申报质量不高。

三、 科技成果转化业务流程

科技成果转化是指为提高生产力水平而对科学研究与技术开发所产生的具有实用价值的科技成果所进行的后续试验、开发、应用、推广直至形成新产品、新工艺、新材料，发展新产业等活动。

科技成果转化方式包括：自行投资实施转化；向他人转让科技成果；许可他人使用科技成果；以科技成果作为合作条件，与他人共同实施转化；以科技成果作价投资，折算股份或者出资比例；其他协商确定。

科技成果转化工作流程包含成果鉴定与发布、转化申请与价值评估、方案编制与报批、转化实施、效果评价五个阶段，如图 9-4 所示。

（1）科技成果鉴定与发布

由科技成果完成团队提出成果鉴定书面申请经论证评审后，将科技成果发布至科技成果库，并组织开展成果展示、交流和推介活动。

（2）科技成果转化申请与价值评估

成果完成团队提交成果转让/许可使用申请材料，经审查审批后，相关部门组织开展科技成果价值评估。

（3）科技成果转化方案编制报批

科技成果完成部门联合科技成果应用部门，编制形成科技成果转化方案，经评审通过后，组织成果转化公示、报批、协议签署。

（4）科技成果转化实施

科技成果完成部门、应用部门以及相关职能机关共同按照转化方案完成相关工作，并协同解决成果转化过程遇到的问题。

（5）科技成果转化效果评价与激励

科技成果转化工作完成后，编制成果转化应用情况报告并组织对成果转化应用效果的评审。评审结果将作为衡量科技成果转化效果的重要依据，用于指导后续工作。对于评审结果优秀的科技成果，可给予表彰和奖励。

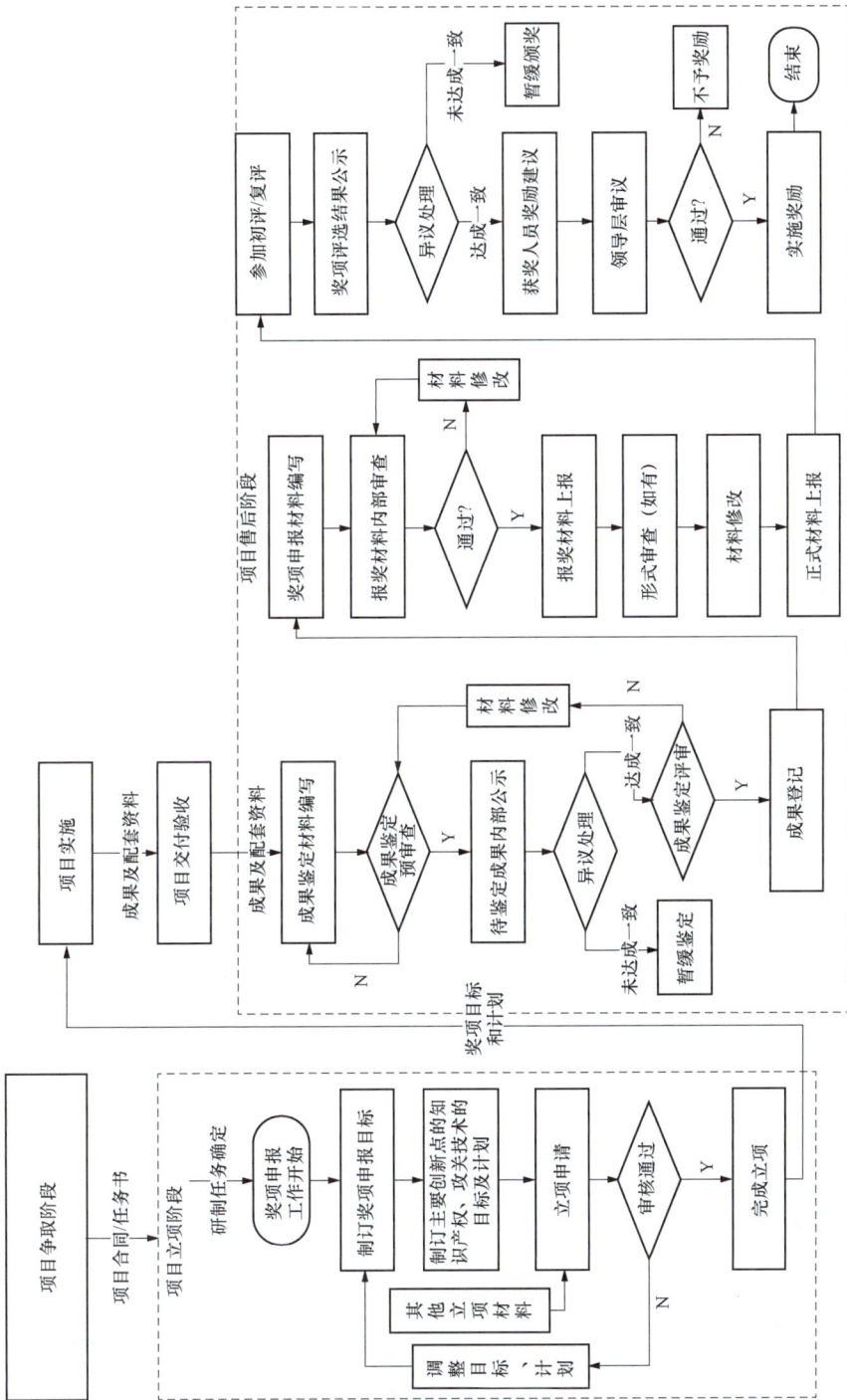

图 9-3　奖项申报业务流程

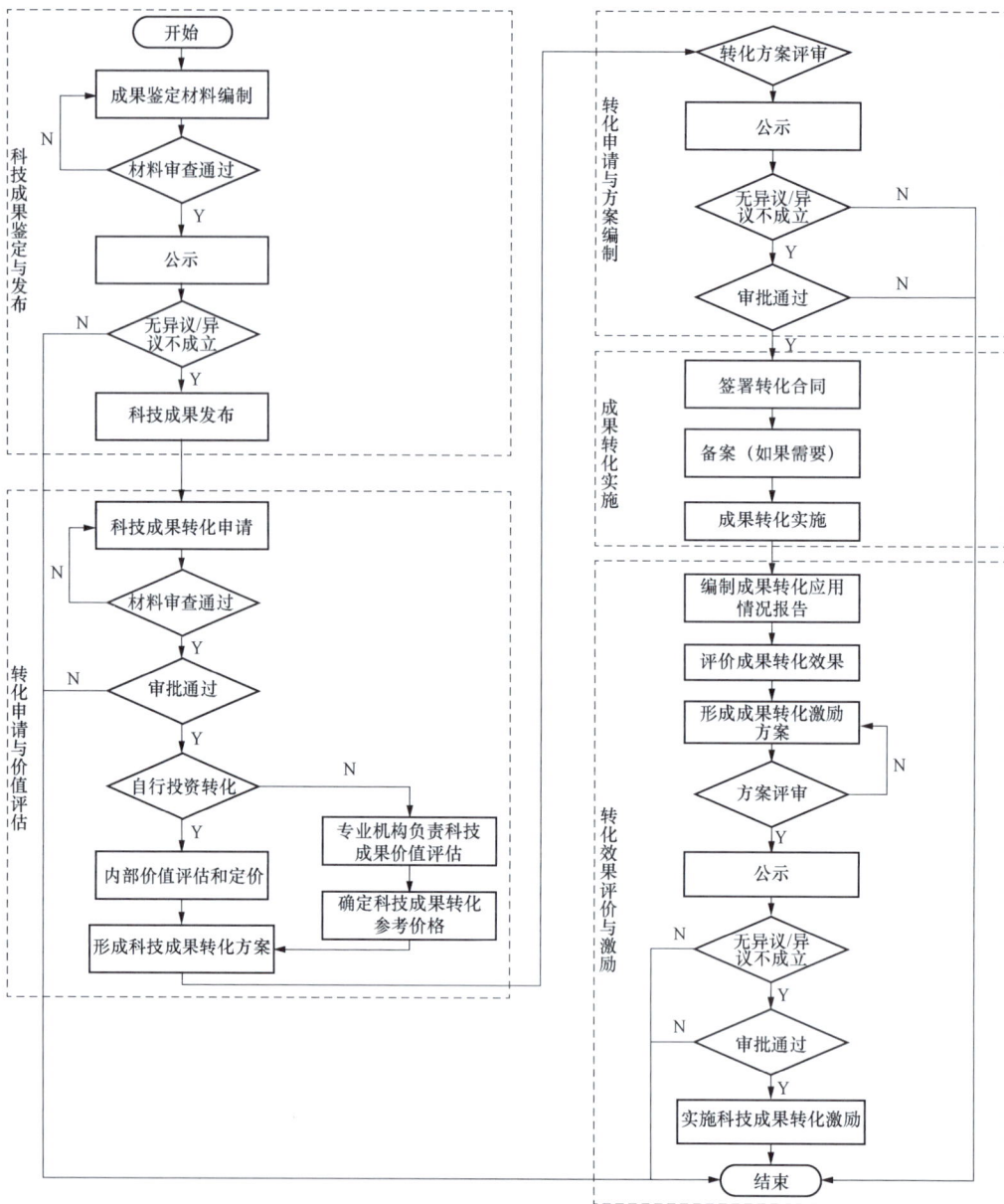

图 9-4　成果转化业务流程

四、 配套制度建立

制度化管理有利于科技成果管理的规范化和标准化。因此，企业需要制定并发布科技成果管理系列办法，用以明确科技成果范围，统筹规划科技成果布局，规范成果的培育过程管理和考核、激励措施。通过该系列办法的制定，建立较为科学的科技成果管理体系，让工作制度、政策、方针、目标任务等能够得到合理落实。同时，能够激发科技人员科技创新积极性，增加科技创新氛围，最终促进高质量科技成果产出，提升科技成果共享复用水平。

科技成果管理系列办法应包括总则以及知识产权管理、科技奖项管理、科技成果转化管理等不同侧重点的制度。相关制度应包含第一章与第二章中提到的相关定义和业务流程，比如在总则中，需要明确企业科技成果的范围、管理流程、一般注意事项等；在知识产权管理办法中，需要明确知识产权范围，规定知识产权管理流程，完善知识产权奖励标准等；在科技奖项管理办法中，需要规范科技奖项申报流程，明确科技奖项标准；在科技成果转化管理办法中，明确科技成果转化方式、转化流程，规定转化激励标准及分配原则。

第三节　加强企业科技成果管理

（1）注重科技成果在企业内的推广应用、成果共享

除加强科技成果的对外推广应用外，对于自主研发、生产型企业，更应注重科技成果在企业内的推广应用。企业花钱对产出科技成果的团队/个人给予奖励，一方面，是为了激励成果完成人勇于创新，后续产出更多、更高质量的科技成果；另一方面，是为了促使成果完成人将成果研究的思路、方法进行总结和分享，让企业其他同专业人员不必做重复研究，并能够在继承的基础上开展进一步的研究。为促进科技成果在企业内的推广应用，科技成果管理部门可根据获奖的科技成果，提出科技成果推广培训计划，由成果第一完成人担任培训师完成培训，培训效果情况作为发放科技成果奖励的依据。

（2）加强科技成果的保管、保护

企业科技成果管理部门应建立并维护科技成果库，妥善保管科技成果的信息、载体。科技成果库主要包括科技成果档案、科技成果实物及科技成果台账。科技成果管理部门应建立科技成果档案，将科技成果鉴定、登记、奖励过程的文件资料按年度统一归档管理；应建立科技成果实物库，对登记的科技成果实物实施管理，建立库房管理制度和实物台账，确保实物状态完好、账物相符；应建立科技成果管理台账，包括科技成果的基本信息以及鉴定、登记、奖励等信息，并实施动态维护更新。

科技成果的保护包括两个方面：科技成果的知识产权保护、科技成果的保密。对于符合专利申请条件的科技成果，应先提出专利申请，自专利申请日后，方可对外进行论文发表、技术评价、评估、评奖、产品展览与销售等可能导致成果公开、丧失新颖性的活动；对确定为企业商业秘密的科技成果，需经解密和审批，方可以论文、报告等形式对外披露。企业科技成果管理部门应建立制度，明确要求和措施，妥善保护企业的科技成果。

（3）设置科技成果作废的有关规定，做到对科技成果的闭环管理

科技成果作废主要包括两种情况：随着科学技术水平的发展，新登记的科技成果可完全替代的科技成果，且新登记的科技成果技术水平更先进、推广应用价值和效益更大；因科技成果申报、应用问题，被惩处取消的科技成果。

科技成果管理部门应每年度集中组织梳理、审查登记的科技成果，符合作废条件的，填写科技成果作废申请表，经成果完成人、原成果登记部门和主管领导审批同意后，办理科技成果档案作废和实物报废，并更新科技成果台账。做到对科技成果的闭环管理。

转化篇

第十章　技术成熟度

第一节　科技成果转移转化研究

一、科技成果市场化成熟度的概念

"成熟度"的概念源于美国卡内基梅隆大学软件工程研究所提出的软件能力成熟度模型（capability maturity model，CMM）。根据该模型，"成熟度"可以用来描述事物不断提高或者发展演变的过程，随着时间的推进，其获得的能力和发展也需要相应提高，才能确保在竞争中获得最终成功。鉴于"成熟度"可以反映出事物持续改善、不断优化的趋势与成熟发展的全过程，许多行业和组织、项目纷纷引入"成熟度"概念，并构建各种成熟度模型，为组织提供了一个改进测量的管理方法和框架工具，同时也为了解事物的发展演变过程提供理论模型基础。有学者曾统计，目前成熟度模型总数已达 30 余种，基本由三个部分组成，即评估能力的方法、评估结果以及如何提升能力。其中，以 CMM 模型、OPM3 模型、K-PMMM 模型等最为出名，各模型具体构成如图 10-1 所示。

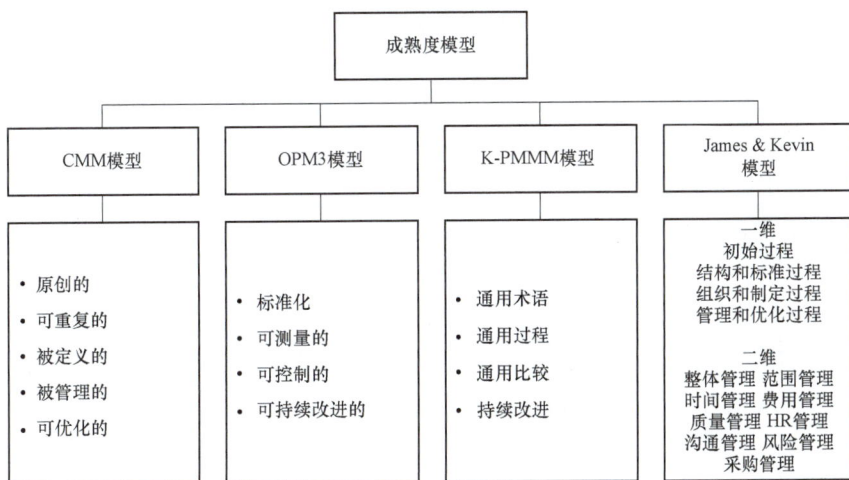

图 10-1　常见的成熟度模型

基于对"成熟度"概念的理解，科技成果市场化成熟度既是一套监测评价工具体系，又是一种科技成果转化管理理念，主要用于衡量科技成果在市场化过程中的发展状态，监测各项关键技术准备情况、制订技术发展策略等，助力科研工作者和技术经理人制定技术发展策略、科技成果转化路线，为管理层提供决策支持，以有效应对科技成果市场化过程中面临的各项风险与挑战。

二、市场成熟度及其评价

1. 市场成熟度与市场生命周期

市场成熟度可以从市场生命周期理论出发进行考察。市场生命周期理论认为，市场在发展过程中会呈现出阶段性特征，表现出从形成期、成长期、成熟期、衰退期的变化。

在市场形成期，市场内企业和竞争者相对较少，企业经营普遍亏损，市场增长率较高，市场壁垒较低，产品价格较高，通常技术还未完全定型，在产品、市场、服务、业务模式等方面也存在较大变数。

在市场成长期，需求开始高速增长，企业和竞争者开始增多，竞相"跑马圈地"，企业经营利润增加，市场增长率依旧很高，市场特点已经较为明晰，市场壁垒开始增加，产品价格开始下降，技术也逐步定型，行业规范与标准开始形成。

在市场成熟期，市场和需求增长率开始放缓，企业和竞争者因为竞争洗牌逐步减少，买方市场逐步形成，企业利润趋稳或者降低，市场壁垒很高，产品价格稳定，技术已经非常成熟，行业标准非常明确。

在市场衰退期，市场和需求增长率下降，企业和竞争者进一步减少，并且普遍面临经营与转型压力，企业利润减少甚至出现亏损，整个市场都有可能逐步消失，但也有可能因为技术与创新而催生新兴市场。

对于科技成果市场化活动而言，当目标市场处于形成期与成长期，市场成熟度较低，此时可供学习与借鉴的案例与经验较为有限，用户的消费习惯也还未形成或成熟，试错成本与消费习惯培养成本都比较高，导致科技成果市场化成本通常较高，但一旦科技成果市场化取得突破，就非常有可能进入一个拐点，收入和利润迅速上升，估值也"一飞冲天"，最终甚至有可能创造出一个全新的产业。当目标市场处于成熟期，科技成果市场化的试错成本与消费习惯培养成本较低，供应链成熟程度也较高，但科技成果本身会面临激烈的市场竞争，不得不面对行业巨头的竞争与压制，如果科技成果不具有极强的颠覆性，科技成果市场化大都选择在某个细分市场进行耕耘。

2. 市场成熟度的评价方法

对于如何判断一个市场的成熟度，可以通过对市场发展阶段和科技成果在市场内部竞争关系两个方面进行综合考察。前者可以通过 PEST 分析模型和一些衡量市场竞争程度的指标相结合来进行分析，依托过去和现在的市场发展历程与关键数据分析，看清市场当前竞争与未来发展趋势；后者可以通过五力分析模型、$APPEALS 模型等工具，把握市场竞争态势。

（1）PEST 分析模型

PEST 分析模型是市场或行业外部环境分析的经典工具。PEST 是政治（politics）、经济（economy）、社会（social）、技术（technology）四个英文单词首字母的缩写，模型如图10-2 所示。

在 PEST 分析模型框架下，政治维度（P）重点分析一个国家的政策、法律法规、社会制度等内容；经济维度（E）重点分析宏观和微观经济环境，宏观经济环境主要分析经济发展水平，具体包括国民收入、GDP、经济发展增速等，微观经济环境主要分析科技成果市场化所在地区的消费者收入水平、储蓄情况、利率水平、就业水平等；社会维度（S）主要分析国家或地区人口数量及其变化情况、居民受教育程度、风俗习惯、审美观点、社会文化和价值观等；技术维度（T）主要分析科技成果及其相关技术的发展变化、国家和地区对研发与创业活动的投资与支持情况、技术转移与商品化速度、知识产权保护情况等。

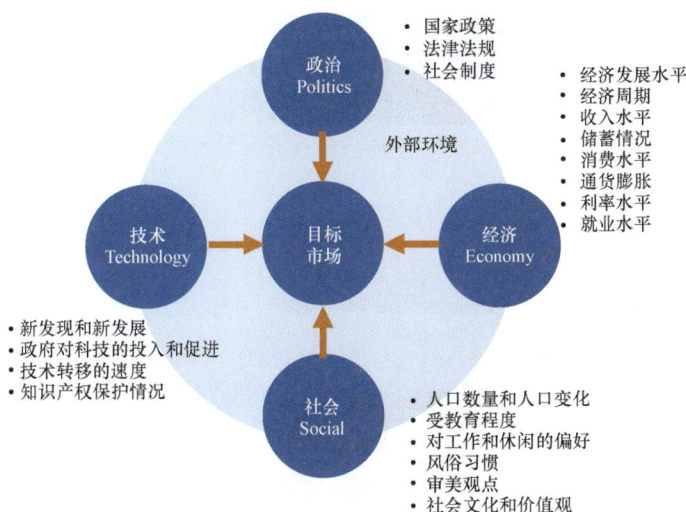

图 10 - 2　PEST 分析模型

（2）市场成熟度评价的主要指标体系

除了 PEST 分析模型，还有许多具体的指标能够帮助技术经理人分析市场成熟度，这些指标可以与 PEST 分析模型一起使用，通过定性与定量相结合的方法对市场成熟度有更好把握。常用的市场成熟度分析指标见表 10 - 1。

表 10 - 1　　　　　　　　　　　　　常用市场成熟度分析指标

内容	指标
市场发展情况	市场盈利性、增长率、附加值的提升空间、进入壁垒/退出机制、风险、行业周期、竞争激烈程度等
市场发展及应用情况	全球市场总体情况：市场规模、发展概况及特点、市场结构、市场集中度、竞争格局、市场细分程度、市场区域分布。 主要国家（地区）市场分析
市场供需情况	市场供给情况：市场供给分析、产品产量、重点企业产能及占有份额。 市场需求情况：需求增长率、需求市场、客户结构、需求的地区差异。 市场应用及需求预测
产业结构分析	产业链上下游结构分析、产业链竞争优势分析、发展预测。 市场重点企业分析：发展概况、经营情况、产品结构、企业渠道、主要客户、竞争优势、发展战略
市场前景及趋势预测	技术发展趋势、产品发展趋势、产品应用趋势
投资价值评估	进入壁垒、盈利因素、盈利模式
未来 X 年市场发展影响因素	有利因素、不利因素、产业链投资机会、市场风险预测与防范

（3）五力分析模型

五力分析模型是企业竞争战略的经典分析工具，也能够用于分析科技成果市场化的竞争环境。它由哈佛商学院迈克尔·波特教授于 20 世纪 80 年代提出，具体模型如图 10 - 3 所示。

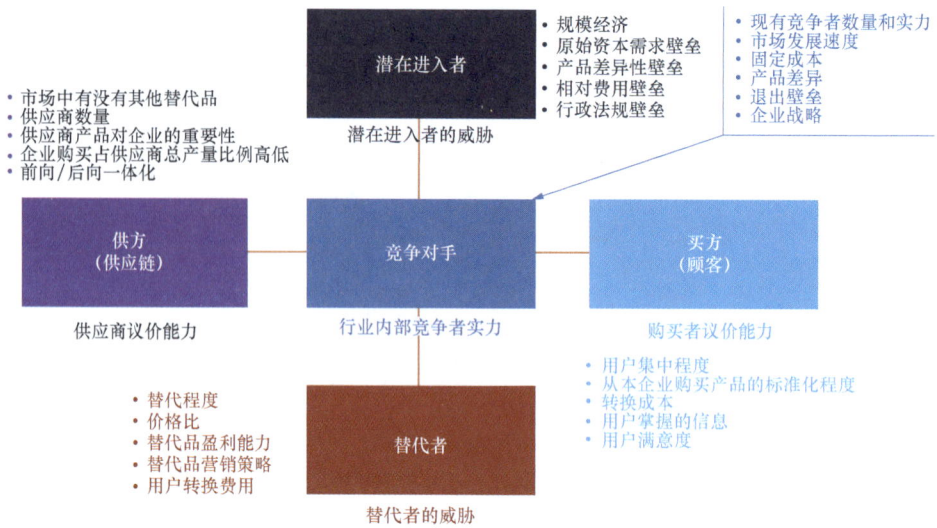

图 10-3　五力分析模型

五力分别指行业内部竞争者实力、供应商议价能力、购买者议价能力、替代者威胁与潜在进入者威胁。供应商和购买者的议价能力直接影响了科技成果的市场化成本、盈利能力和竞争力；潜在进入者如果进入市场，会与市场内的企业产生原材料和市场份额的竞争，加剧市场竞争，最终导致行业利润率降低，影响企业生存；替代者作为新生事物，在一定情况下可能会创造全新市场，使市场内所有企业被其取代。

这五力中，市场内部竞争者实力直接刻画了行业内部的竞争态势，其他四力更多关注市场外部水平与垂直方向的竞争，技术经理人要从竞争与合作两个视角出发对这五力进行认真分析，注意从自身特点出发，制定合理的科技成果市场化路线，以更好应对与利用这五力带来的机遇与挑战。

（4）＄APPEALS 模型

＄APPEALS 模型主要通过细化与把握市场内用户需求，了解用户购买的关键因素，分析科技成果市场化过程中与竞争对手的差距，进一步确定科技成果的产品定位和竞争战略。＄AP-PEALS 分别是 8 个围绕客户需求或产品定位的竞争要素代号与首字母缩写，见表 10-2。

表 10-2　　　　　　　　　　＄APPEALS 模型的主要内容

竞争要素	客户需求/产品定位描述
＄价格	具有竞争力的价格、付款方式、服务费用、折扣、运输费用
A 可获得性	营销和宣传渠道、交货速度、安装时间、试运行情况、满足用户需求的定制能力、客户体验情况
P 包装	设计、外观、工艺、噪声、运输包装
P 性能	满足所有功能需要、符合法律法规与行业标准、技术成熟先进、技术性能指标占优
E 易用性	操作与移动便利性、对使用方培训要求、状态监控清晰程度、兼容性、环境适应性
A 保障/保修	维护便利程度、配件易获得、可靠与安全性、自我故障显示与排除、售后服务

竞争要素	客户需求/产品定位描述
L 生命周期成本	运营成本、维修维护费用、单项服务费用、升级费用、二次开发成本
S 社会接受程度	品牌效应、企业负责人和市场人员形象、市场环境、以往供应商经历

在实际使用＄APPEALS 模型时，必须通过用户调查收集用户最关心哪个维度的问题，然后根据用户调查数据赋予这些维度不同的权重。在打分时要站在用户视角，对自身科技成果及竞争对手的产品给出客观评价，以此明确科技成果的市场化过程目前离用户期望还有多远，与竞争对手在满足用户期望方面还有哪些维度可以进一步改进。

第二节　技术成熟度

技术成熟度，是指技术相对于某个具体系统或项目而言所处的发展状态，反映了技术对于项目预期目标的满足程度。技术成熟度评价，是确定装备研制关键技术，并对其成熟程度进行量化评价的一套系统化标准、方法和工具。

一、技术成熟度 9 个等级

（1）等级 1：遵守并报告了基本原则

技术成熟度水平最低。科学研究开始转化为应用研究与开发（R&D）。包括对技术基本特性的书面研究。辅助信息包括已发表的研究成果，这些研究成果确定了该技术的基本原理，提及了谁，何时何地。

（2）等级 2：制定技术概念和/或应用

发明开始。一旦遵循了基本原理，就可以发明出实际应用。应用程序是推测性的，可能没有证据或详细的分析来支持这些假设。仅限于分析研究，支持信息包括概述正在考虑的应用程序并提供分析以支持该概念的出版物或其他参考。

（3）等级 3：分析、证明实验关键功能和/或概念特征

开始积极地研发。这包括分析研究和实验室研究，以物理验证该技术各个元素的分析预测。包括尚未集成或具有代表性的组件。支持信息包括为测量目标参数而进行的实验室测试结果，以及与关键子系统的分析预测进行比较的结果。提及执行这些测试和比较的人员、地点和时间。

（4）等级 4：实验室环境中的组件和/或试验板验证

将基本技术组件集成在一起，以确保它们可以一起工作。与最终系统相比，这是相对"低保真度"。包括在实验室中集成"临时"硬件。支持信息包括已考虑的系统概念以及测试实验室规模面包板的结果，以及谁进行了这项工作，何时进行。文档提供了面包板硬件和测试结果与预期系统目标的差异的估计。

（5）等级 5：相关环境中的组件和/或试验板验证

面包板技术的保真度大大提高。基本技术组件与合理可行的支持元素集成在一起，因此可以在模拟环境中进行测试。包括组件的"高保真"实验室集成。支持信息包括测试实验室

面包板系统的结果，并在模拟操作环境中与其他支持元素集成在一起。

（6）等级6：相关环境中的系统/子系统模型或原型演示

在相关环境中测试了远远超出 TRL 5 的代表性模型或原型系统。代表技术已证明已准备就绪的主要步骤。包括在高保真实验室环境或模拟操作环境中测试原型。支持信息包括在性能、重量和体积方面接近所需配置的原型系统的实验室测试结果。

（7）等级7：在操作环境中的系统原型演示

在计划的操作系统附近或附近的原型。通过要求在操作环境（例如飞机、车辆或太空）中演示实际系统原型，代表了 TRL6 的重大改进。支持信息包括在操作环境中测试原型系统的结果。

（8）等级8：通过测试和演示完成并验证了实际系统

事实证明，技术可以最终形式并在预期条件下工作。在几乎所有情况下，此 TRL 代表真正系统开发的结束。例如，在其预期武器系统中对系统进行开发测试和评估（DT&E），以确定其是否符合设计规范；支持信息包括在预期的环境条件范围内对系统进行最终配置测试的结果操作。评估是否将满足其运营要求。

（9）等级9：通过成功执行任务而证明的实际系统

该技术在最终形式和任务条件下的实际应用，例如在运行测试和评估（OT&E）中遇到的那些条件。示例包括在作战任务条件下使用该系统。支持信息包括 OT&E 报告。

二、 技术成熟度等级界定

技术成熟度等级界定原则见表 10 - 3。

表 10 - 3　　　　　　　　　　　技术成熟度等级界定原则

等级	技术成熟度	阶段
1	材料设计和制备的基本概念、原理形成	实验室阶段
2	将概念、原理实施于材料制备和工艺控制中，并初步得到验证	
3	实验室制备工艺贯通，获得样品，主要性能通过实验室测试验证	
4	试制工艺流程贯通，获得试制品，性能通过实验室测试验证	工程化阶段
5	试制品通过模拟环境验证	
6	试制品通过使用环境验证	
7	产品通过用户测试和认定，生产线完整，形成技术规范	产业化阶段
8	产品能够稳定生产，满足质量一致性要求	
9	产品生产要素得到优化，成为货架产品	

三、 技术成熟度曲线

如图 10 - 4 所示，技术成熟度曲线分为五个阶段：

1）诞生期，逐步进入大众视野，不断有原型产品被开发出来，刺激着大众的好奇心。

2）泡沫期，大众被新技术的光明前景吸引，期望膨胀，企业与机构开始仓促进入新领域。

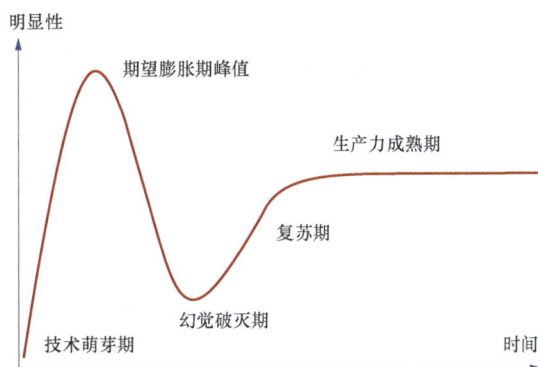

图 10 - 4 技术成熟度曲线

3）低谷期，泡沫破裂，负面评价接踵而至，企业也终于认清现实。

4）复苏期，基于第一波产品的失败经验教训，人们开始缓慢地对新技术进行改进，逐步提升效果，产业逐渐成熟。

5）成熟期，新技术最终能够满足需求，迎来真正的理性繁荣。

第三节 工业成熟度

一、工业成熟度

工业成熟度指用来确定一项技术或工艺是否达到向武器系统设计或生产转化，或者确定一个武器系统是否达到进入下一采办阶段的指标体系。

二、工业成熟度等级

工业成熟度等级界定原则见表 10 - 4。

表 10 - 4　　　　　　　　　　工业成熟度等级界定原则

等级	技术成熟度	阶段
1	确定工业基本原理	实验室阶段
2	确定工业概念	
3	开发和验证工业概念	
4	具备在实验室环境下生产技术验证件的能力	工程化阶段
5	具备在相关生产环境下生产零部件原型的能力	
6	具备在相关生产环境下生产原型系统或子系统的能力	
7	具备在典型生产环境下生产系统、子系统或部件的能力	产业化阶段
8	试生产能力通过验证，准备进入小批量生产	
9	小批量生产通过验证，准备进入大批量生产	
10	大批量生产通过验证，转向精益生产	

第四节　技术工程化和产品化

一、 工程化、 产品化是创新驱动发展的关键和重点

实现创新驱动发展，最关键的是要促进科技与经济紧密结合，"发展高科技，实现产业化"。工程化产品化将科技创新与产业发展紧密地融合在一起，是科技创新的关键和重要的组成部分。科技创新成果只有完成工程化并面向市场实现产品化，才能真正转化为强大的现实生产力，实现创新驱动发展。

推进科技创新成果工程化产品化，是促进产业结构调整、全面提升产业核心竞争力的决定性因素。要牢固树立创新服务发展的意识，始终抓住科技创新成果工程化产业化这个关键，特别是实现重点产业关键核心技术的工程化产业化，把创新成果尽快转化为现实生产力，实现科技创新引领支撑产业发展，成为经济发展的内生驱动力。一要为培育和发展战略性新兴产业服务，大力推动信息、生物、先进制造、新能源、新材料、节能环保等领域的科技创新成果的工程化产业化；二要为传统产业的优化升级服务，加快推进工业化与信息化的深度融合，强化新技术、新工艺、新产品的工程化产业化；三要大力推动能源、环境高新技术的工程化产业化，为建设资源节约型、环境友好型社会服务；四要大力推动与民生相关的现代农业、健康医疗、公共安全等领域的创新成果工程化产业化，让广大人民群众共享科技创新成果。

二、 全力推进科技成果的工程化产品化

一是进一步解放思想，破除一切束缚创新的思想观念桎梏，最大限度解放和发展科学技术第一生产力。要深刻认识创新成果工程化产业化的重要意义，高度重视工程化产业化工作，真正把工程化产业化摆在创新驱动发展的关键重要位置；要从国家宏观管理层面，强化统筹协调，明确方向，突出重点，做好创新成果工程化产业化的顶层设计；要把主要的工程技术力量和科技投入放到工程化产业化工作上来，放到国家经济社会发展的主战场上来。

二是建立健全以工程化产业化为主要任务的技术创新体系。技术创新体系是国家创新体系的主体部分，工程化产业化是技术创新体系的主要任务。要面向国民经济主战场，牢固树立以企业为主体和以工程化产业化为主要任务的理念，切实推动以企业为主体、市场为导向、产学研协同创新的技术创新体系建设。要强化企业技术创新主体地位，使企业真正成为技术创新决策、研发投入、科研组织、成果转化的主体，尤其是技术创新工程化产业化的主体。高等院校和科研院所要以服务为宗旨、在贡献中发展，为工程化产业化多做贡献，把自身的发展融入现代化建设的伟大事业之中。我国社会主义现代化建设为科技发展提供了广阔的空间和巨大的需求，这是科技创新的根本动力，必须坚持以市场为导向，这样才能准确把握创新方向，有效推进产学研协同创新，从根本上解决科技与经济相结合的问题。对于战略性产业关键核心技术的工程化产业化，要形成社会主义市场条件下的举国体制，集中力量办大事，实现重点突破和跨越。

三是营造有利于工程化产业化的良好环境。要在政策上全力支持科技成果工程化产业

化，关键在于落实促进工程化产业化的各种政策措施，主要是财税政策、金融政策、产业技术政策和人才政策，努力从根本上调动企业和科技人员的积极性和创造性；大力培育和发展科技中介服务业；尊重知识、尊重人才，建设一支高素质高水平的工程化产业化人才队伍，特别要加强科研生产一线工程技术人才和高技能人才培养，人才是我国科技成果工程化产业化最重要的资源和最强大的优势。

三、　技术型企业科研生产模式产品化

技术型企业由以项目为核心的科研生产模式向以项目和产品并重的科研生产模式，实现产品化要历经四个重组和一个保障。

1. 四个重组之一：产品重组

要想做好产品化，首先要建立产品的七层货架，如图 10-5 所示。同时通过前向规划和后向梳理，以及整合供应商形成共通性建构基础（CBB），并通过 CBB 的再次开发构建平台，以平台为核心开发产品，形成企业的细腰架构，如图 10-6 所示。

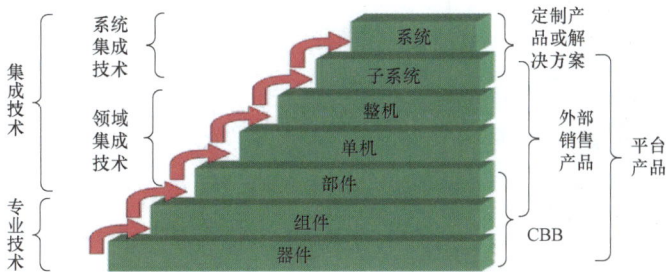

图 10-5　七层货架模型

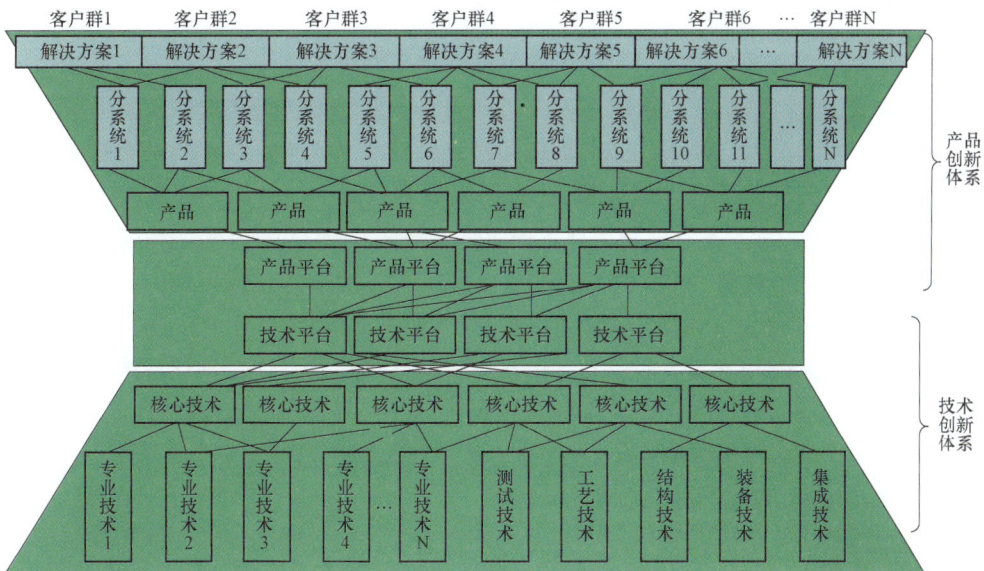

图 10-6　细腰架构模型

因此产品重组首要任务是构建货架，并对货架进行开发和强制使用。

2. 四个重组之二：流程重组

针对传统的以项目为主的研制流程，要增加预研流程，CBB 开发流程以及产品开发流程，面向产品货架的七个层次，分层设计流程，并在各流程之间相互转化，如图 10-7 所示。尤其是研制流程结束后，研制队伍不能马上解散，要进行货架共享及产品开发，将共享的产品用到下一个项目中，如此迭代，同时将质量管理嵌入到科研生产流程中去，将财务管理、项目管理、研发、市场、生产、采购等全要素纳入统一的流程进行管理。

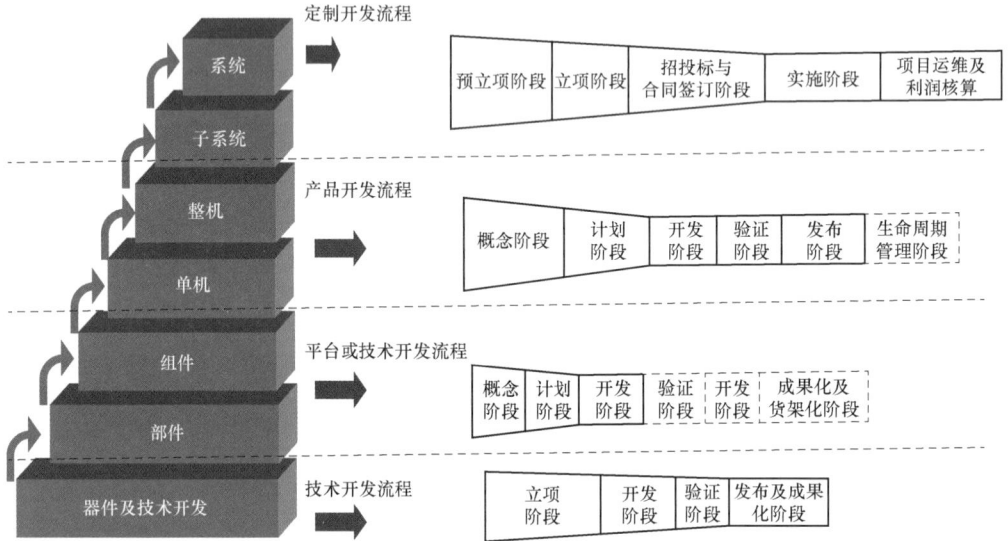

图 10-7　各层级产品对应的流程

3. 四个重组之三：人员重组

要改变过去一个型号一个项目一批人的模式，将研制过程分为前瞻研究、原理样机、工程样机、小批量、量产、转产六个状态，人员随着状态的转换进行流动。

高水平的研发人员进行预研、需求管理和规划以及产品化建设，实现人岗匹配，建立任职资格体系和研发人员的职业发展通道，SE 可以分为三级，项目级 SE、需求级 SE、产品级 SE。要对做产品化的工程师，尤其是将普通技术做成 CBB 和平台的工程师，在科研成果奖励和任职资格上进行倾斜。

4. 四个重组之四：财务重组

要建立面向产品线和内部产品及外部销售产品的核算体系和项目预核算体系，基于财务核算进行项目的排序和资源配置，成本分析和定价以及经营分析成为产品管理的重要部分，技术预研要提前投入，提前规划。

5. 一个保障：对组织及机制保障

研发中心、预研、解决方案和产品开发分别建立项目组，明确责任单位和界面分工；建立公司级系统解决方案部和产品线系统解决方案部；建立公司级的测试、验证、中试等产品化的保障平台；建立全方位的质量管理体系，将规划、CBB、评审、测试、验证和缺陷归零管理作为质量保证的手段，同时型号总师、产品化总师及技术评审主审人要作为质量保证的最主要责任人；将 CBB 作为内部的科研成果进行激励，甚至在一段时间之内加大激励。

四、 实现产品化的方法

（1）客户分析

做一个产品，客户分析是第一步的工作，希望为哪些客户服务，市场在哪里，如果仅仅是从纯技术或纯兴趣出发，虽然有成功的可能，但是毕竟不是规规矩矩做产品的样子，也不是商业实体的行为。

（2）市场调研

确定潜在客户群，但是并不代表对市场已经有了充足把握，必须通过合理的调研手段，获取客户的真实看法和市场的潜在价值，并对客户需求进行全方位和深入了解。

（3）竞争分析

有目的性地对市场竞争对手或潜在竞争对手进行竞争分析，分析要素包括功能、性能、性价比、市场份额、分销/业务拓展手段等，对于产品而言，闭门造车是危险的，必须清楚别人在做什么，做得怎么样。

（4）成本核算

先通过市场调研获得用户最能够承受的价格，然后减去流通成本和盈利率，逆向核算出成本，然后再计算如何在该成本下生产出满足客户需求的产品（比如材料的选取、工艺的选取等）。

（5）复用性的系统设计

设计一个系统产品，或者设计一个服务模式，必须考虑到这一产品/模式要实现规模化，要能够在不同环境下和场合下非常好地适应，同时能适应未来可预计的发展，也就是一种复用性和持续性的思想必须在进行系统/服务模式设计的初期就贯彻进去，这样才能保证系统/服务模式设计过程符合产品化需求。

（6）行销/拓展策略

对于产品而言，是行销策略；对于服务而言，是拓展策略。产品的行销，服务的拓展，必须在产品/服务定义的时候考虑清楚，因为不同的行销/拓展手段，对产品/服务的一些设计细节是有关系的，不考虑清楚这里面的关系，产品/服务设计就会出现偏差。另外，一种产品化的行销/拓展策略，也必须能够体现到一种规范上。

（7）教育手段

市场有三种形式：成熟市场、成长中市场和未开发市场。如果产品针对未开发市场，那么就必须考虑到开发市场的手段，也就是对潜在客户的教育手段，否则就算产品再好，也无人问津。

（8）竞争保护手段

做一种产品/服务，必须做竞争分析，以切入市场，那么同时也必须考虑的重要议题就是如何保护自己不被其他虎视眈眈的对手挤掉，竞争保护最重要的一个事情就是专利，除此之外，核心竞争力的建立是非常必要的。

第十一章　概　念　验　证　中　心

第一节　概念验证中心概述

概念验证（proof of concept，POC）是将研究人员的创意或成果转化为可初步彰显其潜在商业价值的技术雏形，并对那些不具备商业开发前景的设想加以淘汰，从而增强研究成果对风险资本的吸引力，提高科技成果转化效率。概念验证中心主要评估科研成果的商业价值，把科研成果的技术和市场风险降低到关键节点，为科研成果吸引天使投资或风险投资等其他资金铺路。

概念验证中心（proof of concept centers，PoCC）是依托具备基础研究能力的高等院校、科研机构、医疗卫生机构和企业，聚集成果、人才、资本和市场等转化要素，营造概念验证生态系统，加速挖掘和释放基础研究成果价值的新型载体。在概念验证中心的建设方面，国内高校的尝试要早于各地政府，西安交通大学于 2018 年成立了全国高校首个概念验证中心，此后上海、北京、浙江多所高校和科研院所陆续跟进，为我国推动科技成果走向市场做了积极探索。

国外的概念验证中心出现在 2000 年前后，作为商业价值链条中的关键环节，概念验证中心对传统技术转移办公室起到了补充作用，如美国著名的有加州大学圣地亚哥分校冯·李比希创业中心、麻省理工学院德什潘德技术创新中心等。

经过 20 多年的摸索，概念验证中心形成了一套相对成熟且有效的"早期成果培育机制"，在我国被称为成果转化"最初一公里"培育机制。

概念验证中心基本上围绕三点来开展工作，即一个标准、一个目标和三个关键。一个标准即立足解决"最初一公里"的核心问题——市场可行性；一个目标即消除不确定、提升小确信，吸引外部配套资金；三个关键即潜在的合作伙伴的早期介入、商业化网络与创业教育。

一个标准：当没有市场 POC 时，不要在技术 POC 上浪费时间和金钱。

研发成果不能是个概念，必须是经过验证的、基于实际需求的解决方案。核心任务是在特定的时间范围内（10～24 个月），进行市场评估、原型开发、客户发现等，证明市场可行性。

概念验证中心从根本上来讲，不是基金计划项目，不是"许可"，不是"创业项目"。

从转化的发展过程来看，往前端，它支持的对象是"早期项目"，但是绝对不支持基础研究，它不是基金计划项目。往后端，它不是"许可"或者"创业项目"，已经获得任何赞助、投资的项目也不能支持。

一个目标：有能力，吸引外部配套资金。

概念验证给予的项目基金往往都是小额，几千到几十万美元为主，这笔经费立足解决当下的关键问题，确定市场价值，并开发商业化路径。所以，其重点在于提升其获得进一步关注、评估和支持的机会。这里的本质是，借助外部视角，进行资产开发，使其"可转化"。

三个关键：潜在的合作伙伴的早期介入、创业教育、商业化网络。

潜在的合作伙伴的早期介入：概念验证中心关键在于商业发现、市场验证，需要的是市场敏感性和商业嗅觉。因此，尽早地把投资人、商业导师请进实验室，让他们尽早参与到市场价值评估、商业方案的策划中，帮助完成客户发现、市场调查、商业画布等，共同参与资源开发，这才是关键环节之一。

商业化网络和创业教育：概念验证中心提供服务和支持，不同于技术转移（TTO）办公室，也不同于孵化器、众创空间，不提供销售、法律和融资等方面的知识和技能，而是提供一个商业网络，使教授、科研成果与产业界、投资界建立联系，提供创业教育，培育创新团队，升级发明人的"想法"，使其为后面的转化、创业等做好准备。

第二节　概念验证中心在科技成果转化平台的位置

中试基地是具备固定场地、技术设备条件、中试服务能力，围绕尖端产品创制、概念产品试制、紧缺产品研制等中试需求，提供中试服务的产业化开放型载体，定位于创新链中下游，致力于实现"基础研究技术攻关技术应用成果产业化"全过程无缝连接，是从研到产的"中间站"和紧密链接创新链上下游的重要桥梁。

检验检测公共服务平台是指以质检系统或其他检验检测服务机构为主体，集聚社会资源，促进资源配置优化，实现线上线下一体化，为产业发展和技术创新提供检验检测服务的实体或联合体。

概念验证中心、中试平台和检验检测平台虽然都是科技成果转化的重要平台，但在建设定位、建设要求和建设投入等方面却有较大的区别，具体表现为以下三点：

（1）建设的定位不一样。概念验证通常聚焦是否可行和是否可以做出来，概念验证中心除了提供验证基金外，还提供创新创业专家咨询、创业培训教育、举办各类交流论坛等。中试聚焦能否规模化和产品化，检验检测公共技术服务平台则是聚焦为产业发展和技术创新提供检验检测服务。概念验证相比中试，在科技创新的链条上更靠前，而检验检测可以贯穿科技创新的整个链条，既可以服务基础研究，也可以服务概念验证、中试和产业化。

（2）建设的要求不一样。概念验证中心更强调人的条件，强调"软"能力，要有专业团队负责对产品进行"量身定制"的市场评估和商业计划，从技术产品的概念研发阶段开始深挖其商业价值，对研发团队给予系统性的创业教育和咨询辅导，这类人才通常偏向创业型人才。中试更强调物的条件，强调"硬"能力，必须具备固定场地、技术设备条件等，中试场地好设备是硬性条件，当然专业的中试人才也很关键，目前国内很多中试平台运行不理想、缺乏中试人才也是重要原因之一。检验检测公共技术服务平台比中试更强调物的条件，高端的仪器装备是平台主要的核心竞争力之一，当然也离不开相应的测试人才。

（3）建设的投入不一样。概念验证中心主要的投入是验证基金和专业化人才引进等，通常资金投入比较小，而且通常会为概念验证的对象提供一定的概念验证资金。中试主要的投入是中试设备、场地和人才等，通常资金投入比较大，中试一般不会为中试的对象提供资金支持，经常还会收费。检验检测主要投入的是仪器设备投入，通常资金投入比较大，后续通过提供相应的测试收费。另外，概念验证中心的资金来源主要是财政支持、社会捐赠和资助项目反哺等，而中试的资金来源更多的是自筹，当然财政支持也是重要的收入来源，以及提供中试服务的收费，或者中试成功后与委托方共享中试成果，检验检测公共技术服务平台的投入较大，通常财政是主要的投入方，主要收入就是收取检验检测的相关费用。

不管是中试平台，还是概念验证中心，或者是检验检测平台，又或者其他平台，都是科技成果转化的重要平台，都很好，也都没有绝对哪个更好。在现实中，由于时间、精力和资源等限制，我们没办法什么都做，必须有所选择。

第三节　概念验证中心建设

建立概念验证中心的关键步骤可以总结为以下 7 个方面，其中专业化的团队建设至关重要：

（1）明确建设主体：主体可以是高等院校、科研机构、医疗卫生机构或与其相关的衍生企业。目前多以高校为主体，确保有充足的高质量概念项目来源，也可以是多元化的合作主体。

（2）具备相应软硬件条件：通常选择在靠近高校或科研院所的地理位置建立，确保具备必要的场地和设施条件。

（3）打造专业团队：团队成员通常由学术界、产业界和投资界的专业人才组成。建立项目库，并有专家顾问团队进行项目遴选，为项目定制商业化发展方案。

（4）明确功能：提供包括概念（项目）遴选识别、验证评估、价值分析、概念验证资金支持、专家咨询和创业孵化等全方位服务。

（5）建立管理体系：包括完善的建设方案、运营管理体系和概念验证服务机制，确保中心的高效运行和服务提供。

（6）设立概念验证基金：为验证项目提供资金支持，通常通过多渠道筹措资金，确保项目顺利进行和落地。

（7）建立概念验证项目库：通过建立项目库管理体系，对选定的项目进行资金和服务支持，并跟踪其进展，通常为期一年，验收后推动形成初创企业或市场化产品。

这些步骤构建了一个成体系的概念验证中心，通过规划办公设施、资金投融、项目进展追踪、领导团队和行业顾问等多方面的支持，推动科技成果从研发阶段到商业化的转化，促进早期创新企业的发展，并为市场化产品的形成提供支持。

第四节　国内外概念验证中心的建设和运行经验

一、 国外概念验证中心

美国高校概念验证中心的建设先是由部分高校探索自发成立，随后得到更多大学的响应，最后得到联邦政府的认可和进一步支持，形成"自下而上"到"自上而下"的推广过程。有以下经验值得借鉴：拓宽多元化资金来源渠道。资金主要来源于地方和联邦政府的出资、学校项目的支持、私人资本和社会捐赠等，例如，2001 年建立的冯·李比希创业中心资金主要来源于私人资本和资助项目反哺；2002 年建立的德什潘德技术中心资金主要来源于私人资本和社会捐赠，持续的资金来源能够为科技成果转化注入强劲动力。建立完善评估管理机制。在资金管理、项目入选、项目评估、定期审查等方面有序开展概念验证工作。例如，麻省理工学院的德什潘德中心有自己的管理机构和资助审查委员会；冯·李比希中心和德什潘德中心均有具有专业背景的专家团队，为遴选的项目提供科技成果转化方面的咨询服务。

欧洲研究理事会（European Research Council，ERC）于 2011 年设立了概念证明资助计划，鼓励那些已获得 ERC 基金资助的研究人员将前沿研究成果从概念向市场转化。有以下经验值得借鉴：强化前沿研究价值转化。聚焦前沿技术研究，不支持基础研究的拓展研究及商业化示范应用项目，实施周期一般为一年，资金来源于欧盟的研究和创新框架计划的预算拨款，用于将研究成果转化为商业或社会价值主张的早期阶段活动。

二、 国内高校概念验证中心建设

西安交通大学概念验证中心：2018 年 4 月，西安交通大学依托国家技术转移中心成立全国高校首个"概念验证中心"。通过国家技术转移中心平台联合政府背景资本发起成立特定领域的微种子概念验证基金，由主任或副主任作为普通合伙人（GP）。

北京航空航天大学概念验证中心：2019 年 10 月，"中关村科学城北京航空航天大学概念验证中心"挂牌成立，由北京航空航天大学技术转移中心承建。中心聚焦航空航天、电子信息、人工智能、智能制造、新材料等优势学科领域，形成了"概念筛选—评审立项—验证辅导—验收评价"的全流程管理和服务模式。

清华工研院概念验证中心：2020 年 11 月启动，该中心依托工研院技术创新中心、硬科技孵化器、创新基金等成果转化资源，构建了包含项目遴选、验证辅导、创业孵化、投融资等在内的全过程服务体系。一方面，组建专家团队、项目团队两个技术经理人服务团队，有效帮助入选项目开展概念验证评估；另一方面，充分利用政策支持资金，合理设置概念验证全流程保障机制和利益分配机制，采取阶段支持方式分期拨付项目经费。

上海理工大学"医工交叉平台"概念验证中心：2021 年，上海理工大学通过成立"医工交叉平台"开展概念验证中心建设，资金主要来源于多渠道的财政资金，已经向医生征集700 余项临床需求，组织医学、工程、市场等领域专家进行项目筛选，近 300 项列入概念验证清单，已孵化 5 家医疗器械公司。

中关村科学城—北京大学第三医院临床医学概念验证中心：2022 年 6 月，北京大学第三医院与海淀区共建的中关村科学城—北京大学第三医院临床医学概念验证中心揭牌。临床医学概念验证中心是国内首个基于医院建设的概念验证中心，将进一步完善医学科技创新链条，加速从想法到样品的路径，实现"0→1"的突破，促进更多优质的基于临床的科技成果转化落地。

浙江大学启真创新概念验证中心：2022 年 10 月浙江大学控股集团有限公司与浙江大学共同发起成立浙江大学启真创新概念验证中心，旨在建立以科技创新促进产业发展的新型组织模式，推动科技成果转化落地，这是浙江省首个概念验证中心。从实施层面来看，该中心将建立"项目筛选、项目投资、项目培育、联合发展"四大机制，在生命健康、新材料、新一代信息技术等战略性新兴领域，系统性推进科技成果产业化，逐步形成"基础研究—技术创新—工程应用—产业发展"的成果应用贯通机制，夯实全过程创新生态链条。建立市场化运行机制，浙大控股集团还将联合战略合作伙伴，共同成立创新概念验证中心的运营实体，设立创新概念验证基金。

华东理工大学概念验证中心：2022 年，华东理工大学概念验证中心基于学校技术转移中心设立，通过校企合作由企业投入资金，将概念验证纳入成果转化服务链条，建设覆盖资金平台、技术服务平台、知识产权平台和商业化顾问团队等的支撑体系，在建子平台如"华东理工—瑞昌国际低碳技术概念验证平台"。

"同济致蓝"概念验证中心：2022 年底开始着手建设，将配套设立"同济致蓝"概念验证基金，开展概念验证资助计划。概念验证基金在 2023 年初已取得重大突破，首期 2000 万元已完成募集，将用于助力项目团队研发和打造原型、样机等，并用于验证科技成果的商业化可行性，发现价值。与此同时，"同济致蓝"科技成果转化基金也已启动筹备，将与概念验证基金协同，进一步推动科技成果转化。"同济致蓝"概念验证中心定位于弥补大学研发成果与可市场化成果之间的空白，是同济大学完善技术创新链前端的又一全新尝试。推动进一步将目光前移、将支持环节前移，聚焦科技成果转化的细分阶段，以促进基础研究项目向概念验证项目转化为核心，帮助科学家迈出科技成果转化的"最初一步"。

环上大智能制造概念验证中心：环上大科技园区与上海大学工训中心共建的环上大智能制造概念验证中心于 2023 年 11 月启用，总面积超 1200m²。一方面，依托上海大学工程训练中心的软硬件设施，推动基础研究项目开展工程技术概念验证；另一方面，紧邻上大校园的环上大科技园负责对项目进行市场研究，设计、优化商业模式，帮助项目团队对接投融资，寻找合适的商业伙伴，后续还对项目进行商业化绩效评估，分析市场反馈、销售数据、财务指标等。

三、 国内政府概念中心建设

全国已有北京、上海、广州、深圳、苏州等十余座城市发布了与概念验证相关的政策文件，鼓励符合要求的高等院校、科研机构、医疗卫生机构、企业和社会组织等开展概念验证中心认定，并且北京、深圳、杭州、合肥等地均已授牌首批概念验证中心。

北京：2018 年 10 月，北京市海淀区发布《中关村科学城"概念验证支持计划"》，设立 1 亿元综合专项资金，支持北京航空航天大学、清华大学、北京大学、中国中科院大学等高校院所建设概念验证中心，旨在弥补高校院所等科研机构研发成果与市场化、产业化、成果化之间的空白，"填平"实验室基础研究成果与可市场化成果之间的鸿沟，助力创新主体跨越科技成果转化"死亡之谷"，让"躺在"高校科研院所实验室里的科研成果加速走向生产线。

深圳：2022 年 10 月，深圳市科技创新委员会印发《深圳市概念验证中心和中小试基地资助管理办法》，对符合条件的概念验证中心采取"先建设、后认定"的方式进行事后资助，每年在科技研发资金中安排经费，择优进行认定资助和评估资助。

杭州：2022 年 11 月，杭州市科学技术局印发《杭州市概念验证中心建设工作指引（试行）》，以推进高水平科技自立自强，构筑科技成果转移转化首选地，打造全国科技成果概念验证之都，畅通科技成果转移转化"最初一公里""最后一公里"。

成都：2023 年 7 月，成都市科学技术局向各有关单位印发《成都市概念验证中心和中试平台资助管理办法（试行）》，鼓励产业园区、重大创新平台、科技企业、高校院所、医疗卫生机构、新型研发机构等，根据重点产业建圈强链需求，采取联合或独立方式建设面向社会开放共享的概念验证中心、中试平台。

上海：2023 年 9 月，为主动探索创新链、产业链、资金链、人才链"四链"深度融合，着力提高科技成果转化和产业化水平，上海宝山区科学技术委员会制定《宝山区概念验证中心管理办法》。这是上海首个发布的区级概念验证中心管理办法，也是宝山区全力打造上海科技创新中心主阵地、积极破除科技成果转化堵点难点的重要举措。

江苏：2023 年 11 月，江苏省科技厅、教育厅和财政厅发布《江苏省概念验证中心建设工作指引（试行）》，旨在强化科技成果转化过程中价值发现和前端赋能，进一步完善创新创业全生态链，着力发展新兴产业和育成未来产业。

河南：2024 年 2 月，河南省科技厅印发《河南省概念验证中心建设工作指引》，旨在为高质量推进河南省概念验证中心建设，畅通科技成果转化"最初一公里"梗阻，进一步完善科技成果转移转化链条，推动科技创新引领高质量发展。

广州：2024 年 5 月，广州市科学技术局发布《广州市概念验证中心资助管理办法（试行）》，拟推进概念验证中心建设，更好发掘早期科技成果的潜在商业价值，进一步促进科技成果高质量转移转化，推动新质生产力加快发展。

武汉：2024 年 4 月，为推动武汉市概念验证中心建设和高质量发展，构建更加健全的科技成果转化链条，武汉市科技创新局印发《武汉市概念验证中心管理办法（试行）》，提出聚焦光电子信息、新能源与智能网联汽车（含氢能）、数字经济、高端装备、北斗、量子科技、新材料、生命健康、生物制造、生态环保等重点产业和未来制造、未来信息、未来材料、未来能源、未来空间、未来健康等未来产业，推动科技成果转化和经济高质量发展。

宁波：2024 年 4 月，宁波市科技局印发《宁波市概念验证中心建设工作指引（试行）》，明确提出，将重点布局宁波市"361"万千亿级产业领域，构建产业导向、多方支持的培育机制，采取"先创建、后认定"的工作机制，实行优胜劣汰、分级管理的运行机制，通过概念验证中心建设，进一步打通科技成果转化"最初一公里"，打造"全场景"成果转化生态。

四、　电力领域的概念验证中心

上海大学长江口新能源概念验证中心：2024 年 3 月由启东市政府与上海大学合作共建，立足新能源产业基础及未来产业发展导向，依托上海大学学科优势，挖掘和释放基础研究成果价值，助力打通科技成果转化渠道，并于 2024 年 4 月在启东（上海）协同创新中心设立验证中心张江基地。此次成立的专家委员会，将进一步赋能中心的科技成果转化产业化，更好衔接从技术端到产业端的"最初一公里"。

浙大青山湖能源低碳利用概念验证中心：依托浙江大学青山湖能源研究基地成立，该基地是浙江大学与青山湖科技城共建的重大科技创新平台，也是浙江大学能源高效清洁利用全国重点实验室和热能工程研究所的重要组成部分。

浙大青山湖能源低碳利用概念验证中心依托能源高效清洁利用全国重点实验室等 7 个国家级的重大科研平台，重点围绕固体燃料低碳化利用、生物质能利用、太阳能利用、CO_2 捕集与矿化、氢能等能源碳中和技术领域，为企业提供可行性研究、性能测试、市场竞争分析、二次开发、中试熟化、应用场景赋能等验证服务，推动科技成果从"最初一公里"迈向"最后一公里"。

目前，浙大青山湖能源低碳利用概念验证中心已配备了循环流化床热解燃烧分级利用多联产试验台、太阳能热发电试验台、大规模高效热化学循环水分解制氢试验台等 30 台套中试服务平台，以及原位红外光谱仪、小角 X 射线散射仪和三维打印机等 25 台套实验分析仪器，加之庞大的院士、教授、博士、研究生团队，一成立便成为浙江全省能源低碳利用概念验证的高地，现已累计征集入库项目 50 余个。

浙大青山湖能源低碳利用概念验证中心致力于构建"源头创新—概念验证—项目孵化—产业落地—发展加速"的全流程科技成果转化体系，让更多前沿性、颠覆性、原创性技术"破茧成蝶"，推动科技创新成果从实验室走向市场。

第五节　国内外概念验证中心对比分析

国内外概念验证中心对比见表 11 - 1。

表 11 - 1　　　　　　　　　　国内外概念验证中心对比

名称	成立目的	解决问题	运作机制	资源配置
冯·李比希创业中心	加速工程学院科研成果商业化进程，促进大学与产业之间思想交流，向创业市场培养工程创新人才	加速科研成果的初期转化	（1）资金支持。每年为 UCSD 具有即时市场价值的科研成果商业化提供种子基金资助，基金资助项目每年限定 10～12 个，用于开展科研成果潜在商业价值评估。 （2）咨询服务。配有多名具有不同技术专业背景和丰富经验的咨询专家，主要是为研究人员提供技术咨询、指导和助推服务。 （3）创新指导。创设课程教育、讲座、研讨教育、大型学术会议或论坛教育等，增强学生技术创新能力	种子资金、不同技术专业背景和丰富经验的咨询专家指导、商业化培训资源等
德什潘德创新中心	助推麻省理工学院内教师和学生通过实验室开发创新性技术，并把在麻省理工学院产生的具有前景的观点以突破性产品和衍生公司的形式投放到市场该中心	解决科技成果商业化过程中的相关难题，提高科学研究水平和成果转化能力的协同发展	通过资助项目、催化项目、创新团队和组织活动推动科技成果转化	资金、导师指导、商业化推广等

名称	成立目的	解决问题	运作机制	资源配置
西安交通大学概念验证中心	弥补大学研发成果与可市场化成果之间的空白，是西安交通大学完善技术创新链前端的全新尝试	专注于解决生物及环保、新材料等领域的项目早期难题	一般投入10万～20万元人民币，生产原理概念性样品或样机，通过1年左右的投资周期，成熟一个转让一个	国家技术转移中心平台、政府背景资本、长期专注于某个方向且有若干成功案例的专业技术投资经理人
清华工研院概念验证中心	开展技术和商业概念验证，将科技成果转化前移到基础研究阶段，通过"快研发、快生产、快验证"构建从技术概念验证，工艺工程研究到商业应用价值验证的短流程科技成果转化模式，全面提升基础研究到科技成果的转化速度	以往科学家在成果转化过程中遇到一些问题，主要归因于其在市场化运作方面的存在的不足，使企业难以跨越"死亡之谷"。帮助科学家完成思维模式上的转变，让科技创新企业能够快速成长	清华大学技术转移研究院负责概念验证项目科研团队的遴选，专利等科技成果的管理，以及科技成果转移的校内审批流程。 对于入选项目，清华工研院概念验证中心与科研团队签订合同，以横向项目的形式开展验证过程。项目经费采取阶段支持方式分两次拨付，验证周期为1年，验证结束后，组织专家评审进行验收，并推动项目成果转化，设立科技创新企业	技术转移研究院专业人员、专家团队、经费、交流培训服务

　　由此可见，中美建设概念验证中心有所不同。在运作机制方面，美国以非股权投资为主，项目经过前期的遴选、分析论证、获得资助、验证成功后成立公司或转让；我国以股权投资为主，项目经过前期的遴选、分析论证，成立公司并获得投资再进行验证。在资金来源方面，美国以社会捐赠、私人资本、政府资金为主；我国以政府扶持基金为主。在人员配置方面，美国配有产业咨询专家、创业领袖、概念验证中心工作人员等；我国配有技术经理类人员、培训专家等。

第十二章　中试熟化与技术集成

第一节　中　试　熟　化

中试熟化，一般以制药企业中试为例来讲解，随着技术发展和社会分工越来越细致，中试也越来越专业化。

一、　中试专业化

专业化，表示由一支专业的队伍在提供中试服务，中试服务能够有效地降低研发成本和市场推广成本。如果企业自行开展中试，要准备许多中试设备，还要有专业中试人员，成本较高，不如把中试工作委托出去，委托给专业的、有公共设备和专业工程技术人员的机构去完成。

某著名生物医药基地，位于我国重要的生物医药产业的集聚区，我国很多创新药都在该基地研制，但生产不在基地，也不在产业集聚区。基地建有几条中试生产线，研制过程中的小试、中试都在这里完成，逐步建立了一支专业化、职业化的中试业务团队。中试由此团队开展，第一，节省了大量的时间和精力；第二，从经济角度来讲，不用购置专业设备，不用培养专业的队伍，节省了不少成本；第三，中试专业机构有一套非常成熟的方法、流程和标准，中试完成后能够专业地交付完整的管理、技术和工艺文件，相较委托单位自行摸索，效果更好。

学习中试，熟悉中试要完成的任务，需要把握两个基本点。一个是传统意义上的中试要完成的任务，这个任务是基于生产中试的角度，基于大规模生产的角度；另一个是基于技术转移转化人员、成果转移转化人员所要完成的工作，从这两个角度来剖析中试。

中试生产是中间性试验的简称，是科技成果向生产力转化的必要环节，从技术角度讲成果产业化应用的成败取决于中试的成败。技术转移人员需要注意：从技术上讲产业化应用中试没问题，中试成功了就能大量生产，但中试成功并不意味着能有广阔的市场。产业化的成功取决于市场的大量应用，市场大量应用带动了大量生产上的应用，这才是产业化应用。如果只是在技术上实现量产，那还远远不够，必须要考虑市场的开拓能力。

北京朝阳大山子，是重要的软件与信息化、人工智能基地，在"十四五"期间要形成两个万亿级产业集群。这个区域原来是一些传统的电子产品生产厂，20世纪50～70年代主要生产晶体管，我国的电子产业的路线是沿用晶体管，即苏联的晶体管路线。但在20世纪八九十年代，世界电子与通信技术的发展没有采用晶体管技术，而是采用集成电路，技术路线与以前预想的完全不同，我国著名的几个大厂当时发展非常困难。之后，将落后的电子产品的产能全部淘汰出去，换成现在的研发、设计、检测、实验，形成外籍产业集群，发展非常好。这个案例说明对于成果转化来讲，中试成功并不是产业化成功。中试是产业化的技术基础。中试要解决的问题是稳定可靠的量产，这是产业化应用的基础。技术必须要到产业化应用才能真正落地解决问题。

制药最复杂、最具代表性，因此以制药为例。掌握并熟悉之后，会对中试有系统的认知。制药一般是生化过程，同样的配比，从 200mL 的反应瓶放大到 500L 的器皿中的时候，容易出现反应收率下降或者反应的温度区间跟原来的区间不同等问题。各种原料之间混合是不是均匀、受热是不是均匀等问题都是影响批量化生产中的一些关键要素，所以中试是产业化生产的批量过程，产业化生产就是稳定可靠的大量生产。中试的一个重要的目标就是标准化这个产品的批量生产。

二、 中试原因

中试是实验室小试的初步放大，是小型生产的初步尝试，是从研发到生产过程中最为重要的环节。中试的目的是进一步为生产提供可靠的实验数据，并在试验过程中对工艺做进一步的修正，将其不适合工业的部分进行淘汰，进而开发出适合生产的工艺。

中试之所以非常重要，是因为它要完成以下任务：

1）完善工艺并拟定出适合稳定生产的流程、规程等，就是中试放大。

2）设备选型，原理试验到工业生产设备之间有较大区别，中试阶段需要对生产设备进行选型，以确保所选设备能够满足生产需求，包括生产效率、产品质量、成本控制等方面。通过中试，可以对不同设备进行测试和比较，从而选择出最适合生产的设备。

3）原材料选择，筛选出无毒无害、经济便宜、供应充足、适合批量生产的原材料。

4）解决标准化的问题。这是中试的核心任务和成果，以汽车配件为例，某个型号汽车的某个配件，生产 1 个和 10 万个的标准必须统一，因为要求配件可以互拆互换。中试要解决的第一个问题就是标准化生产，把符合规定的标准和工艺完善并结合起来，实际上就是建立生产流程和管理与鉴定标准的过程。

某土壤修复专家的学生任职后，用专家教的方法和培养的菌种进行土壤修复，失败了，远没有达到预期的目标。专家考证后找到原因：在实验室，包括在基地里用这种方法进行修复，环境非常纯净，成功率很高。土壤污染有很多种，如重金属污染、芳香烃污染等。在实验室（试验基地）里很纯粹的环境中培养的菌草长得很好，是因为重金属都被吸收了。该学生修复效果非常差是因为任务区域不仅有重金属污染，同时还有其他的污染，而且污染程度很严重。培养的菌草种下去之后，就被污染杀死了。这就是因为中试做得不够好，没有拟定大规模使用的范围和流程、规程、组织方式等。

实际上中试还是一个从精养到放养的过程。在土壤修复案例中，在实验条件下，小试的时候，设备很精良，成功率比较高，中试的时候条件就没有那么优越了，相当于把它放在野生条件下。中试要解决的问题是验证技术大范围应用的可行性。

中试的一个重要任务就是实现标准化、稳定可靠的大规模生产，降低产业风险。

三、 中试范围

中试范围，一般是要完成小试之后才能中试，在小试的同时要完成技术集成的设计，所以中试也是对技术集成的一次考验。

1）经初步技术鉴定或实验室阶段研试成功的样机（或样品），为了稳定、完善、提高性能而进行的试验或试生产阶段的产品。

2）经初步技术鉴定或实验室阶段研试成功的新工艺、新材料、新设备等科技成果，为了用于工业化生产而进行的试验或试生产阶段的产品。

3）为了消化、吸收、推广国外先进技术（系指能填补国内空白的）而进行的试验或试生产阶段的产品。

4）对原系统性能有较大改进的系统性项目，经初步技术鉴定后所进行的试验或试生产阶段的产品。

5）农、林、牧、渔、水利、医药卫生、社会福利、能源、环保等科技成果，经初步技术鉴定或实验室阶段研发成功后在试验场、基地、车间（农业包括小面积试验成功后区域试验、生产试验，医药包括临床试验）进行的试验或试生产阶段的产品。

四、 中试条件

1）小试收率稳定，产品质量可靠。

2）完成了危害性测试并已经排除。

3）操作条件已经确定，产品、中间体和原料的分析检验方法已确定。

4）某些设备管道材质的耐腐蚀实验已经进行，并有所需的一般设备。

5）进行了物料衡算，三废（废水、废气、废渣）问题已有初步的处理方法。

6）已提出原材料的规格和单耗。

7）已提出安全生产的要求。

五、 中试核心任务

中试核心的任务是中试放大，即在实验室小规模生产工艺路线打通后，采用该工艺在模拟工业化生产的条件下进行的工艺研究。这一阶段的主要目的是验证、复审和完善实验室工艺的可行性，确保研发和生产时工艺的一致性。中试放大阶段是从小试实验到工业化生产的重要过渡环节，通过研究在一定规模的装置中各步化学反应条件的变化规律，解决实验室阶段未能解决或尚未发现的问题，为工业化生产提供设计依据。此外，中试放大还涉及生产工艺路线的复审、设备材质和型式的选择、搅拌器型式和搅拌速度的考查、反应条件的进一步研究、工艺流程和操作方法的确定等多个方面，以确保生产出的产品符合预定质量标准，同时考虑安全生产和环境保护措施。

1. 中试放大阶段的任务

中试放大阶段的任务主要有以下 10 点，实践中可以根据不同情况，分清主次，有计划、有组织地进行。

1）工艺路线和单元反应操作方法的标准化以及最终确定。

2）设备材质和型号的选择与调试等，对于接触腐蚀性物料的设备材质的选择问题尤应注意。

3）搅拌器型式和搅拌速度的选择、调试与确定。

4）反应条件的进一步研究。应就实验室阶段获得的最佳反应条件中主要的影响因素，进行深入研究，以便掌握其在中间装置中的变化规律，得到更适用的反应条件。

5）确定工艺流程和操作方法，特别注意缩短工序、简化操作、提高劳动生产率，从而最终确定生产工艺流程和操作方法。

6）进行物料衡算，挖潜节能，提高效率，回收副产物并综合利用，以及防治三废提供数据。对无分析方法的化学成分要进行分析方法的研究。

7）测定原材料、中间体的物理性质和化工常数。

8）制定原材料中间体质量标准、控制与检测的方法、流程和标准等以及修订和完善。

9）确定消耗定额、原材料成本、操作工时与生产周期等。

10）从实验室研究至中试生产。

2. 中试放大的方法

经验放大法：主要是凭借经验通过逐级放大（小试装置－中间装置－中型装置－大型装置）来摸索反应器的特征。

相似放大法：主要是应用相似原理进行放大。此法有一定局限性，只适用于物理过程的放大，而不适用于化学过程的放大。

数学模拟放大法：是应用计算机技术的放大法，它是今后发展的方向。

六、 中试根本任务

中试根本任务是确定一条最佳合成工艺路线。

1）验证工艺路线、条件、设备、原材料等是否适合于工业生产，原材料是否充裕且便宜，主要经济技术指标是否接近生产要求。

2）用工业级原料代替化学试剂。测试用工业级原料和溶剂对反应有无干扰，对产品的产率和质量有无影响，遵循价廉、优质和高产的原则找出最佳反应条件和处理方法。

3）保证安全生产和环境卫生。安全对工业生产至关重要，做好三废处理和环境卫生是保障长期生产的屏障和自我防护的措施。

4）提出整个合成路线的工艺流程和规程、各个单元操作的工艺规程、安全操作要求及制度。

5）制定或修订中间体和成品的质量标准、质量控制以及分析鉴定方法。

6）拟定经济技术指标，提出生产成本。

7）制定操作规程和安全规程，并组织培训。

8）做好应急预案和必要的准备工作。

七、 中试基本任务

物料衡算是中试的基本任务，也是最重要的任务之一。它是能量衡算的基础。通过物料衡算，可深入分析生产过程，对生产全过程有定量了解，包括原料消耗定额、揭示物料的利用情况，了解产品收率是否达到最佳数值、设备生产能力还有多大潜力、各设备生产能力是否匹配等。

1. 物料衡算的理论基础

物料衡算：研究某一个体系内进出物料及组成的变化。所谓体系就是物料衡算的范围，可以是一个设备或多个设备，也可以是一个单元操作或整个化工过程。

物料衡算的理论基础为质量守恒定律：进入反应器的物料量－流出反应器的物料量－反应器中的转化量＝反应器中的积累量。

在化学反应系统中，物质的转化服从化学反应规律，可以根据化学反应方程式求出物质转化的定量关系。

2. 物料衡算的计算基准

（1）物料衡算基准

1）以每批操作为基准，适用于间歇操作设备、标准或定型设备的物料衡算。

2）以单位时间为基准，适用于连续操作设备的物料衡算。

3）以每公斤产品为基准，确定原辅材料的消耗定额。每年设备操作时间：车间每年设备正常开工生产的天数一般以330天计算，余下的36天作为车间检修时间。

（2）有关计算数据

1）收集有关计算数据：反应物的配料比，原辅材料、半成品、成品及副产品等的浓度、纯度或组成，车间总产率，阶段产率，转化率。

2）转化率：对某一组分来说，反应物所消耗的物料量与投入反应物料量之比简称该组分的转化率，一般以百分数表示。

3）选择性：各种主、副产物中，主产物所占分率。

4）车间总收率：各个工序收率的乘积。

3. 物料衡算步骤

1）收集和计算所必需的基本数据。

2）列出化学反应方程式，包括主反应和副反应，根据给定条件画出流程简图。

3）选择物料计算的基准。

4）进行物料衡算。

5）列出物料平衡表：①输入与输出的物料平衡表；②三废排量表；③计算原辅材料消耗定额。

要实现科技成果转化与产业化，需要建立旨在进行中间试验的专业实验基地，通过必要的资金装备条件与技术支持，对科技成果进行熟化处理和工业化考验，中试基地就是起这样的作用。一般中试分为专业中试配套基地和综合性中试配套基地两大类，专业中试配套基地是专门从事某个行业类项目的中试配套基地，综合性中试配套基地是以加工生产一般工业产品为主要经营业务，同时承担同类技术项目中试和产业化配套协同工作的基地。

第二节 技 术 集 成

一、 技术集成的概念和主要内容

集成创新是指围绕一些具有较强技术关联性和产业带动性的战略产品和重大项目，将各种相关技术有机融合起来，实现一些关键技术的突破，甚至是重要领域的重大突破。在经济全球化条件下，自主创新不能封闭起来，而应该广泛地对外进行科技合作与交流，完善引进技术消化吸收和再创新机制，充分利用人类共同的科技成果，这就是要进行技术集成的第一个原因。

技术集成首先要实现 1＋1＞2 的效果，然后引起一些关键技术的突破，甚至是重大领域的重大突破。不但要 1＋1＞2，还要实现工程化、产品化、服务化，让它更好地产生实际效益。

技术集成是按照一定的技术原理或功能目的，将两个或者两个以上的单项技术通过重组而获得具有统一功能的新的技术创造方法。通过技术集成能够产生更多的创新，包括技术创新、方法创新和模式创新，其中方法创新是最根本的，它能够产生模式创新和技术创新，这是要进行技术集成的第二个原因。

二、　技术集成的基本方法和基本理论

在现代汉语词典里，技术集成是指将某类事物中各个好的精华部分集中组合在一起，达到整体最优的效果，也就是 1＋1＞2。如何挑选一个技术的最精华部分是一种能力，也就是对技术的认知和把控能力。

我国学者从 20 世纪 90 年代开始专注于集成创新的研究，逐步形成了有关集成创新方面的研究成果。江辉、陈劲合作完成的"集成创新分析框架及评价"；许庆瑞提出的"全面创新管理"等，都可以被认定为企业集成管理的雏形。李文博、郑文哲认为集成创新是创新主体将创新要素优化、整合相互之间以最合理的结构形式结合在一起，形成具有功能倍增性和适应进化性的有机整体，组织通过学习为商业创新和竞争优势创建一个管理秩序。在管理学上，集成创新是指一种创造性的融合过程，即在各要素结合过程中注入创造性思维，也就是说，要素仅一般性地结合在一起并不能称为集成，只有当要素经过主动的优化、选择搭配，相互之间以最合理的结构形式结合在一起，形成一个由适宜要素组成的、优势互补、匹配的有机体时，从而使创新系统的整体功能发生质的变化，形成独特的创新力和竞争优势，这样的过程才称之为集成。海峰等人从系统的观点提出"集成从一般意义上可以理解为两个或者两个以上的要素（单元、子系统）集合成为一个有机系统，这种集合不是要素之间的简单相加，而是要素之间的有机结合，即按照某种集成规则进行的组合和构造，其目的在于提高有机系统的整体功能"。金军、邹锐则认为集成创新是创新行为主体的优化、选择搭配，相互之间以最合理的结构形式结合在一起，形成的一个由适宜要素组成的、优势互补、匹配的有机体，从而使有机的整体功能发生质变的一种自主创新过程。庄越等在研究分析现代企业产品创新集成化的基本原理、方法及模式的基础上提出了产品创新是多项技术、信息、管理的集成。胡汉辉等从产业层面，用集成创新的思想设计了产业集群的演化路径，解释了产业集群的形成机理。

1982 年，美国学者 R. Nelson 和 S. Winter 在生物进化理论的启示和借鉴下，提出了创新系统演进的观点。他们认为，技术创新过程的集成促使各种资源要素经过优选，并以适宜的结构形成一个有利于资源要素优势互补的有机整体。美国教授 Freeman 则在更广范围上展开对技术、组织、制度、管理、文化的综合性创新研究，他认为，技术创新在经济学意义上包括"新产品、新过程、新系统和新装备等形式在内的技术向商业化实现的首次转化"。这表明创新管理的集成化趋势越来越明显，集成的思想和原理逐渐在科技管理实践中得到推广和应用。1998 年，哈佛大学教授 Marco Iansiti 提出了"技术集成"（technology integration）的理念，而这也被大多数学者认定为集成创新概念的首次提出。他认为"通过组织过

程把好的资源、工具和解决问题的方法进行应用称为技术集成，它为提高 R&D 的性能提供了巨大的推动力"。英国学者 H·K·Tang 指出，集成创新思想所要解决的中心问题不是技术供给本身，而是日益丰富、复杂的技术资源与实际应用之间的脱节。集成创新的逻辑起点是把握技术的需求环节。在创造符合需求的产品与丰富的技术资源供给之间匹配。Best 则基于 Marco Iansiti 的研究成果，从国民经济和地区发展的角度提出了"系统集成"的概念，并以 Intel 公司为个案进行研究，证实了系统集成既是企业新产品开发的驱动力，也是企业生产的组织方式。

这些集成的概念和理论几乎都是站在了管理的角度，站在了集成本身，并没有从成果转化的角度来讲技术集成是什么。

三、 技术集成的基本理论要点

1）要素之间的有机融合，提高了机体的整体功能，增加了技术的卖点，从而增加了它的使用价值，有助于成功转化和创新的产业化应用。

2）通过组织过程把好的资源工具和解决问题的方法进行应用，成为技术集成，为提高研究成果的性能提供了巨大的推动力。

3）成果转化或者说技术产业化应用本身就是一个集成的过程，它是资源技术和方法的集成，集成的不仅是技术，更是资源和方法。

4）技术集成不是单纯从技术出发，而是从各种资源出发，这也是成果转化或者技术转移过程中必须遵循的一个根本原则，就是根据资源来确定技术转移路线、技术集成的方法，因为技术集成本身是技术成果在应用当中的一个体现，是对技术组织、制度管理、文化的综合性创新。

四、 技术集成与成果转化

技术集成是科技成果迈向产业化应用的第一步。

技术集成要解决的第一个问题是如何更好用，功能更优化。

技术集成要解决的第二个问题是技术资源与实际应用之间的脱节。技术资源和实际应用之间脱节，技术集成就相当于给它们之间架一座"桥"，解决技术如何与经济结合这个核心问题。技术转移人员设计的这座"桥"要耐用、好用、美观，成果转化就能够迅速地进行。技术转移人员既是设计者也是施工者。

五、 技术集成的目的

为什么要技术集成，一般是基于四点。第一是 1+1＞2，两个或两个以上技术的集成后功能和效用翻倍增加；第二是集成后小型化和经济性；第三，要架起创新和实际应用之间桥梁；第四，是要素的集成，技术所有者或者技术运营者所掌握资源的集成。因为技术和经济（市场应用）之间两张皮的现象，这是一个由来已久的问题，虽然现在缓解了很多，但依然是很难，依然有很多工作要做，这是技术集成第一个要解决的事情。技术集成给研发和市场应用之间搭起一座桥梁。技术集成不仅仅是技术和功能的集成，最重要的是要素的集成，对所掌握的资源的集成，这是一个根本的原则。

某著名高校一个重要技术的集成问题。某高校研究用量子技术制造了一个嗅觉系统，可以对某区域的气体进行多维度的分析，取名字叫做"×××鼻子"。该系统模拟人的嗅觉器官，灵敏度可以做到相当于警犬的嗅觉能力，是普通人的 40 倍以上。他们计划把这项技术推向市场，实现产业化。在研发阶段，就非常重视技术集成，无论是功能、材料还是载体形式等都反复对比、测试，力求最优，实现了小型化并且选用的材料也经济、耐用，供应充足，采购方便。该高校邀请技术转移专业人员研发面向市场的技术集成方案。

成果转化专业技术人员需要完成技术与其他市场载体的集成设计，用最短的时间、最小的成本，实现生产与销售的最大化，争取最大程度的经济效益和社会效益。

相关专家第一反应就是核实该技术是否可以向医疗方向集成，与现有的医疗器材进行二次集成，给有嗅觉疾病的患者使用，替换他们功能丧失或缺失的鼻子。

第二个集成方向是把它装在专业的检验检测设备里面，面向专业市场和机构。这样单台设备的价值就会相对较高，但是需求量有限，客户单一。

第三个集成就是把它大众化，每个人手里都可以有一个娱乐和应急性设备和功能，考虑与手机进行集成，成为手机必带的一个小功能。这个方向上产品销量巨大，技术难度降低，只要能把它安装到手机里就行了。

第一个集成方向是将它与人结合，解决人的嗅觉系统问题，简单地说就是鼻子有了问题给它安装一个用量子技术做的鼻子。我们要注意什么？首先是要小型化，要美观；其次是怎么把它结合进去，它需要跟脑神经系统结合，就是人机结合，难度太大。如果朝这个方向集成，还要等待其他学科的突破，比如说人机结合的机器与人大脑结合需要突破，就是人的大脑怎么控制机器，这是一个非常前沿的技术，还要等着这个学科的发展，所以要是用这个方向来集成，这个技术应用还需要很长一段时间。

第二个集成方向就是检测设备。首先需要小型化，各种检测设备实际上也面临这个问题，但是小型化比集成到人脑中简单多了；其次就是要把价格降下来。如果都用最好的材料，成本太高，人们承受不住，所以价格要降下来，那么就需要把成本要降下来，这是技术竞争。另外，它识别出来之后还要说出这个东西是什么，有益还是有害。但是最终技术转移人员觉得这个思路并不可取，因为市场太小，进入成本太高。

如果把这个技术芯片化，让它可以成为一个非常小的，可以和多种设备、产品结合的零部件，市场就不一样了。它可以跟手机集成，可以跟笔记本集成，可以跟很多我们随身带的东西去集成。

技术集成要集成科技成果的市场方向，比如说它是向着做检验检测设备这一条路上走，那就集成到其他的检验检测设备上就可以了。如果再制造日常消费用品，把这个它安装到手机里面去，市场到底有多大，这很难说，谁会专门买一个气味识别的东西带在身上去一个陌生的环境测一下。然而绝大多数人都是带着手机的，如果把它集成到手机上，成为手机的一个功能，那么把它卖给手机商就行了，就相当于给手机增加了一项新的功能，它的市场容量就非常大了，而且技术要求方向也变了。

如果要往检验设备上来集成，则要求精度特别高，分析特别精准，如果手机上有点半娱乐化的性质，那么它的精确度就可以降低，技术要求也就降低了，那么市场容量一下就打开了。

这个案例说明：第一，技术集成首先要有效缩短成果转化的链条，降低转化难度；第二，有效降低转化成本；第三，尽可能扩大应用市场；第四，让用户使用舒服。

六、 技术集成的要素

实际上技术集成还包括了三个集成：服务集成、资源集成和平台集成。

服务集成即技术转移人员拥有自己服务的能力，服务集成还需要技术转移人员利用掌控的资源，将技术所有者、技术持有者、技术研发者、技术应用者的资源集成在一起。

平台集成很关键，平台集成就是把技术和谁融合呈现给客户。如果量子鼻技术搭载到手机上，手机就是集成的平台。平台的集成主要是这个技术要搭载到哪里，它的承载技术是什么，哪里客户量足够大，如何使客户体验效果更好。

首先集成的载体就是搭载到哪里，或者载体成为一个什么产品或者服务。有两点非常重要，第一是搭载到哪里去，对于成果转化人员来讲尤其重要；第二是技术本身的成本降低，小型化便于搭载方面集成。不同的人来集成，掌握的资源是不一样的，方向自然不一样。假如说我是一个做检验检测的，那么我可能第一想到的就是在检测设备上集成；假如我是一个做手机的，我可能就会让它集成到手机上。不同的集成主体，因为它本身所掌握的资源不同，就会有不同的集成方向，集成的标准一定要有一个生产和应用条件。

技术集成设计必须遵循的基本原则：第一，是不是有效缩短了转化链条；第二，能不能降低成本，第三，市场容量有多大。

七、 技术集成的流程

从成果转化的角度来讲，第一步，评估技术的应用效能，弄清楚技术能够应用到哪些方面，这一步非常关键，它直接决定了市场容量。

第二步，设计应用场景，就是哪一个或者哪一些应用场景最适合，这些应用场景有多少种，可复制性如何。

第三步，选择一个最容易达到的，比如量子鼻就有很多应用场景，可以用在医患人群、专业检验检测设备或者手机上，这些不同的应用场景，需要选择不同的商业化路径。

最后，决定它的集成方向。做到这一步的时候，前面的 3 步可以说是技术转移人员的主要工作和主要任务，集成方案交给工程技术人员，技术转移人员在集成方案当中承担的角色是给工程技术人员、研发人员提指标、提要求，让他们来帮助实现。

技术集成的流程体现出它本身就是一种再次创新，属于二次创新。实现二次创新是技术转移人员核心价值的体现，也是技术转移人员最核心的能力。技术经纪人或者技术经理人经常遇到"短路"问题，所谓"短路"就是：为什么出现这种情况？根本原因就是技术经理人没有体现出这种创造性的价值。

八、 技术集成的支点

技术集成有三个支点。第一个是系统化，这个系统化是融合技术模式与效用，将服务和资源融合在一起。第二是协同，协同是资源、渠道、市场等能够协同工作，把技术送到客户面前。第三，人才是关键，人才是技术集成最大的支点，有人把技术集成设计出来并把它实现了，这个技术集成才是真正的完善了。

实务篇

第十三章　技　术　交　易

第一节　技术交易商务策划

技术交易是技术转移全过程中的关键显性环节，是前期需求挖掘准确性、研发组织严密性、成果管理增值性、专利保护专业性等工作的延续和检验。技术交易是一个由多环节服务构成的交易过程，包括前期的供需信息发布、技术推介路演、项目对接前的信息沟通、项目对接过程中的谈判、对接合约的签订、对接合约的履行、服务后评价和后续服务的推荐等。

一、技术交易商务策划概述

（一）营销策略

营销原意是指企业发现或挖掘准消费需求，从整体氛围的营造以及自身产品形态的营造去推广和销售产品，主要是深挖产品的内涵，切合准消费者的需求，从而让准消费者深刻了解该产品进而购买该产品。技术作为商品同样需要营销，并且由此形成了技术营销的范式。

1. 基于供给导向的技术营销

国内基于供给导向的技术营销是最常见、最传统的技术营销。大学和科研院所有技术成果，通过营销找到合适的买家完成技术交易，也就是常见的科技成果转化与产业化。事实上，传统的基于供给导向的科技成果转化率是偏低的。除了体制、统计口径、缺乏专业技术转移机构等客观原因外，成果持有人或者技术经理人的技术营销往往存在以下问题：

1）科技成果有技术硬伤或者不适应市场需求，成果持有人过度包装和价值夸大。

2）技术经理人市场调研不充分导致误判。

3）营销方式与手段过于简单导致无法吸引意向买家。

针对第一种情况，技术经理人可以通过事先学习相关技术资料，了解团队主要成员的技术能力，通过查看期刊上公开发表的论文、专利等资料判断技术先进性、适用性和成熟度，避免拿到含金量不高的技术成果。

针对第二种情况，技术经理人首先要熟悉技术成果本身，对其特点、优缺点、适用范围、综合成本、预期收益等进行多角度分析，其次要熟悉行业和市场特点，对行业政策、主要竞争者、供应链体系、市场价格、盈利模式等进行多维度分析。

针对第三种情况，技术经理人首先要丰富营销方式与手段，其次要逐步建立营销体系和网络。根据科技成果的不同特点制定不同的营销方式，如线下体验营销、线上网络营销、公益营销、会员营销、情感营销等。尽管建立属于自己的营销体系对技术经理人来说要求很高，但为了将来持续不断的技术交易，应该逐步建立并完善起来。营销体系的建立需要紧密的合作团队、完善的激励机制，通过整合企业资源形成对接平台，如各地政府搭建的各类企业服务平台、行业协会、商会、企业家俱乐部等。此外还可以通过互联网开展线上展示与交易、中小型技术对接会、小型沙龙等，开展成果转化活动。

2. 基于需求导向的技术营销

在需求导向的技术交易活动中，技术经理人通过引导企业对标国家战略需求（"卡脖子"

技术）、行业（区域）共性需求的基础上，分析挖掘企业技术需求，优选研发路线和团队来开展需求研发活动。需求导向的技术交易成功率和实用性，远高于供给导向的技术交易。

需求导向和供给导向的技术交易，都需要以技术经理人的专业性、不可替代的扎实工作为基础，否则就会陷入简单对接的"中介"思维。因此，基于供给和需求双导向开展技术营销，成为技术经理人的营销新内涵。

3. 技术营销呼唤技术经理人

科研人员忙于日常科研与教学工作，没有精力也没有能力去推销相关科技成果，需要技术经理人出面营销找到合适的买家。有技术创新需求而自行找不到解决方案的科技企业也需要技术经理人引荐相关科技成果，以最终找到合适的卖家。

因此，无论是从供给导向还是需求导向的技术交易活动中，对于技术经理人而言，营销对象是技术或成果。懂技术、懂行业、懂市场、讲诚信的技术经理人是供需双方可信赖的专业第三方力量。

4. 技术经理人常用营销策略

在技术交易活动中，营销策略事关成败，技术经理人应该掌握高超的营销策略，以促进技术交易。

（1）需求策略

深入企业挖掘技术需求，根据需求选择适用技术。

（2）供给策略

完成技术深度调查，根据成果特点选择适用企业。

（3）定价策略

根据市场需求、竞争态势和自身成本等因素，制定出合理的价格。

（4）渠道策略

建立需求征集和成果推送的传导机制。

（5）电商策略

通过互联网/移动互联网的线上展示平台加快技术交易速度。

5. 技术定价策略

技术交易过程中技术定价是非常关键的环节，直接影响技术营销效果。国内外众多学者和从业者分别从理论模型（博弈论）和实践操作层面给出了多种方法和策略，但没有形成统一的定价模型可供参考并广泛使用。不同的行业领域有不同的定价规则，不同的交易方式也有不同的定价策略。

（1）混合定价法

混合定价法就是技术交易价格由定金（入门费）与提成两部分组成。运用博弈论分析技术交易双方风险承受水平来完成定价。当受让方使用技术产生效益且想拥有更多的自主管理权（承受较大的经营风险），按照风险收益相对等的原则，转让方可适当提高定金（入门费）水平，降低后续销售提成费。反之，如果技术风险较大且潜在市场效益很高，转让方可适当降低定金（入门费）水平，提高后续销售提成费来进行定价。

上述两种情况中，转让方都可享受利润提成，但也承担部分经营风险。如果转让方不想承担经营风险而受让方恰好愿意承担全部风险，转让方可按定金（入门费）水平完成技术定价，一旦交易成功，转让方无须承担经营风险。

（2）研发成本法

技术价格形成的基础部分是完成技术研发使用的成本。因此前期研发成本可以用来作为技术定价的参考依据，这些成本既包括看得见的用于支持研发活动的设备购置、改造与租赁费、材料费、燃料动力费、劳务费、外协费、人员费等，还包括时间成本、财务成本甚至机会成本，转让方可根据上述成本给出合理定价。

（3）收益定价法

技术研发成本与技术交易价格没有必然的联系，成本法可以作为定价参考依据。面对新技术的定价，比较科学合理的方法就是采用预期超额收益法来完成定价。预期超额收益是指采用新技术后获得的新增超额利润，这部分超额利润来自因采用新技术而产生的生产成本的降低或市场份额的扩大。技术交易双方可结合所在行业合作规则，根据收益法来对技术进行合理定价。

（4）案例定价法

近几年技术交易活动越来越多，可参考的技术交易案例也随之增加很多，技术交易双方可以参考成功的技术交易案例，并根据自身情况（行业、地域、技术有效使用周期、市场风险等）给出定价。

另外，在国内外的司法实践中，类似专利侵权诉讼案例的赔偿金额，也是后续交易定价的参考案例。

（5）拍卖竞价法

科技成果拍卖可以实现知识产权权属清晰、市场价值高的科技成果或拍卖标的，让更多的需求方及时了解和选择，并以最高的市场价格成交，保障了成果所有方的权益。

（二）竞争策略

1. 市场进入竞争策略

商品的技术含量越高，消费者的认知程度就越低，消费者无法凭借以往的消费知识和经验判断技术商品的潜在效用和利益。技术商品采用创新尖端技术，不为消费者所熟知。因此进入市场的首要问题，不是商品的技术问题，而是消费者的认知问题。消费者认知程度越高，技术商品进入市场就越容易。所以，技术商品进入市场后，市场推广的重点应是知识普及。

2. 确定成本领先地位

由于技术产品的成本结构，决定其市场规模。市场的领先者往往也是成本的领导者。要保持这种市场领先地位，一是制定合适的价格，牺牲一些短期利润，对潜在的市场进入者不具有太大的诱惑力。二是营销手段要强硬，让潜在的市场竞争者知道，一旦他们进入市场，肯定会引发价格大战，使后来者不得不考虑要牺牲成本来参与竞争。

3. 商品价格竞争策略

根据技术商品的市场特征，有以下几种价格策略：一是个性化定价，在传统行业中，个性化定价屡见不鲜。如航空公司经常在同一次航班中安排不同的费用级别，乘客支付金额的多少取决于订票时间、不同舱位和乘机历史记录。而技术商品更加容易实现个性化定价，如网上数据库供应商几乎对每位客户的要价都不同，支付的价格取决于客户是什么类型的实体

（公司、企业、学术组织）、使用数据库的时间和使用数据库的量、下载还是只是在屏幕上浏览等。二是群体定价。个性化定价是把价格建立在群体特征的基础上。如果不同群体成员在价格敏感上表现出差异，向他们提供不同的商品价格就是一种竞争策略。对有长远眼光的公司来说，这样做有助于建立长期的忠诚顾客基础。三是版本划分。根据不同顾客的需求提供不同的版本，制定不同的版本价格。某一技术商品对某些顾客有极高的价值，而对其他客户则可能不太重要，不同客户对同一产品的评价不同是版本划分的依据。

4. 捆绑式销售策略

捆绑商品的价格通常比分别的商品价格之和要低，将两种商品捆绑销售就相当于向顾客销售一种商品，同时要以低于单独销售价格的增量价格向其销售另一种产品。通过捆绑销售能减少顾客支付意愿的分散程度，从而为销售商品增加收入。如微软的 office 套装软件，由文字处理软件 Word、电子表格 Excel、数据库和演示工具 PowerPoint 捆绑而成，由于其销售设计合理，从而达到了理想的销售效果。

（三）运营策略

当技术处于不同生命周期时，可采用不同的策略如下：

1. 创新期策略

此时期内由于技术产品尚不成熟，需要加以完善后才能具有应有的使用价值，故购买者兴趣不大，但该技术一旦加以完善，其使用价值可能大幅度提高，甚至是若十倍的提高。因此，在创新期拥有该技术所有权的企业多会对该技术采用不转让策略。比如当前世界各国的生物克隆技术都处于创新期，尚不成熟，该技术一旦成熟完善后，其使用价值不可估量，因此各国的企业在此时期一般不转让该类技术。

2. 成长期策略

此时期技术基本成熟，已开始大量应用，经济效益也大幅增长。在此期间，企业可根据自身不同情况采取下述 3 种策略。

（1）垄断策略

垄断策略是指企业不转让成长期的技术，而是进行垄断，也就是企业利用该技术进行独家生产，以便产品在市场上居于垄断地位，从而获得高额的垄断性收益。这是实力雄厚的大型企业多采用的策略。如高清晰度数字电视机生产技术目前在世界上处于成长期，对该技术拥有所有权的欧洲和日本的几家大型跨国公司就采用垄断策略，垄断了该技术进行独家生产，以获得垄断性收益。

（2）不完全转让策略

不完全转让策略是指企业尽可能多地转让处于该期的技术使用权，而保留对该技术的所有权，甚至利用该技术自己生产产品占领市场。这是实力一般的企业多采用的策略。比如德国利勃海尔公司将其电冰箱专利技术的使用权转让给中国的海尔公司的同时，也利用该技术自己生产电冰箱在国际市场上销售。

（3）完全转让策略

完全转让策略是企业将处于成长期的技术的使用权和所有权一起转让出去的策略。实力小的小型企业一般多采用此策略，以免技术泄密后企业连研究开发费都收不回来。比如，可口可乐饮料的核心技术是其饮料的配方，该配方是 19 世纪末美国一家只有几名员工的小药店研制成功的，但该技术属于专有技术，很容易泄密，而且该小药店没有实力应用该技术大量生产饮料占领市场，因此，该小企业采用了完全转让策略将该技术转让给了现在的可口可乐公司。

3. 成熟期策略

处于成熟期的技术使用价值最大，可为使用者带来丰厚的收益，因此，购买者对处于此期的技术最感兴趣，需求迫切。企业在此期转让该技术不但可以收回研究开发成本，而且还可取得额外收益。相反，度过此期进入衰退期的技术不但使用价值大幅下降，购买者的购买兴趣也将大大降低。因此，在此期不论实力雄厚的大型企业，还是实力一般的企业都可采用转让策略，以求最大的收益。但这不等于拥有技术所有权的企业停止利用该技术生产产品继续占领市场并取得收益。比如，20世纪80年代，模拟彩色电视机的生产技术已处于成熟期，对此技术拥有所有权的日本松下、三洋等大型企业利用该技术继续生产产品占领市场获得收益的同时，也向中国企业转让该技术，两者相加获得了最大的收益。

4. 衰退期策略

处于衰退期的技术即将被市场淘汰，使用价值大幅度下降。企业应以积极态度采用完全转让策略或采用不完全转让策略将处于此期的技术转让出去，以便收回一部分研究开发费用，连同前几期的一部分收益合并在一起用于新技术的研究开发，形成良性循环。比如20世纪70年代，黑白电视机生产技术进入了衰退期，即将退出市场，此时日本松下、日立、三洋等公司采用转让策略迅速将黑白电视机的生产技术转让给了中国企业，从而获得了较高的经济收益。

二、 技术交易模式与方式

（一） 常见技术交易模式与特征

随着国内技术市场体系建设逐渐完善，众多国家技术转移示范机构实践探索了以下几种技术交易模式：

1. 直接技术交易

高校院所将自有科技成果不通过第三方机构，而直接向企业进行推广与转化的模式；或是企业根据自身需求，不通过第三方机构，直接寻求高校院所技术成果的模式。这是技术转移实践中最常见的传统方式，也是碰到专业问题后最容易失败的方式。

2. 技术熟化推广模式

技术熟化是指高校院所为提高技术成熟度和适应性，通过强化共性技术、商业应用技术的研究，加强小试、中试环节的投入，以促进技术成果产业化应用的技术转移模式。随着产学研合作的不断深入，该模式已成为高校院所推动技术成果转移的重要方式。较为常见的技术熟化服务平台包括中试基地、公共技术服务平台、院地合作、校企合建研发机构等。

3. 撮合技术交易模式

通过技术经理人（挂靠或非挂靠第三方技术转移机构）的专业服务，进行全社会资源整合、商业模式创新、跨行业需求匹配等方式，帮助技术持有方与成交方的交易撮合，签订三方交易合同，获取服务佣金的模式。

4. 技术集成经营模式

技术集成经营是以客户需求为导向，以专业的技术经营和服务能力为前提，通过购买引进、集成相关技术，进行二次开发或整合打包后进行成果转移的模式。目前，一些转制院所、较强研究开发能力的新型研发机构，通过不断创新经营服务模式，注重对技术的引进和集成，大大拓展了技术转移的价值空间，成为技术转移重要的发展方向。

5. 自我孵化企业模式

高校院所、国企、新型研发机构等，自我孵化的衍生企业，通过内部人员离岗创业政策引导、内部成果转化考核和奖励激励、内部专利确权转让和技术交易，通过技术入股等方式引入有战略眼光的投资者合资，共同孵化创办科技企业，从而直接推动技术转移的方式。

6. 平台型技术交易模式

平台型技术交易模式指通过搭建技术转移平台，或者通过区域技术交易市场等平台，面向特定技术对象、产业或区域范围，集聚技术供需双方，提供综合服务，促进技术交易的活动。现阶段各地区产业转型升级的发展，需要围绕当地特色产业集群的需求开展整体的技术转移服务，以提升产业综合竞争力。

7. 集中公开技术交易

近年来，依据《中华人民共和国促进科技成果转化法（2015 年修订）》第十八条，我国部分技术交易市场或行业服务平台，组织实施了以科技成果挂牌、拍卖等形式的集中公开技术交易模式，是我国推进职务发明科技成果市场化价格形成机制的有益探索。

8. 网上技术交易模式

根据信息时代的特点和需求，依托互联网网站、APP、短视频等形式的线上技术交易模式，通过在线网络为技术交易双方提供信息、交易竞价、在线支付等服务。

（二）技术交易方式

针对技术开发和技术转让，实际工作中常见的技术交易方式有委托开发、合作开发、普通实施许可（普通许可）、开放许可、独占实施许可、排他性许可、特许经营、专利权转让、专利申请权转让、技术秘密转让等形式。

1. 委托开发

委托方从事技术开发活动往往需要借助外部力量才能完成，常见情况就是将创新任务整体打包给被委托方（外部力量），并支付一定的费用。除费用之外，委托方可能参与也有可能不参与，参与的方式可以很灵活，如提供研发场地、研发设备、参考样本以及人员配合等。双方通过签署委托开发合同约定相关事宜，包括知识产权、验收指标与方式、进度、成本等。技术经纪活动中经常遇到知识产权归属问题，需要当事双方协商解决。作为居间的技术经理人，一般给出的建议有三类：一是谁出资谁享有权利；二是谁出技术谁享有权利；三是双方按约定比例共享权利（可视为合作开发）。需要提醒的是，委托开发合同应约定关于拟生产专利的申请权和所有权的归属问题，那么一旦产生纠纷可根据事前约定来处理。如果事前没有做出一致约定，一般来说专利申请权属于研究开发人员，当研究开发人员获得所有权之后，委托人只享有无偿实施该专利的权限。

2. 合作开发

合作开发就是基于合作双方共享权利的技术开发活动。随着国内产学研合作的不断深化与完善，越来越多的企业和科研院校采取合作开发的方式进行技术研发与创新。技术经理人在合作开发过程中扮演的角色既有中介"桥梁"作用，也有协调作用。大量中小企业在技术创新过程中需要技术经理人提供专业咨询服务，尤其是在科研资源对接方面，企业愿意把技术需求通过诚信的技术经理人发布出去，遍寻合适的科研力量来对接。对接过程中，关于产权归属、分配机制、组织计划等问题均需专业的技术经理人出面协调。如果某个科研项目潜力很大，在完成技术难题攻关之后能迅速投入产业化并能带来非常可观的收益，科研机构一般要求占有一定的收益期权，这份期权是基于合作研发过程中产生的科技成果产权，所以产权归属以及分配机制显得尤为重要，需要专业的技术经理人从中协调。

3. 普通实施许可

普通实施许可是专利实施许可中最常见的一种类型，是指在一定时间内，专利权人许可他人实施其专利，同时保留许可第三人实施该专利的权力。根据规定，可以同时许可多个被许可方在同一区域内实施，其中也包括专利权人自己。在实际操作中，企业购买专利技术往往都希望是唯一被许可人，但许可方的想法恰恰相反，希望通过更多的许可来实现价值最大化。技术经理人可通过分析技术、行业、市场特点以及供应体系等找出可能满足双方要求的最佳方案。

4. 独占实施许可

独占实施许可即独占许可合同，是国际许可合同的一种，即在一定的地域和期限内，受让方对受让的技术享有独占的使用权，供方和任何第三方在规定的期限内都不得在该地域使用该种技术制造和销售产品。为此，受让方需向供方支付相当高的使用费和提成费。

此类许可交易中被许可方的权利具有排他性和唯一性。从市场角度看，此类技术交易对被许可方是相对有利的，一旦交易成功，被许可人在市场享有垄断性的技术竞争优势，但同时也面临着风险，如果行业技术出现颠覆性创新并被市场接受，那么被许可人的权益可能达不到预期甚至会严重亏损。实际工作中，许可方为使得专利价值最大化，在选择技术交易方式上会比较谨慎，如果该专利技术应用范围很广，有能力实施的企业很多，显然先要比较普通实施许可和独占实施许可的预期收益再确定合适的许可方式。

5. 排他性专利实施许可

排他性专利实施许可是指受让人在规定的范围内享有对合同规定的专利技术的使用权，受让人仍保留在该范围内的使用权，但排除任何第三方在该范围内对同一专利技术的使用权。实际情形中，根据合同规定，许可方允许被许可方在指定的地域和时间内独享专利使用权，被许可方按照合同约定支付相应费用，但许可方可以保留同一地区和时间内的实施许可权利。

6. 特许经营

特许经营是指特许经营权拥有者以合同约定的形式，允许被特许经营者有偿使用其名称、商标、专有技术、产品及运作管理经验等从事经营活动的商业经营模式。特许经营是许可证贸易的一种变体，特许权转让方将整个经营系统或服务系统转让给独立的经营者，后者则支付一定金额的特许费。商业特许经营按其特许权的形式、授权内容与方式、总部战略控制手段的不同，可以分为生产特许、产品商标特许、经营模式特许三种模式。

7. 专利权转让

专利权转让是指专利权人作为转让方，将其发明创造专利的所有权或将使用权有偿转移给受让方。专利权转让过程中，需要注意几点：一是专利是否属于职务发明；二是专利权如果属于国有资产，应遵照国有资产处置相关法律法规执行。建议电力行业关注和借鉴国内知识产权单列管理或者不纳入国有资产管理的改革进展；三是如果专利权人有两个及以上，在签订实施许可合同时须经所有专利权人同意。

8. 专利申请权转让

专利申请权转让与专利权转让类似，根据专利法规定，转让专利申请权的当事人应当订立书面合同，并向国家知识产权局登记，由国家知识产权局予以公告。专利申请权的转让自登记之日起生效。书面形式和登记及公告是专利申请权转让合同生效的法定条件，未签订书面形式或未经国家知识产权局公告的申请权转让合同不受法律保护。同时，专利申请权的转让可以发生在专利申请人提出申请之前，也可发生在提出申请之后，但必须早于专利授权之前。

9. 技术秘密

技术秘密是指凭借经验或技能产生的，在工业化生产中适用的技术情报、数据或知识，包括产品配方、工艺流程、技术秘密、设计、图纸（含草图）、实验数据和记录、计算机程序等。技术秘密不像专利技术那样享受法律保护，只能通过订立合同享受《民法典》的保护。技术秘密与专利技术相比，最大的特点是技术的秘密性，而非专利技术的公开化。另外技术秘密也不受时间限制，只要保护得当，理论上可以无限次交易。

三、 技术交易服务平台

（一） 技术交易服务平台的功能

技术交易服务平台是传统计划市场在互联网经济时代新发展的一种体现，具有传统技术市场不可比拟的优越性，它能改善、加快技术交易的流程，提高技术交易的效率，缩短技术转移的周期。

技术交易过程涉及多个参与主体，主要包括技术供应方、技术需求方和技术中介。根据技术交易特点，在进行平台功能定位时应建立一个涵盖技术交易全过程的服务网络，并使网络成员具备克服不同技术交易环节障碍的功能，平台通过合理的网络运行方式实现预期目标。整个过程中，技术交易平台在提供相应服务的同时充当网络组织者和协调者。一般来讲，技术交易平台的功能主要包括会员服务、项目信息发布、项目对接、合同管理、跟踪评估等服务功能模块。

1. 会员服务

会员服务功能模块为平台用户提供入会指引和平台介绍等帮助信息，指导平台用户如何注册成为平台会员以及了解不同类型会员的服务权限。会员可以根据自身需求选择注册为平台的技术需求方、技术供应方，或在注册时同时选填这两项。用户通过该模块的会员管理子模块，可以对自己的基本信息进行管理。

2. 供需项目信息发布

平台提供项目信息发布模块，包括供应项目信息发布和需求项目信息发布。企业、大学、科研机构注册为平台会员后，可按照平台提供的统一格式填写供给信息或技术信息，通过审核后由平台进行发布。为方便用户对技术信息进行查询，平台按行业或技术项目成熟度对项目进行分类。

3. 项目对接

项目对接主要包括项目匹配和项目洽谈两个环节。在项目匹配环节，技术需求方可以通过网站提供的检索功能在项目数据库中寻找需要的技术，技术供给方则寻找相应的技术需求方或技术需求信息。为体现平台主动服务理念，项目匹配也可由平台方发起。平台主动进行项目匹配，若存在匹配项目，平台方可向中小企业推介技术，从而提高技术匹配效率。在需方或供方有交易意向时，可以通过网页提供的邮件地址与相关单位联系，或委托平台方接洽。在找到所需技术信息后，平台方发挥中介优势，整合平台资源，协助供需双方进一步了解。在此基础上，平台推动技术供需双方进行项目对接洽谈，协助双方就技术转让的条件、价格、合作期限等一系列问题进行全面协商，及时解决供需双方洽谈中存在的问题，以求达成一致。

为提高项目匹配成功率，平台应充分整合信息资源，除平台自有技术信息外，应联合其他机构，实现信息资源共享，体现平台的开放性。

4. 合同管理

合同管理是指对供需双方的合同履约情况进行监督，具体包括前期线下协助供需双方签订技术合同，线上进行合同相关信息录入。在合同履约进程中，根据履约情况实行线上跟踪服务，实时更新合同履约信息，记录履约过程中存在的问题，合同履约完毕后，由平台相关人员对合同进行验收。

5. 跟踪评估

跟踪评估服务模块包括常态化跟踪服务和供需双方合作结束后的后评估服务。常态化跟踪是在技术需求方引进技术后，平台针对企业技术创新过程及技术市场化所提供的跟踪服务，这需要平台对技术供需双方实行客户关系管理，一方面根据客户基本信息及交易记录信息，挖掘客户需求；另一方面，定期与交易双方联系，了解技术创新过程中所需服务，联合技术中介机构提供解决方案。在这一环节，技术交易平台需要联合其他专业服务平台，如科技金融服务平台、人才培训服务平台等，共同针对企业创新过程中的服务需求提供集成服务。同时，客户可以通过网站预约企业技术创新过程中需要的服务。常态化跟踪服务子模块通过主动服务与被动服务相结合的方式，能更好地满足客户需求。

后评估是在合作结束后，由技术供应方、技术需求方以及平台就供需双方合作情况及中介机构服务提供情况进行第三方评估，评估结果以报告的形式给出，并将评估报告计入供需双方及中介服务机构的信息档案中，进一步丰富供需双方信息，为后期更好地服务技术交易活动提供支持。

6. 其他相关服务

除围绕技术交易全生命周期的服务外，平台还提供其他服务，主要包括信息资讯、专家咨询和博客论坛。信息资讯主要发布政策法规（国家及地方现行的各类科技政策、法律、法规等）、行业资讯、市场动态和成功案例等信息。专家咨询和博客论坛则为用户提供交流平台。

（二）技术交易服务平台运行模式

近年来，随着人工智能等新技术革命的兴起，网上技术交易平台在全球范围内，为技术交易的开展带来了本质变化。目前，国内外网上技术交易平台运行模式大致可分为6种，即信息服务模式、咨询服务模式、难题解决模式、技术拍卖模式、高校成果转化模式和综合服务模式。

1. 信息服务模式

以信息服务模式为主的网上技术交易平台主要是提供技术信息，它提供的市场增值服务较少。具体的运行方式可以归纳为：

（1）免费发布信息

研发机构，如大学高校、科研院所等，可以免费注册成为用户，并可以免费在平台上发布技术供求信息。平台的工作人员也可以主动收集研发机构的技术成果，并对该类信息进行严格的审查，保证平台内的信息真实有效。

（2）缴纳会员获取增值服务

如果某公司对平台上发布的技术有兴趣，就需要在平台注册并缴纳一定的会员费，再使用平台内的数据库进行信息检索查找，当找到目标技术信息时，可直接与对方联系。

2. 咨询服务模式

以咨询服务模式为主的网上交易平台是指那些主要为技术交易提供技术创新性、专利情况、市场分析预测等服务的平台。这基本是一些技术转移机构的门户网站，由于其有强大的专业工作队伍，因此，一般都能提供全面的面向产业化的咨询服务。

3. 难题解决模式

以难题解决模式为主的网上技术交易平台是指在网站上发布技术难题信息，然后由已经在该网站注册的技术专家来解决该技术难题的一种模式。

4. 技术拍卖模式

以技术拍卖模式为主的网上技术交易平台是对技术进行在线拍卖，类似于 eBay 之类的电子商务网站。由于技术商品的特殊性，因此还涉及技术、专利的评估等许多相关方面，其拍卖过程也比普通产品的拍卖要复杂得多。

5. 高校成果转化模式

以高校成果转化功能为主的网上技术交易平台，首先走访企业，挖掘企业的技术需求，然后带着需求去高校、政府资助的研发机构。找寻能满足企业需求并具有一定市场前景的新兴技术，然后分别与双方进行谈判，最终达到成功交易，企业得到技术，高校或研发机构得到成果转化收益，平台网站可以获得一定的利益分成。

6. 综合服务模式

以综合服务模式为主的网上技术交易平台，其特点是拥有较全的技术信息，提供全面的技术交易服务，还要能提供一定的市场增值服务。

第二节　技术交易商务谈判

一、 技术交易商务谈判概述

（一）技术交易商务谈判

1. 技术交易商务谈判的特征

技术交易商务谈判是指双方当事人通过正式的协商或交流就特定技术交易方案努力达成

一致意见的过程，它是技术交易活动得以完成的关键。技术交易谈判有如下两个重要的特征：

第一，技术交易的合作模式有很多形式，并不是简单的所有权的买卖，而是复合了技术入股、委托研发、技术服务和咨询以及其他商业组织模式的混合形式。第二，技术交易更是一种关系的建立。尤其是合作各方或多或少都寄希望于通过技术交易合作获得未来市场份额机会，因而谈判中对市场风险的判断将是决定谈判成功与否的关键因素。

2. 技术交易商务谈判的意义

谈判是一门艺术。成功的谈判使每一方都能得到其希望得到的尽可能多的东西。这里的重点是"每一方"，即人们常说的"共赢"局面。如果把谈判过程比作蛋糕分割的过程，则最成功的谈判者就是那些首先开始合作，并在试图分割蛋糕之前努力扩大蛋糕尺寸的人。

谈判是一个过程，尽力以任何可能的方式为自己一方争取尽可能多的东西。要使谈判取得成功，不仅需要良好的意愿和合作精神，而且还要把双方均能争取到最大可能的市场份额作为谈判的主要目标；因为技术贸易与一般的货物贸易不同，它不是仅限于双方一次性交易的可见物品，而是可以通过良好的长期合作，创造出更多的商品和市场。

（二）技术交易商务谈判前的准备

谈判过程含准备、合同文本起草、谈判、达成协议、履行协议及后续相关活动等。其准备活动首先是技术供方和受方的明晰。技术交易谈判集中于可行性研究，对比评估潜在供方、受方情况等，核心任务是：通过资料搜集，寻求技术来源，对比评估潜在的合作方，做好谈判计划，形成可行性报告，为谈判、签订合同及合同履行跟踪等打下坚实的基础。谈判前的准备包括如下内容：组建一个优秀的谈判团队，确定商业目标，评估谈判能力和可替代方案，核实和加强知识产权，确定谈判时间进度表，搜集相关文件，准备内部条款清单，考虑和准备临时协议、保密协议，使用并对照已经披露的相关信息，设定辅助条款，拟定法律适用和争议解决方式与地点等条款、原型（产品）开发和评估协议、相关附件及合同协议文本草案等。

1. 可行性研究

技术受方或供方在提请内部决策以决定引进或转让适宜的技术项目前，技术经理人需考虑确定目标、考量企业与国家利益、收集资料的渠道与可得性、拟定各种方案、技术可行性、选择满意适合的技术及决策检查实施等事项。每一个技术交易项目会涉及供方、受方、供方国和受方国的法律政策及技术本身等因素，供受双方对涉及技术交易的每一个内容均要进行现实、可行的分析，然后得出与何国、何公司进行交易更符合自己的战略发展需求结论；在技术交易中，确定合同的双方当事人是值得首先关注的问题之一。

可行性报告的结论体现以下问题：目标技术的必要性、可能的供方及哪些供方可以提供；政府对技术可否进行出口管控，会否给予鼓励；受方是否具备消化、吸收技术及创新的能力；评估技术创造利润的空间；技术本地化可行性及其成本，受方实行自主创新的意义。

2. 对比评估潜在的合作方

根据可行性报告的结论，确定可选择的合作伙伴是哪些技术价格相对适中，与自己吸收、掌握技术的能力相适应，且政府会支持或给予一定资助的企业。此外，就是潜在合作伙伴的商誉、信任背书、企业文化、公司管理机制、可信赖度及谨慎守法等方面。

对进入选择范围的供方，受方需考虑以下问题：供方是否涉及跨国技术贸易限制、是否有不良记录、技术是否是绿色环保技术、供方政府会不会提供财务资助、供方是否有过成功技术交易案例以及双方高管个人信誉问题等。

受方进行价格分析，一般方法是对技术或与其相关的设备等进行拆分分析，如产业化过程中需要的技术秘密、机器、建筑物、知识产权、技术协助、培训、技术文件资料、财务和市场开拓研究等，每一部分都要给予适当价格量化。

技术价格问题，是技术交易的核心，为此要进行询价和比价。通常，通过招标的形式完成这两步较为容易，因为投标方都会在标书中给出价格；通过个别询价或其他市场手段完成询价、比价，难度相对大些。

3. 技术谈判与商务谈判

在技术交易中，会存在着技术谈判与商务谈判相互杂糅的情况。

技术交易往往伴随着技术谈判、技术资料的交付和技术咨询及服务。技术谈判应包括对技术建议书、建议的技术方式与方法、工作计划、组织机构与人员配备的讨论，以及咨询顾问对改进任务大纲的建议。同时，在技术资料描述中主要涉及技术资料的范围、技术指导及技术培训三个方面的交付动作。技术交付的时间、地点、交付方式也应逐一说明。

商务谈判是买卖双方为了促成交易而进行的活动，或是为了解决买卖双方的争端，并取得各自的经济利益的一种方法和手段。

二、 技术交易商务谈判和合同签订及履行

（一） 谈判的任务与主要内容

1. 组建谈判队伍

谈判的第一步是试图与对方建立一种工作关系，根据不同的谈判内容、难易程度和谈判对象，组成不同的谈判团队。谈判团队成员相互之间应具有团队意识，善于沟通，容易合作。

谈判队伍通常由以下人员组成：

1) 项目负责人，即能做出决策的人。

2) 技术负责人，由有关技术专家组成。

3) 商务负责人，即财务、营销专家。

总之，谈判队伍的组成人员必须在知识、经验、技巧和能力方面互补。

2. 拟定方案与确定思路

1) 确立目标时，不能只有一个静态的点，根据重要性和优先顺序可将其分为根本目标、重要目标、次要目标和一般目标等，目标不仅定性还需定量。

2) 拟定最佳的工作方案。谈判者可以为目标的实现准备充分的最理想方案，但也要考虑到谈判中的重重困难，预备一些备选方案，根据优劣进行排序，直至有可接受的实现最低目标的方案，做到不打无准备之仗。

3) 对应于双方的目标优先顺序，并在实现乙方目标可能花费的成本和己方期望实现利益之间寻求平衡点，可以考虑各自目标实现的计划和方案。

4) 时间和地点的安排，一般以利于人们形成愉快、良好的心境为前提，天气晴好、温

度适宜的时间谈判，多会产生积极效果；在己方办公场所或在环境优美的地方谈判同样也会利于己方目标的实现。

3. 互相了解、知己知彼

供方、受方谈判人员应了解技术、流程、利益分配等内容。谈判人员还需了解对方谈判人员的有关情况，事前搜集有关人员的资料，如主要人员的教育、工作背景和经历、性格、喜好、习惯等，做到知己知彼。

（二）谈判过程

1. 首次谈判准备

谈判过程，需要一个预热活动，第一次会议要安排成非商务性的，给双方一定的时间直接接触和了解。商务谈判是一种交往：一是专注于对方表达，二是认真做笔记，三是提出不明白的问题，四是对对方提出的问题可以做些简单的回答。有用的谈判很少在公开场合进行。私下沟通是面对个人和少数听众进行非正式私人交流的艺术。

2. 合同文本谈判

起草协议文本最为经济的路径是参考现有的类似文本，需注意各个条款之间的相互作用和关系，以形成内在逻辑关系紧密一致的完整的合同文本。合同文本的风格要简洁明了，具有可读性。

一般谈判各方都希望以自己的文本为基础，如果对方强烈反对，可以以第三方类似文本为基础。形式是次要的，能控制住本质的利益就能达到目标。

选择文本时，应该看它是否含有以下重要条款：技术转移的范围、专有技术描述、保密、技术改进分享、限制性条款、允许使用领域、具体使用方法、价格及其支付、货币类型、汇率变动、合同期限、争端解决和法律适用等。

在确定的文本基础上的谈判，教科书式的做法是逐条进行，没有异议的快速通过，分歧较大的双方可能要进行多回合的谈判；文本中没有但一方认为应当加上去的，双方也会进行谈判。双方经过努力对文本草案达成一致意见，意味着谈判的成功，合同签订只是时间和形式上的问题了。

（三）签订合同与合同履行

1. 技术转移合同的主体与类型

通常，在我国技术转移中，技术转移合同的主体是中华人民共和国境内的公司、企业、团体和个人（简称受方）和中华人民共和国境外的公司、企业、团体或个人（简称供方）。在国际上对供方和受方的称呼根据合同的性质而有所不同。

技术转移合同的类型有专利权转移、专利申请权转移、技术秘密转移等。

2. 技术转移合同的基本要求

合同标的为当事人订立合同时已经掌握的技术成果，包括发明创造专利、技术秘密及其他知识产权成果。合同标的具有完整性和实用性，相关技术内容应构成一项产品、工艺、材料、品种及其他改进的技术方案。当事人对合同标的有明确的知识产权权属约定。

3. 合同的履行

合同履行，是指合同债务人按照合同的约定或法律的规定，全面、适当地完成合同义务，使债权人的债权得以实现。合同履行不是一个单纯的动态概念，而是一种包含了动态和静态的综合概念。首先，合同的履行是债务人完成合同义务的行为。这是合同目的的基本要求。这种特定行为既可以表现为积极的作为，比如支付价款、交付标的物、提供劳务等，也可以表现为消极的不作为，比如不以某种价格出售商品；其次，合同的履行要求达到实现债权之结果。因为合同关系存在的法律目的，就是使债权转变成物权或与物权具有相等价值的权利。

三、 技术交易商务谈判中需要注意的事项及谈判技巧

（一） 成功谈判的原则

1）确定目标并拟定最佳备选方案。目标可以分为最高目标、中间目标（适宜目标）和最低目标等，结合不同的目标，可以采取不同的谈判策略和路径。谈判前，应列出谈判失败所有可能的备选方案，充分评估后选出最佳备选方案。

2）谋划谈判策略并组建谈判团队。谈判策略的制定应基于对谈判各方实力、影响力等多重因素。同时根据谈判对手不同，有针对性地组建优良的谈判团队。

3）精心安排好日程表和地点。日程表可以将谈判所涉及的事情一一列出，并按照逻辑关系和重要性排序，以确保所有问题都得到处理。谈判的地点虽不关键，但如果找到舒适、便于自己团队随时找到资料的场所会较为有利。

4）建立友好对话并兼顾双方利益。如果能把谈判建立在双方合作的基础上，追求共同商业目标并实现双赢，彼此就会朝着公平互利的目标前进。

5）学会妥协和让步。谈判前将自己在关键条款中处于的可能位置的评估一一列出，分析条款与企业经营目标实现的关系，哪些可以适当妥协。妥协必须是有底线和自己标准的妥协。

6）抓住关键人物，化消极为积极。识别出对方的关键人员（未必是主发言人），集中关注该人关心的问题和观点，有助于达到共同目标。同时，保持友善、宽容及善于合作的态度是不可或缺的。

（二） 谈判禁忌

1）避免信誉的丧失。不要做出任何难以兑现或夸大事实的承诺。

2）避免谈判尾声带来出人意料的信息。不要在最后关头宣布实际上早已存在的问题或阻碍谈判达成一致意见的事实。

3）不要与对方争论或威胁对方。在谈判中攻势过猛的做法是极不可取的，极容易伤害对方自尊心。如果谈判变成了争论，则应停止谈判，直到双方恢复冷静为止。

4）不要低估你的谈判对手。平等对待谈判对手，就是对对手最大的尊重，也易赢得信任，技术转让就是建立在互相信任基础上的协议与合作。

5）不要讨价还价或争论价格。谈判者应专注于价值发现（探求双方利益）、价值创造（创造最佳方案）和价值索取（探讨可行性）。

6）不要出尔反尔或自己跟自己谈判、不断降价。应当避免越来越低的系列降价行为，直至降低到了自己的底价。

7）不要缺乏准备。最常见的谈判过错就是缺乏必要和充分的准备，它会导致有过错之人在错误的道路上进一步犯更大的错误。

（三） 律师在谈判中的作用

1）律师有较丰富的谈判实战经验。在谈判中，有利于提高谈判的质量和效率。

2）相对超脱的地位可实现"旁观者清"。律师更能冷静地观察对方的动向和意图，发现对方的弱势和缺点。

3）律师和委托人相互配合，可以尽量争取最大利益。

4）律师的身份和专业知识对谈判很有帮助。有了律师，当事人则很容易知道如何让步、有哪些潜在问题、如何规避风险。

（四） 谈判中应把握的技巧

1）精心准备与安排。谈判前，要做好对方信息的搜集。第一次会议要安排成非商务性的，给双方一定的时间直接接触和了解。

2）善于倾听。专注于对方表达，进行有目的的交流，及时记录他人讲述的内容，在发表自己看法之前，对他人的言论做一个简单的总结。

3）私下沟通或非正式会谈。通过私下沟通或非正式会谈，找出符合双方利益的实用方案，并通过不保留会议记录的非正式讨论，达成初步意见。

4）在表态时，谈论自己的观点。从积极、谨慎看待事物的角度来表达自己的观点。

5）考虑不同文化背景的差异。背景的差异会给谈判带来一些意想不到的困扰，要适当注意这些方面的差异。

（五） 技术转移谈判需要注意的问题

1）注意专利与技术秘密的有效性。专利有效性主要体现转让的专利或者许可实施的专利应当在有效期限内。技术秘密有效性主要体现保密性上，是所有人的独家所有。

2）技术的有关情况应当约定清楚。技术的有关情况应当在合同中详细规定，便于履行。

3）转让或者许可的范围。转让技术或者许可他人实施技术，都应当明确范围。

4）转让费用的约定。转让费用包括转让费和使用费。

第十四章 文　书　撰　写

第一节 尽职调查报告

一、 基本概念及思路

尽职调查又称谨慎性调查，是指成果出让方在与意向受让方初步达成转化意向后，对该科技成果相关的市场风险、技术风险、管理风险和资金风险开展全面深入的审核，成果转化尽职调查一般由技术转移专员负责开展，并编制尽职调查报告。

尽职调查主要可以分为技术尽职调查、商务尽职调查、财务尽职调查和法律尽职调查四部分。

开展尽职调查前，需根据成果转化方式、定价与付款方式等情况制定不同的调查方案。涉及重大复杂的科技成果转化项目，可委托第三方专业机构开展尽职调查，并由第三方机构出具书面报告或意见。

1）确定成果转化项目的背景、目标和可行性分析，包括市场需求和应用领域等。

2）开展对项目涉及的技术、知识产权和商业化机会的调查，包括专利、商标、著作权等知识产权的状况，以及市场调查、竞争对手分析等。

3）对项目团队进行尽职调查，包括团队成员的背景、技能、经验、可靠性等方面。

4）对项目财务状况进行尽职调查，包括项目投资、资金来源、预期收益和风险等。

5）综合分析调查结果，评估项目的商业化可行性和风险，给出结论和建议，同时提供支持报告的详细数据和分析结果。

二、 尽职调查前期准备工作

1）熟悉科技成果的背景和基本情况，了解科技成果的技术属性、商业化前景等方面的问题，为后续的尽职调查提供基础信息。

2）确定尽职调查的目标和范围，包括尽职调查需要涉及的领域、关注的重点和重要性等方面的问题。

3）确定尽职调查的方法和流程，包括对采集信息和数据的说明、尽职调查报告的格式和内容等方面的问题。

4）准备相关工具和安排人员，包括数据采集和分析工具、尽职调查人员和专业顾问等。

三、 尽职调查报告编写

尽职调查报告一般由项目概述、技术评估、知识产权情况、市场需求分析、受让方情况和商业化能力、商业模式和商业可行性、关联交易分析、评估结论 8 部分组成。

项目概述：简要介绍该成果转化项目的基本情况、目的和意义。

技术评估：对科技成果的技术属性、技术优势、技术难点等方面进行深入分析。

知识产权情况：知识产权和专利是科技成果的核心竞争力和后续市场推广的保障，对于科技成果转化非常重要。因此，在进行尽职调查时，必须对科技成果的知识产权，包括专利、软著等进行详细的审查和评估，包括知识产权权属、知识产权法律状态、权利限制情况、涉外涉密情况等，确保其在法律上的保护力度。

市场需求分析：科技成果转化的成功离不开市场的认可与支持，在进行尽职调查时，必须对市场需求和成果使用、推广前景进行详细研判，包括市场规模、市场竞争、消费群体等方面的因素，以便在成果转化的会商谈判过程中对转化价格、收益分配进行锚定。

受让方情况和商业化能力评估：对成果拟受让方的情况调查，包括受让方股权结构、实际控制人、资信和经营情况。如果拟转化的科技成果是采用收益分成的方式计算成果转化费用的，则需要一支强有力的商业化团队来推动科技成果的产业化进程，成果受让方应具备产品生产制造、市场营销能力，同时，成果受让方也必须具备较强的商业化能力，能够制订出有效的商业化策略和实施方案，以实现科技成果的商业化价值最大化。

科技成果的商业模式和商业可行性评估：在进行尽职调查时，必须对科技成果可以采取的商业模式进行详细分析评估，判断其商业可行性和市场竞争力，包括收益模式、利润水平、市场占有率等方面的情况。

关联交易分析：对于职务发明成果与关联方进行的科技成果转移转化，该科技成果完成人负有主动、充分披露该关联交易的义务，并承担不实披露的法律责任。在尽职调查过程中，需同步进行关联交易分析，关联交易方的确认标准，包括以下情况：A. 科技成果完成人或其亲属为受让方法人或受让方控制的法人的股东或实际控制人；B. 科技成果完成人或其亲属在受让法人或受让方控制的法人任法定代表人、董事、监事或高级管理人员（亲属是指夫妻、直系血亲、三代以内旁系血亲或者近姻亲，包括但不限于配偶、父母、子女及其配偶、兄弟姐妹及其配偶，配偶的父母、兄弟姐妹，子女配偶的父母等）；C. 科技成果完成人接受受让方任何形式的收入或享受受让方提供的任何形式的收益分配、消费（包括已发生或在将来发生）；D. 科技成果完成人与受让方之间，或与受让方控制的法人之间，存在可能导致科技成果转移转化利益转移的其他关系。

评估结论：对尽职调查的结果进行总结和评价，提出建议和意见。

尽职调查报告参考模板如图 14-1 所示。

××项目尽职调查报告

一、项目概况
1.1项目名称及基本情况
1.2项目主要研究人员简介
1.3项目目标和研究内容
1.4研究进展和成果

二、市场分析
2.1市场前景及市场规模
2.2市场竞争情况
2.3市场营销策略

三、技术分析
3.1技术难点及解决方案
3.2核心技术创新点
3.3技术优势及不足

四、资金分析
4.1资金需求
4.2资金来源及使用计划
4.3投资回报率及风险评估

五、法律风险分析
5.1知识产权情况及保护措施
5.2合法性及合规性
5.3涉及关联交易情况
5.4法律风险评估

六、团队分析
6.1团队协作能力
6.2人员配备及团队构成
6.3团队管理及激励措施

七、社会效益分析
7.1社会效益及贡献
7.2环保、安全、健康等方面的影响
7.3社会接受度及社会反应

八、结论与建议
8.2优势及不足
8.2投资价值及风险
8.3成果转化建议

图 14-1 尽职调查报告参考模板

第二节 知识产权评估报告

一、 知识产权价值评估的概念与意义

知识产权价值评估是指资产评估机构及其资产评估专业人员遵守法律、行政法规和资产评估准则，根据委托对评估基准日特定目的下的知识产权资产价值进行评定和估算，并出具资产评估报告的专业服务行为。知识产权价值评估一般委托具有资质的第三方资产评估机构开展。

知识产权价值评估较之有形资产评估而言相对复杂，因为知识资产种类繁多、千差万别，可比性差，并且受客观环境影响较大，其效用发挥的期限、无形损耗及风险方面不确定因素较多。评估只是评估机构考虑相关因素并依据一定的计算方法对知识产权价值所作的预测，由于不可能充分、准确地预判一切未来将出现并起作用的实际因素，故估价并不一定等于价值。

国务院关于印发实施《中华人民共和国促进科技成果转化法》若干规定的通知（国发〔2016〕16号）第一条第（三）款规定：国家设立的研究开发机构、高等院校对其持有的科技成果，应当通过协议定价、在技术交易市场挂牌交易、拍卖等市场化方式确定价格。协议定价的，科技成果持有单位应当在本单位公示科技成果名称和拟交易价格，公示时间不少于15日。单位应当明确并公开异议处理程序和办法。在科技成果转移转化的实践过程中，知识产权价值评估具有重要的现实意义，主要表现在以下几个方面：

1）为科技成果持有单位提供管理、决策依据，防止国有资产或单位资产因无客观的价值评估导致资产流失。

2）为科技成果转化供需双方提供客观、公正的价值依据，提高科技成果转化的效率。

3）为科技成果入股提供价值依据，有利于解决早期科技型企业"融资难"的问题。

4）为司法案件审理和执行提供重要的价值依据，利于对司法活动中的诉讼、仲裁、执行等涉及科技成果知识产权纠纷进行合理鉴定。

二、 知识产权价值评估要点

开展无形资产评估工作，一般应当关注以下事项：

1）无形资产权利的法律文件、权属有效性文件或者其他证明资料。

2）无形资产是否能带来显著、持续的可辨识经济利益。

3）无形资产的性质和特点，目前发展形势和历史发展状况。

4）无形资产的剩余经济寿命和法定寿命，无形资产的保护措施。

5）无形资产实施的地域范围、领域范围、获利能力与获利方式。

6）无形资产以往的评估及交易情况。

7）无形资产实施过程中所受到国家法律、法规或者其他资产的限制。

8）无形资产转让、出资、质押等后续变更的可行性。

9）类似无形资产的市场价格信息。

10）宏观经济环境。

11）行业状况及发展前景。

12）企业状况及发展前景。

13）其他相关信息。

三、 常用知识产权价值评估方法

《资产评估执业准则——无形资产》（中评协〔2017〕37号）规定了无形资产包括收益法、市场法与成本法三种。

1. 收 益 法

收益法（又称收益现值法、利润预测法）是指通过预测被评估资产未来预期收益的现值，来判断资产价值的各种评估方法的总称。收益法服从资产评估中将利求本的思路，采用资本或者折现的方法来估算资产价值。知识产权属于生产要素或称经营性资产，其价值是通过对知识产权的利用而产生或预期产生的收益，因此，对知识产权价值评估最为适当的方法应为收益法。

使用收益法开展知识产权资产评估的关键事项：

1）在获取的无形资产相关信息基础上，根据被评估无形资产或者类似无形资产的历史实施情况及未来应用前景，结合无形资产实施或者拟实施企业经营状况，重点分析无形资产经济收益的可预测性，恰当考虑收益法的适用性。

2）合理估算无形资产带来的预期收益，合理区分无形资产与其他资产所获得收益，分析与之有关的预期变动、收益期限，与收益有关的成本费用、配套资产、现金流量、风险因素。

3）保持预期收益口径与折现率口径一致。

4）根据无形资产实施过程中的风险因素及货币时间价值等因素合理估算折现率，无形资产折现率应当区别于企业或者其他资产折现率。

5）综合分析无形资产的剩余经济寿命、法定寿命及其他相关因素，合理确定收益期限。

2. 市 场 法

市场法（又称市场价格比较法或销售比较法）是最直接、最简便的一种资产评估方法。它以现行价格作为价格标准，通过市场调查，选择几个与被评估资产相同或相似的已交易同类资产作为参照物，将被评估资产与它们进行差异比较，并且在必要时进行适当的价格调整。市场法只有存在与被评估资产相类似的资产交易市场时才适用。应用的前提是有一个充分活跃的公平资产交易市场，参照物的各项资料是可以收集到的。现行市价法主要分为直接法和类比法。直接法是指在公开市场上可以找到与被评估资产完全相同的已成交资产，能够以其交易价格作为被评估资产的现行市场价格。类比法是指在公开市场上可以找到与被评估资产相类似资产的交易实例，以其成交价格作必要的差异调整，确定被评估资产的现行市场价格。

由于知识成果具有新颖性、创造性，一般不会出现完全相同的知识成果。直接法难以运用于知识产权的价值评估，但并不排除可以找到各方面条件相似的、可以进行比较的知识产权，确定适当的参照对象就成为采用类比法评估的最关键环节。同时，也需要针对被评估知识产权的特点，对于相类似资产的成交价格作必要的调整。调整需考虑的主要因素包括：时间因素，即参照物的交易时间与评估基准日的时间差异对价格的影响；地域因素，相比较的知识产权所在地区或地段对交易价格的影响；作用因素，即知识产权在生产经营中发挥作用的大小等。选择了不适当的参照对象，没有根据被评估知识产权的特点考虑相关因素进行调整，都可能导致应用市场法评估知识产权价值发生错误，大大偏离知识产权的实际交易价值。

使用市场法开展知识产权资产评估的关键事项：

1）考虑被评估无形资产或者类似无形资产是否存在活跃的市场，恰当考虑市场法的适用性。

2）收集类似无形资产交易案例的市场交易价格、交易时间及交易条件等交易信息。

3）选择具有合理比较基础的可比无形资产交易案例，考虑历史交易情况，并重点分析被评估无形资产与已交易案例在资产特性、获利能力、竞争能力、技术水平、成熟程度、风险状况等方面是否具有可比性。

4）收集评估对象以往的交易信息。

5）根据宏观经济发展、交易条件、交易时间、行业和市场因素、无形资产实施情况的变化，对可比交易案例和被评估无形资产以往交易信息进行必要调整。

3. 成本法

成本法，又称重置成本法，是以重新建造或购置与被评估资产具有相同用途和功效的资产现时需要的成本作为计价标准。成本法依评估依据不同可分为两种：一种是复原重置成本法，又称历史成本法，以被评估的资产历史的、实际的开发条件作为依据，再以现行市价进行折算，求得评估值；另一种是更新重置成本法，以新的开发条件为依据，假设重新开发或购买同一资产，以现行市场计算，求得评估值。在实际操作中，选择更新重置成本法进行评估较为普遍。简而言之，重置成本就是为创造财产而实际发生的费用的总和（研发成本、开发成本和法律成本）。

由于知识产权价值的特殊性，应用成本法评估其价值存在一定的障碍。知识成果的创造投入往往是高风险、高回报的，利用知识产权产生的收益可能会远远大于或小于曾经付出的成本，使成本与最终实现的价值之间的关系显得极其疏远。因此，在科技成果转化实践过程中，已较少采用成本法开展知识产权价值评估。

使用成本法开展知识产权资产评估的关键事项：

1）根据被评估无形资产形成的全部投入，充分考虑无形资产价值与成本的相关程度，恰当考虑成本法的适用性。

2）合理确定无形资产的重置成本，无形资产的重置成本包括合理的成本、利润和相关税费。

3）合理确定无形资产贬值。

四、 知识产权价值评估报告编制

资产评估报告的内容包括：标题及文号、目录、声明、摘要、正文、附件。

1. 声明

资产评估报告的声明通常包括以下内容：

1）本资产评估报告依据财政部发布的资产评估基本准则和中国资产评估协会发布的资产评估执业准则和职业道德准则编制。

2）委托人或者其他资产评估报告使用人应当按照法律、行政法规规定和资产评估报告载明的使用范围使用资产评估报告；委托人或者其他资产评估报告使用人违反前述规定使用资产评估报告的，资产评估机构及其资产评估专业人员不承担责任。

3）资产评估报告仅供委托人、资产评估委托合同中约定的其他资产评估报告使用人和法律、行政法规规定的资产评估报告使用人使用；除此之外，其他任何机构和个人不能成为资产评估报告的使用人。

4）资产评估报告使用人应当正确理解和使用评估结论，评估结论不等同于评估对象可实现价格，评估结论不应当被认为是对评估对象可实现价格的保证。

5）资产评估报告使用人应当关注评估结论成立的假设前提、资产评估报告特别事项说明和使用限制。

6）资产评估机构及其资产评估专业人员遵守法律、行政法规和资产评估准则，坚持独立、客观、公正的原则，并对所出具的资产评估报告依法承担责任。

7）其他需要声明的内容。

2. 摘要

资产评估报告摘要通常提供资产评估业务的主要信息及评估结论。

3. 正文

资产评估报告正文一般包括：

1）委托人及其他资产评估报告使用人：资产评估报告使用人包括委托人、资产评估委托合同中约定的其他资产评估报告使用人和法律、行政法规规定的资产评估报告使用人。

2）评估目的：载明的评估目的应当唯一。评估目的一般包括转让、许可使用、出资、拍卖、质押、诉讼、损失赔偿、财务报告、纳税等。

3）评估对象和评估范围：资产评估报告中应当载明评估对象和评估范围，并描述评估对象的基本情况。

4）价值类型：资产评估报告应当说明选择价值类型的理由，并明确其定义。

5）评估基准日：资产评估报告载明的评估基准日应当与资产评估委托合同约定的评估基准日保持一致，可以是过去、现在或者未来的时间点。

6）评估依据：资产评估报告应当说明资产评估采用的法律法规依据、准则依据、权属依据及取价依据等。

7）评估方法：资产评估报告应当说明所选用的评估方法及其理由，因适用性受限或者操作条件受限等原因而选择一种评估方法的，应当在资产评估报告中披露并说明原因。

8）评估程序实施过程和情况：资产评估报告应当说明资产评估程序实施过程中现场调查、收集整理评估资料、评定估算等主要内容。

9）评估假设：资产评估报告应当披露所使用的资产评估假设。

10）评估结论：资产评估报告应当以文字和数字形式表述评估结论，并明确评估结论的使用有效期。评估结论通常是确定的数值。

11）特别事项说明：权属等主要资料不完整或者存在瑕疵的情形；未提供的其他关键资料情况；未决事项、法律纠纷等不确定因素；重要的利用专家工作及相关报告情况；重大期后事项；评估程序受限的有关情况、评估机构采取的弥补措施及对评估结论影响的情况；其他需要说明的事项。

12）资产评估报告使用限制说明。

13）资产评估报告日。

14）资产评估专业人员签名和资产评估机构印章。

第三节　商业计划书

一、商业计划书的基本概念

商业计划书是一份详细说明新企业或新项目的计划、目标、市场竞争分析、营销策略、组织结构、财务预测、风险评估等内容的书面报告。

商业计划书是企业或项目同潜在投资者、合作伙伴等进行商业谈判的重要工具，也是企业（项目）内部对经营目标和策略进行规划和评估的重要文书。

商业计划书通常包括以下内容：项目概述、市场和竞争分析、产品或服务描述、营销和销售策略、经营模式与运营策略、组织结构和管理团队、财务预测和风险评估、发展规划等。

二、市场和竞争分析

市场和竞争分析是商业计划书中非常重要的一部分，它可以帮助企业（项目）了解市场的竞争格局，分析竞争对手的优劣势，制定合适的营销策略。常用的市场竞争分析方法包括：SWOT 分析、五力分析、市场细分和目标市场分析、竞争者分析等。

1. SWOT 分析法

SWOT 分析法是一种常用的市场竞争分析方法，用于评估企业的优势、劣势、机会和威胁。SWOT 是 Strengths（优势）、Weaknesses（劣势）、Opportunities（机会）、Threats（威胁）的缩写。

具体做法如下：

1）分析企业（项目）内部环境，确定企业的优势和劣势。优势包括企业（项目）的核心竞争力、品牌影响力、人才优势等；劣势包括企业（项目）的管理问题、产品成熟度问题等。

2）分析企业（项目）外部环境，确定企业（项目）所面临的机会和威胁。机会包括市场增长、新技术、政策支持等；威胁包括竞争对手增多、市场饱和、消费者需求变化等。

3）将分析结果归纳为四个方面的因素，即企业的优势、劣势、机会和威胁。

4）制定相应的营销策略。根据 SWOT 分析结果，确定企业的发展方向和战略重点，制定出合适的营销策略和应对措施。

SWOT 分析法的优点是简单易行，能够帮助企业全面了解自身的情况，制定出合适的营销策略。但是 SWOT 分析法也存在一些局限性，比如分析结果可能受到主观因素影响，导致不够具体、详细等。因此，在使用 SWOT 分析法时，需要注意数据的真实性和客观性，以避免分析结果出现偏差。

2. 五力分析法

五力分析法是波特提出的一种市场竞争分析方法，用于评估企业（项目）所处市场的竞争情况。五力分析法将竞争对手、潜在竞争者、供应商、买家和替代品作为市场竞争的五种力量，分别进行分析评估，以确定市场的竞争情况。

具体做法如下：

1）竞争对手分析：分析市场上已有的竞争对手的数量、规模、市场份额、产品质量、品牌影响力、渠道分布等因素，以了解竞争对手的优劣势和竞争策略。

2）潜在竞争者分析：分析市场上可能出现的潜在竞争者的情况，包括新进入的竞争者、行业内的竞争者、新技术的应用等，以了解市场的潜在威胁。

3）供应商分析：分析供应商的数量、规模、供货稳定性、价格等因素，以了解供应商对市场的影响和企业的供应链风险。

4）买家分析：分析买家的数量、购买力、购买决策、市场需求等因素，以了解买家对市场和企业的影响。

5）替代品分析：分析市场上的替代品，包括同类产品、不同类产品、自我替代等，以了解市场的替代品威胁和企业的替代品优劣势。

五力分析法可以帮助企业（项目）全面了解市场的竞争情况，制定出合适的营销策略和应对措施。同时，五力分析法也能够帮助企业（项目）了解市场的变化和趋势，从而更好地应对市场的挑战。

3．市场细分和目标市场分析

市场细分和目标市场分析法是营销学中的重要方法，用于确定企业的市场定位和目标市场。市场细分是将整个市场按照不同的特征分成若干个细小的市场，而目标市场分析则是在市场细分的基础上，确定企业所要重点开拓的市场。

市场细分可用以下几种方式开展：

1）按地理位置细分：将市场按照地理位置分为不同的区域，如城市、地区、国家等。

2）按人口特征细分：将市场按照人口特征分为不同的细分市场，如年龄、性别、职业等。

3）按购买行为细分：将市场按照购买行为分为不同的细分市场，如消费频率、消费金额、消费渠道等。

4）按产品特征细分：将市场按照产品特征分为不同的细分市场，如产品功能、产品质量、产品价格等。

目标市场分析分步骤：

1）评估市场细分的各个市场的吸引力：分析每个市场的规模、增长率、利润率、竞争情况等因素，以确定每个市场的吸引力。

2）评估企业的竞争优势：分析企业的产品特点、品牌影响力、市场渠道等因素，以确定企业在各个市场中的竞争优势。

3）确定目标市场：根据市场的吸引力和企业的竞争优势，选择适合企业发展的目标市场，并确定营销战略。

市场细分和目标市场分析法可以帮助企业更好地了解市场情况，找到适合自己的市场定位和目标市场，制定出更加精准的营销策略，提高市场竞争力。

4．竞争者分析法

竞争者分析法是一种常见的市场竞争分析方法，它通过对竞争对手的情况进行系统分析，帮助企业了解市场竞争情况，制定出更加精准的营销策略和应对措施。竞争者分析法主要包括以下几个方面的内容：

（1）竞争对手的数量和规模

竞争对手数量和规模是竞争者分析的基础。企业需要了解市场上已有的竞争对手数量和规模，以及它们在市场上的市场份额和销售情况。这可以帮助企业了解市场的竞争情况和市场发展趋势。

（2）竞争对手的产品特点

竞争对手的产品特点包括产品质量、功能、价格、品牌、销售渠道等方面。企业需要了解竞争对手的产品特点，以评估自己的产品与竞争对手产品的差异性，找到自己的优势和不足之处，制定出更加精准的营销策略。

（3）竞争对手的市场定位和品牌影响力

竞争对手的市场定位和品牌影响力是企业了解竞争对手情况的重要方面。企业需要了解竞争对手的市场定位和品牌影响力，以了解竞争对手在市场上的竞争优势和挑战。

（4）竞争对手的营销策略

竞争对手的营销策略包括产品定价、促销活动、广告宣传、销售渠道等方面。企业需要了解竞争对手的营销策略，以寻找竞争对手的优劣势，制定出更加精准的营销策略。

（5）竞争对手的未来发展趋势

企业需要了解竞争对手的未来发展趋势，以了解市场的变化和趋势，制定出更加精准的营销策略和应对措施。

竞争者分析法可以帮助企业全面了解市场竞争情况，找到市场的机会和挑战，制定出更加精准的营销策略和应对措施，提高市场竞争力。

三、 营销和销售策略设计

营销是企业（项目）根据市场竞争分析结果，制定推广和销售策略，实现成果转化预期目标的重要手段。营销和销售策略制定的一般步骤如下：

（1）确定目标市场和目标客户群体

确定目标市场和目标客户群体，了解他们的需求和购买行为，以及市场竞争情况。

（2）确定产品定位和差异化策略

确定产品定位，找到自己的产品优势和不足之处，制定出适合市场的差异化策略。

（3）制定产品价格策略

根据市场情况和产品差异化策略，制定出适合市场的产品价格策略，包括定价策略、促销策略等。

（4）制定销售渠道和推广策略

根据目标客户群体的购买行为和市场竞争情况，制定出适合市场的销售渠道和推广策略，包括广告宣传、促销活动、公关活动等。

（5）制定销售目标和销售计划

根据市场情况和销售策略，制定出适合的销售目标和销售计划，包括销售额、销售渠道、销售人员等。

（6）实施和监控营销和销售策略

不断调整和优化策略，以实现销售目标和提高市场竞争力。

四、 商业计划书编写要点及模板

1. 商业计划书编写要点

（1）确定目标受众

商业计划书编写必须知道目标受众的需求和期望，以便能在文档中充分满足这些需求。

（2）明确商业计划书的目的

商业计划书应该明确具体的目的，包括寻求成果转化合作伙伴、投融资等。

（3）详细列出商业计划书的内容

商业计划书应该列出详细的内容，包括项目概述、市场分析、营销策略、产品/服务介绍、财务计划等。

（4）突出商业计划书的优势

商业计划书应该突出项目的优势，包括独特的产品、专业的团队、市场机会等。

（5）强调商业计划书的可行性

商业计划书应该强调项目的可行性，包括市场需求、竞争优势、财务预测等。

（6）保持商业计划书简洁明了

商业计划书应该保持简洁明了，避免使用过于复杂的术语和长篇大论的语句。

（7）调整商业计划书的语言和格式

商业计划书应该根据目标受众的不同需求，调整语言和格式，以便更好地满足其需求。

2. 商业计划书模板

商业计划书模板如图 14-2 所示。

```
××（项目名称）商业计划书

一、项目概述                     五、经营模式与运营策略
1.1 项目简介                     5.1 经营模式
1.2 项目发展历程                 5.2 运营策略
1.3 项目核心内容介绍             5.3 人力资源管理
二、市场和竞争分析               5.4 财务管理
2.1 行业分析                     六、组织结构和管理团队
2.2 市场规模及趋势               6.1 组织结构
2.3 竞争分析                     6.2 管理团队介绍
2.4 消费者分析                   七、财务预算和风险评估
三、产品或服务                   7.1 财务预算概述
3.1 产品或服务介绍               7.2 收入与支出预算
3.2 产品或服务的优势             7.3 盈利预测
3.3 研发规划                     7.4 现金流预算
四、市场营销策略                 7.5 风险评估
4.1 定位及目标客户               7.6 风险应对策略
4.2 市场推广策略                 八、发展规划
4.3 渠道拓展策略                 8.1 未来发展规划
                                 8.2 发展目标与任务
```

图 14-2　商业计划书模板

第四节 技 术 合 同

一、 技术合同的概念与主要类别

技术合同是指用于规定技术服务、技术转让、技术合作等技术领域的合同，主要包括技术开发合同、技术转让合同、技术合作合同、技术服务合同等。

其中，技术开发合同是指就新技术、新产品、新工艺、新材料、新品种及其系统的研究开发所订立的合同，包括委托开发合同和合作开发合同；技术转让合同是指就专利权转让、专利申请权转让、非专利技术转让、专利实施许可及技术引进所订立的合同，包括专利权转让、专利申请权转让、技术秘密转让、专利实施许可合同；技术合作合同是指技术相关合作方针对某项技术共同开展合作的合同；技术服务合同是指提供技术咨询、技术培训、技术支持等服务的合同。技术合同具有约束力和法律效力，是技术领域内重要的法律文书。

二、 技术合同的格式

根据《科学技术部关于印发〈技术合同示范文本〉的通知》（国科发政字〔2001〕244号），为促进科技成果转化，规范技术合同交易活动，提高技术交易质量，依法保护技术合同当事人的合法权益，科技部编制了系列《技术合同示范文本》，并积极提倡和引导技术交易当事人使用此示范文本，提高技术合同的签订质量。

1. 技术开发合同

技术开发合同的内容一般包括项目的名称，标的内容、范围和要求，履行的计划、地点和方式，技术信息和资料的保密，技术成果的归属和收益的分配办法，验收标准和方法，名词和术语的解释等条款。与履行合同有关的技术背景资料、可行性论证和技术评价报告、项目任务书和计划书、技术标准、技术规范、原始设计和工艺文件以及其他技术文档，按照当事人的约定可以作为合同的组成部分。技术开发合同要点及风险清单总结归纳如下：

（1）须明确约定开发内容

开发内容为技术开发合同的核心条款，体现合同双方权利和义务的主要内容。技术开发合同中应当明确约定技术开发的具体任务、需求和功能点，写明技术范围、技术条件等。开发内容既是双方权利和义务的依据，也是检验合同履行状况的依据。因开发内容有其固有的专业性和复杂性，该部分内容交由技术人员起草、把关更为合适。切忌因没有描述开发内容或缺乏对功能及其要求的详细说明而导致项目无法进行或双方权责不清。

（2）技术开发合同须明确进度安排

进度安排所涉条款是合同双方履行合同是否正当的具体条款，是衡量合同双方是否违约的具体标准。合同的履行计划、进度、期限、地点和方式是否明确，对处理技术开发合同纠纷具有重要的意义。项目进度安排要清晰、明确，包括时间、对应开发任务和工作（关键节点包括开发、安装、测试试运行、正式运行、验收、质保等）、交付方式、交付成果、交付期限、验收等。

（3）技术开发合同须明确交付成果应达到的质量要求

技术开发合同需要对交付成果进行详细、精确的描述，应避免出现交付成果约定不清或是缺乏对交付成果质量的约定。另外，因技术开发合同技术性较强，建议在合同中明确主要开发人员，避免合同履行不能。同时，应在合同中约定不侵权保证条款，即提交的技术成果不侵犯其他第三方权利，并约定配套违约措施。

（4）技术开发合同须明确验收标准和方法

该条款是指完成技术开发合同规定任务所应达到的技术、经济指标及其鉴定方式，验收标准可以是合同双方在技术合同中约定的内容，也可以是当事人约定的国家标准、行业标准、企业标准或其他验收标准。对于委托开发合同，验收标准通常根据委托方服务需求来确定。

关于验收方法，可以采用技术鉴定会、专家论证会等方法验收。对于技术开发（委托）合同，也可以是由委托方单方认可作为验收的方法。验收完毕后应当由委托方出具验收证明或文件，作为合同验收通过的依据。作为委托方，对于验收时的方法及认知水平导致质量缺陷未产生或被发现的情形，应增加"验收不能视为委托方对项目或设备的内在质量缺陷不持异议，只能视为产品达到当时的检验标准"的约定，并进一步约定合理期间的瑕疵担保责任。

（5）技术开发（委托）合同须明确开发失败、无法通过验收的处理

技术开发（委托）合同是对未知技术的开发，因此存在开发失败的风险。建议合同双方在合同订立时明确开发失败、无法通过验收的处理。如果合同双方对风险责任的承担在订立合同时没有约定或者约定不明确，则按照上述法律规定，受托人因为无法克服的技术困难，无法按合同约定提供符合要求的技术成果，委托人仍然可能要支付一定合理费用补偿。鉴于此，建议委托方通过合同约定避免风险承担。

另外，委托人还可将开发失败或者无法通过验收作为合同约定解除的事由，并明确约定解除权行使期限。如合同中未约定解除权行使期限，委托人应注意在解除事由出现后及时行使，避免因超过1年（自解除权人知道或应当知道解除事由之日起计算）或经受托人催告后在合理期限内不行使解除权而导致该权利消灭。

（6）技术开发合同须明确知识产权归属

技术开发完成的发明创造的技术成果及技术秘密成果归属均可以通过"约定排除法律默认规则"的方式，以合同双方的约定来确定权利归属。鉴于技术成果的权利归属是最核心问题，技术开发各方应在合同中明确技术成果归属，避免因未明确约定而适用法律默认规则，造成不必要的损失。

（7）技术开发（委托）合同须明确价款及支付方式

技术开发（委托）合同作为有偿合同，合同双方可以根据自行协商约定价款及支付方式。实践中，建议采用转账方式支付，以便保留支付痕迹，降低委托方关于付款的举证难度。付款的次数及付款的时间包括一次性支付、分期支付等。若一次性支付，应有明确的付款时限或付款条件。若是分期支付，则应明确付款的期数以及每期付款的时限及数额。实践当中，较为合理的方式是分期支付，采用验收与相应价款支付互为对待给付的方式进行。

（8）技术开发合同须明确约定技术资料保密条款

保密协议是公司保护商业秘密的手段之一，合同双方在订立技术合同时，对涉及国家秘密和技术秘密的，可就秘密事项的范围、密级和保密期限及承担保密义务达成书面保密协议或在技术合同中订立保密条款。保密协议和保密条款的效力具有相对的独立性，不受技术合同效力的影响。同时在技术合同终止后，可以约定一方或双方在一定的期限、地域内对相关的情报和资料负有保密义务，通过此条款的设置保护秘密信息，防止因泄密而造成的侵犯技术权益与技术贬值的情况发生。另外，此条款应配套约定违约措施，以便约束合同双方，对秘密泄露后的事后维权也起着至关重要的作用。

2. 技术转让（专利权）合同

专利权转让是指专利权人作为转让方，将其发明创造专利的所有权或持有权转移受让方，受让方支付约定价款所订立的合同。通过专利权转让合同取得专利权的当事人，即成为新的合法专利权人，同样也可以与他人订立专利转让合同，专利实施许可合同。技术转让（专利权）合同起草要点总结如下：

（1）须写明转让方拥有某专利权

转让方必须与所转让的专利的法律文件相一致，专利应写明专利号、公开号、公告号、申请日、授权日、公开日、专利权的有效期，且需与所转让的专利的法律文件相一致。同时应写明转让人有转让该专利的和受让人受让该专利的意思表示。

（2）须明确转让方向受让方交付资料

应详尽列明所需交付的材料，如向中国专利局递交的全部专利申请文件、中国专利局发给转让方的所有文件、转让方已许可他人实施的专利实施许可合同书、中国专利局出具的专利权有效证明文件、上级主管部门或国务院有关主管部门的批准转让文件等，可以在本条约定后用附件的方式进行列明。

（3）须明确交付资料的时间、地点及方式

交付时间双方可以协商约定，可约定支付转让费后交付的，也可约定合同生效后交付的，如果是部分交付，应注意剩余资料的交付时间，避免转让方拖延不交付，影响专利的实施。交付方式可以采用面交、挂号邮寄或空运等方式递交，因专利文件较多且涉及商业秘密，为了避免产生纠纷，建议最好采用面交方式，将文件清单及材料一并交付并核对签字。交付地点为受让方（转让方）所在地或双方约定的地点。

（4）须明确专利实施和实施许可的情况及处置办法

因专利转让前，转让人往往自己已经在实施或许可他人实施该专利，因此，需对专利实施和实施许可的情况及处置办法进行明确约定。实践中一般为在本合同签订前转让方已经实施该专利的，在本合同签订生效后转让方可继续实施或停止实施该专利。在本合同签订前转让方已经许可他人实施的许可合同，其权利义务关系自本合同签订生效之日起，转移给受让方。

（5）须明确转让费及支付方式

双方对转让费应明确约定，币种明确且金额大小写要一致，支付方式双方可以协商约定，转让方可以要求约定合同生效时或交付材料之前支付费用，受让方可以要求约定交付材料之后或专利局公告后支付费用，双方也可约定分期支付。

（6）须考虑专利权被撤销和被宣告无效的处理

宣告专利权无效的决定，对在宣告专利权无效前人民法院做出并已执行的专利侵权的判决、调解书，已经履行或者强制执行的专利侵权纠纷处理决定，以及已经履行的专利实施许可合同和专利权转让合同，不具有追溯力。但是因专利权人的恶意给他人造成的损失，应当给予赔偿。依照前款规定不返还专利侵权赔偿金、专利使用费、专利权转让费，明显违反公平原则的，应当全部或者部分返还。因此，应注意审查该专利是否存在被宣告无效的可能性。对专利权被撤销时的责任，应明确是否需要返还转让费、专利材料及赔偿损失。对他人提出撤销专利权请求、专利复审委员会对该专利权宣告无效、对复审委员会的决定（对发明专利）不服向人民法院起诉时，由谁负责答辩及费用承担。

（7）须考虑过渡期条款

应约定合同签订之日起至受让该专利期间由谁维持专利的有效性及费用承担，如应约定在本合同签字生效后至专利局登记公告之日，转让方应维持专利的有效性，但这在这一期间所要缴纳的年费、续展费由谁支付应约明。合同在专利局登记公告后，由谁负责维持专利的有效性，如办理专利的年费、续展费、行政撤销和无效请求的答辩及无效诉讼的应诉等事宜（也可以约定，在本合同签字生效后，维持该专利权有效的一切费用由受让方支付）。在过渡期内，因不可抗力，致使转让方或受让方不能履行合同的，本合同即告解除。

（8）须约定税费缴纳事宜

应对本合同所涉及的转让费需纳的税由谁负责缴纳进行约定。

（9）须明确违约责任

转让方要注意，当其逾期或拒不交付专利资料、转让手续时应承担的违约责任。受让方要注意，当其逾期或拒不交付转让费时应承担的违约责任。

3. 技术转让（专利实施许可）合同

技术转让（专利实施许可）合同是指专利权人或者其授权的人作为让与人许可受让人在约定的范围内实施专利，受让人支付约定使用费所订立的合同。技术转让（专利实施许可）合同起草要点总结如下：

（1）须明确专利实施许可标的

被许可方应对专利权进行适当尽职调查，以确保该专利权无瑕疵，许可方应为专利权人。合同中应列出专利的基本情况；如果是多项专利，可以列一个许可专利清单作为附件。

（2）须明确被许可对象

作为合同主体的被许可人当然在被许可之列，但在实务中还需要考虑的是关联企业问题：被许可人是企业集团，而签订专利许可合同的可能只是这个企业集团中的一个法人，被许可人签订专利许可合同的目的可能希望的是不仅签约法人能够获得专利许可，其他集团内的非签约法人亦能够获得专利许可。此时在合同条款中一般会通过"关联企业定义＋被许可范围包括关联企业"这两个条款来使得关联企业纳入被许可范围。这里的重点在于准确的、符合需求的定义"关联企业"。对于专利许可人而言，则需要审查这个关联企业的定义（如果关联企业也被授予许可的话），对关联企业进行明确限制，或者仅允许被许可人实施该专利。

（3）须明确约定实施许可的形式

专利许可包括三种形式，分别为是普通许可、排他许可、独占许可。独占实施许可，是指许可人在约定许可实施专利的范围内，将该专利仅许可一个被许可人实施，许可人依约定不得实施该专利；排他实施许可，是指许可人在约定许可实施专利的范围内，将该专利仅许可一个被许可人实施，但许可人依约定可以自行实施该专利；普通实施许可，是指许可人在约定许可实施专利的范围内许可他人实施该专利，并且可以自行实施该专利。

（4）须明确约定专利实施许可的范围

包括专利实施方式的限制、制造专利产品数量或使用专利方法次数的限制、实施期限和地域的限制。

（5）须明确是否可以分许可

分许可是指被许可人是否可以转许可第三人实施专利。在大部分的专利许可合同中都会规定，在未经许可人书面同意的情况下，被许可人不得将其许可再次转许可给其他第三人或在合同中直接约定被许可人不享有分许可的权利。这是因为许可人需要统一部署，其将专利许可给谁、如何进行许可、收取多少许可费、许可战略如何分步实施等，都需要进行统一的统筹和安排。如果允许被许可人享有分许可的权利，就会使得许可人无法统一部署。如果授权许可为排他性许可而合同并没有提及分许可，合同有时可能会被解释为暗含了对分许可的授权。如果允许被许可人享有分许可的权利，那么合同中就需要明确：被许可人可行使分许可权的具体范围，包括分许可权能、分许可地域范围、分许可期限、分许可渠道等；对于被许可人通过分许可而收取的许可收益，许可人是否有权进行分享，如何进行分享；许可人与被许可人之间的许可合同终止、解除或者到期后，分许可合同的效力应该如何认定。

（6）须明确许可权能

理论上，发明专利权和实用新型专利权的权能包括制造权、使用权、许诺销售权、销售权、进口权，而外观设计专利权的权能则包括制造权、许诺销售权、销售权、进口权。双方可以约定被许可人享有其中的部分或全部权能。但是这些权能之间不是完全独立的。例如：一般而言，如无特别约定，授予被许可人享有"销售权"，可能会暗含被许可人同时享有"许诺销售权"和"使用权"；对于方法发明专利权而言，授予被许可人享有"使用权"，可能会暗含被许可人同时享有"制造权"，也就是说，专利许可中会存在着默示许可的情况。为避免争议，在对部分权能进行许可时，除列明许可的权能以外，还可以说明用途和场景。

（7）须明确许可期限

专利许可期限比一般的知识产权许可期限更为复杂。因为专利实施行为存在多种表现形式，如生产、许诺销售、销售、使用，因此在许可期限临近届满时，被许可人可能存在多个停止实施专利的时间点，如停止生产、停止许诺销售、停止销售、停止使用等多个时间点。因此，许可合同应当就被许可人何时需要停止生产、是否需要销毁半成品、工厂库存商品是否可以继续销售、门店库存商品是否可以继续销售、在售后服务过程中是否可以实施许可专利、许可人是否回购剩余库存产品、是否需要销毁生产模具等涉及许可期限终止问题进行明确约定。

一般来说如果权利人采取提成浮动方式收取专利许可费的，往往先设定一个停止生产的明确期限，同时设定一个停止销售的明确期限，允许被许可人在停止生产后的一定期限内继续将库存产品进行销售，但不得再进行生产，根据总体销售额度结算专利许可费。

在对专利许可期限进行约定时，可设置一个自动续展的条款，如双方可约定在专利许可期限到期前的一定期限（如半年）内，如果双方没有通过书面等明示方式表明不再进行续展，则专利许可合同可自动续展一定期限（如 2 年）。自动续展条款的存在，使得双方无须再一次许可谈判，提高了专利许可的谈判效率。显然，这只适用于"持续付费模式"。

（8）须明确许可费用支付方式

许可费用条款大致有下列模式：

1）固定费用模式。固定费用模式下可以一次性付费，也可以分阶段付费。固定费用模式减少了双方"对账"的成本，但一般只在小规模的专利许可中使用。

2）持续付费模式。这又分为"滑动持续付费"和"固定持续付费"。"滑动持续付费"：被许可人周期性地（通常是按季度）向许可人报告专利使用情况，并根据产品的实际生产或销售情况以销售价格的一定比例或者固定许可单价向许可人支付许可费，必要时，许可人会委派专业的会计审计机构入场进行审计。这种情况下，合同中需要就专利使用情况的报告、审计、争议处理等进行详细的约定。"固定持续付费"：许可人和被许可人会以许可合同签订之前被许可人某一特定时期（通常是许可合同签订之前的前一个会计年）实际发生的生产或销售数量为准，被许可人在许可期限内（比较常见的是 3 年或者 5 年）按照这一生产或销售数量向许可人支付许可费。这种方式避免了后续的专利使用情况报告以及会计审计工作，对于许可人和被许可人都比较有利。实践中，如果被许可人的生产或销售情况存在逐渐向好预期的时候，被许可人往往喜欢选择这种方式，同时，许可人也倾向于以这种方式来吸引被许可人尽快与其达成许可合同。

4. 技术转让（技术秘密）合同

技术秘密的使用权是指以生产经营为目的使用技术秘密的权利。技术秘密使用许可合同是指让与人将拥有的技术秘密成果提供给受让人，明确相互之间技术秘密成果使用权，受让人支付约定使用费所订立的合同。技术转让（技术秘密）合同起草要点总结如下：

（1）须明确技术秘密的概念

技术秘密要求不为公众所知悉（即秘密性）、能带来经济效益、具有适用性并采取保密措施（即保密性），其中采取保密措施是保证不为公众所知悉的重要保证，也可以说采取保密措施属于不为公众所知悉的范畴。技术秘密次要以秘密形状维持其经济价值，是不为公众所知悉的，即不能从公开渠道直接获取，仅为特定人知晓，技术秘密一旦被披露，为公众所知悉，就会丧失秘密性，从而导致技术秘密的终止。

（2）须明确技术秘密的使用期限

技术秘密的保护期是以其保密状态的存续期间为准，只需严守秘密，并且不被新技术所取代，理论上其保护期间是无限的，但由于技术的更迭等原因，技术秘密在实践中多以有限期的存在，故一般会在合同中约定技术秘密的使用期限。

（3）须明确技术秘密实施过程的技术指导

技术转让（技术秘密）合同的受让人或被许可人应当对技术秘密的让与人提出技术指导要求，以保证技术秘密的实用性、可靠性。在实践中，技术转让（技术秘密）合同的让与人首要义务是"提供技术资料"。

（4）须明确技术秘密的范围

技术转让（技术秘密）合同中可以约定技术秘密的使用范围，但不得限制技术竞争和技术发展。

5.技术咨询合同

技术咨询合同是当事人一方以技术知识为对方就特定技术项目提供可行性论证、技术预测、专题技术调查、分析评价报告等所订立的合同。技术咨询合同起草要点总结如下：

（1）技术咨询合同的一方当事人即受托人必须拥有一定的技术知识

受托人要具有一定的技术知识是这次民法典编纂时新增加的内容，目的是强调提供技术咨询的一方应当有一定资质。

（2）技术咨询合同的标的是对技术项目的咨询

本书所讲的咨询，是指对技术项目的可行性论证、技术预测、专题技术调查、分析评价报告。可行性论证，是指对特定技术项目的经济效果、技术效果和社会效果所进行的综合分析和研究的工作。技术预测，是指对特定技术项目实施后的发展前景及其生命力所进行的判断。专题技术调查，包括技术难题、技术障碍和技术事故的咨询，是指根据委托人的要求所进行的资料、数据的考察收集工作。分析评价报告，包括工程技术项目的可行性论证，科学技术规划的可行性论证和知识产权战略实施的可行性论证，是指通过对特定技术项目的分析、比较得出的书面报告。

（3）技术咨询的范围是与技术有关的项目

与技术有关的项目概念较为广泛，主要分三类：

1）有关科学技术与经济、社会协调发展的软科学研究项目。例如，科技发展战略研究，科技发展规划研究，技术政策与技术选择的研究。

2）促进科技进步和管理现代化，提高经济效益和社会效益的技术项目。例如，重大工程项目、研究开发项目、技术改造和成果推广等的可行性分析；技术成果、重大工程和特定技术系统的技术评估；特定技术领域、行业、专业和技术转移的技术预测；就专项技术进行的技术调查。需要说明的是，上述项目中与技术开发、技术转让、技术许可有关，可以作为技术开发合同、技术转让合同或者技术许可合同的一部分内容在合同中进行约定。

3）其他专业性技术项目。例如对技术产品和工艺的分析，技术方案的比较，专用设施、设备的安全对策；又如标的为大、中型建设工程项目前期的分析论证；再如标的为引进先进理化测试仪器，就其技术性能进行可行性分析等。前述这些项目中与技术开发、技术转让、技术许可有关的，也可以作为技术开发合同、技术转让合同或者技术许可合同的一部分内容在合同中进行约定。

（4）技术咨询合同履行的结果是由提供咨询的一方（受托方）向委托方提供尚待实践检验的报告或者意见

这一报告或者意见不是其他技术合同所要求的某一技术成果。需要注意的是，当事人一方委托另一方就解决特定技术问题提出实施方案、进行实施指导所订立的合同是技术服务合同，不适用有关技术咨询合同的规定。

（5）技术咨询合同风险责任的承担有其特殊性

对这种合同，除合同另有约定外，因委托人实施咨询报告或者意见而造成的风险，受托方不承担风险。这与技术开发、技术转让合同的风险责任的承担有所不同。

6. 技术服务合同

技术服务合同是当事人一方以技术知识为对方解决特定技术问题所订立的合同，不包括承揽合同和建设工程合同。技术服务合同起草要点总结如下：

（1）技术服务合同的认定范围

技术服务合同所关注的特定技术问题，是指需要运用科学技术知识解决专业技术工作中有关改进产品结构、改良工艺流程、提高产品质量、降低产品成本、节约资源能耗、保护资源环境、实现安全操作、提高经济效益和社会效益等问题。符合下列条件的，可以认定是技术服务合同：

1）合同的标的是运用专业技术知识、经济和信息解决特定技术问题的项目。

2）服务内容是改进产品结构、改良工艺流程、提高产品质量、降低产品成本、节约资源能耗、保护资源环境、实现安全操作、提高经济效益和社会效益等专业技术工作。

3）工作成果有具体质量和数量指标。

4）技术知识的传递不涉及专利和技术秘密成果的权属。

5）技术服务合同不包括承揽合同和建设工程合同。建设工程的勘察、设计、施工合同和以常规手段或者为生产经营目的进行一般加工、定作、修理、修缮、广告、印刷、测绘、标准化测试等订立的加工承揽合同，不属于技术服务合同，但是以非常规技术手段解决复杂、特殊技术问题而单独订立的合同除外。

（2）须明确合同成果归属约定

通常而言，技术服务合同不涉及新技术成果的交付与传递，但是技术服务合同的受托人有时会基于委托人提供的有关材料和数据等工作条件等派生出新的技术成果；委托人也可能在取得受托人的技术服务成果后，进行后续研究开发，利用所掌握的知识，创造出新的技术成果。

对于上述产生的新的技术成果，无论是数据资料和报告成果提供方，或者是后续进行分析研发的一方，双方当事人都对最终的新的技术成果有贡献，如果对新的技术成果没有约定或者约定不明确，就会产生权属纠纷。

三、 合同全过程管理

（一） 合同签订管理

1. 合同前置阶段

（1）准备工作

合同订立之前应做如下工作：

1）当事人应当审查合同双方的主体是否适合。

2）当事人应当基于真实意思表示而达成合意。

3）当事人应当审查合同内容及形式是否合法。

（2）法律依据

《中华人民共和国民法典》第一百四十三条规定，具备下列条件的民事法律行为有效：

1）行为人具有相应的民事行为能力。

2）意思表示真实。

3）不违反法律、行政法规的强制性规定，不违背公序良俗。

《中华人民共和国民法典》第四百九十条规定，当事人采用合同书形式订立合同的，自当事人均签名、盖章或者按指印时合同成立。在签名、盖章或者按指印之前，当事人一方已经履行主要义务，对方接受时，该合同成立。

2. 合同签订阶段

合同对方当事人资信审查：资信审查作为合同签订的前置程序，对合同对方是否具备合同签订资格进行全面审查，是合同风险防范的必要环节和履行合同的重要保证。

（1）审查要点

1）主体资格合法。法人组织需具有有效的法人营业执照，其所载的内容应与实际相符；非法人组织、自然人需具备相应的合同履行能力，应核实其营业执照和个人身份证件；受组织或个人委托签订合同的，需提供有效的授权委托文件。

2）合同标的应当符合合同对方经营范围，涉及专营许可的或法律法规有资质（等级）要求的，应具有相应的有效许可、资质（等级）证书。

3）合同对方应具有相应履约能力，即具有给付能力、生产能力或运输能力，必要时要求其出具资产负债表、资金证明、注册会计师签署的验资报告。

4）合同对方应具有履约信用，以往履约情况良好，无不良履约记录。

5）签订合同时，不存在任何对履行本合同产生重大不利影响的经济纠纷、犯罪案件、司法判决、裁定、具体行政行为或其他法律程序的情况。

（2）审查手段

1）书面审查。主要对合同对方的营业执照、身份证件、资质证明以及第三方机构出具的财务报告等材料进行审查，初步判断合同对方的资格条件和履约能力。若合同经采购流程签订，相关资料可通过对方提供的投标（应答）材料中的商务文件获取；若合同未经采购流程签订，可直接要求对方提供上述相关资料。

2）线上核查。合同承办人可通过下列系统（包括但不限于）对合同对方提供的资料进行核对，判断合同对方是否存在不良信用记录或违法行为：

①国家企业信用信息公示系统（www.gsxt.gov.cn）：核对对方企业基础信息是否与其提供的材料相吻合，查询企业年报了解目前的经营状况，此外还可以查询到企业的行政许可、行政处罚以及是否列入严重失信企业名单的相关信息。

②中国裁判文书网（wenshu.court.gov.cn）：查询合同对方是否存在可能对本合同履行产生不利影响的纠纷案件以及案件执行情况。

③中国执行信息公开网（zxgk.court.gov.cn）：查询合同对方是否被列入失信被执行人以及限制消费名单。

④其他方式：如通过天眼查、企查查等系统核查。

（二）合同履行管理

合同履行指的是合同规定义务的执行。任何合同规定义务的执行都是合同的履行行为；相应地，凡是不执行合同规定义务的行为都是合同的不履行。因此，合同的履行表现为当事人执行合同义务的行为。当合同义务执行完毕时，合同也就履行完毕。

1. 合同履行基本原则

合同履行的原则，是指法律规定的所有种类合同的当事人在履行合同的整个过程中所必须遵循的一般准则。根据中国合同立法及司法实践，合同的履行除应遵守平等、公平、诚实信用等民法基本原则外，还应遵循以下合同履行的特有原则，即适当履行原则、协作履行原则、经济合理原则和情势变更原则。以下就这些合同履行的特有原则加以介绍：

（1）适当履行原则

适当履行原则是指当事人应依合同约定的标的、质量、数量，由适当主体在适当的期限、地点，以适当的方式，全面完成合同义务的原则。这一原则要求：第一，履行主体适当，即当事人必须亲自履行合同义务或接受履行，不得擅自转让合同义务或合同权利让其他人代为履行或接受履行。第二，履行标的物及其数量和质量适当，即当事人必须按合同约定的标的物履行义务，而且还应依合同约定的数量和质量来给付标的物。第三，履行期限适当，即当事人必须依照合同约定的时间来履行合同，债务人不得迟延履行，债权人不得迟延受领；如果合同未约定履行时间，则双方当事人可随时提出或要求履行，但必须给对方必要的准备时间。第四，履行地点适当，即当事人必须严格依照合同约定的地点来履行合同。第五，履行方式适当。履行方式包括标的物的履行方式以及价款或酬金的履行方式，当事人必须严格依照合同约定的方式履行合同。

（2）协作履行原则

协作履行原则是指在合同履行过程中，双方当事人应互助合作共同完成合同义务的原则。合同是双方民事法律行为，不仅仅是债务人一方的事情，债务人实施给付，需要债权人积极配合受领给付，才能达到合同目的。由于在合同履行的过程中，债务人比债权人应更多地受诚实信用、适当履行等原则的约束，协作履行往往是对债权人的要求。协作履行原则也是诚实信用原则在合同履行方面的具体体现。协作履行原则具有以下几个方面的要求：第一，债务人履行合同债务时，债权人应适当受领给付。第二，债务人履行合同债务时，债权人应创造必要条件、提供方便。第三，债务人因故不能履行或不能完全履行合同义务时，债权人应积极采取措施防止损失扩大，否则应就扩大的损失自负其责。

（3）经济合理原则

经济合理原则是指在合同履行过程中，应讲求经济效益，以最小的成本取得最佳的合同效益。在市场经济社会中，交易主体都是理性地追求自身利益最大化的主体，因此，如何以最小的履约成本完成交易过程，一直都是合同当事人所追求的目标。由此，交易主体在合同履行的过程中应遵守经济合理原则是必然的要求。该原则一直为我国的立法所认可，如《纺织品、针织品、服装购销合同暂行办法》规定，供需双方应商定选择最快、最合理的运输方法。

（4）情势变更原则

合同有效成立以后，若非因双方当事人的原因而构成合同基础的情势发生重大变更，致使继续履行合同将导致显失公平，则当事人可以请求变更和解除合同。

所谓情势，是指合同成立后出现的不可预见的情况，即"影响及于社会全体或局部之情势，并不考虑原来法律行为成立时，'为其基础或环境之情势'"。所谓变更，是指"合同赖以成立的环境或基础发生异常变动。"我国学者一般认为，变更指的是构成合同基础的情势发生根本的变化。在合同有效成立之后、履行之前，如果出现某种不可归责于当事人原因的客观变化会直接影响合同履行结果时，若仍然要求当事人按原来合同的约定履行合同，往往会给一方当事人造成显失公平的结果，这时，法律允许当事人变更或解除合同而免除违约责任的承担。这种处理合同履行过程中情势发生变化的法律规定，就是情势变更原则。

2. 合同履行注意事项

对于依法生效的合同而言，在其履行期限届满以后，债务人应当根据合同的具体内容和合同履行的基本原则实施履行行为。债务人在履行的过程中，应当注意以下几点内容：

（1）履行主体

合同履行主体不仅包括债务人，也包括债权人。因为，合同全面适当地履行的实现，不仅主要依赖于债务人履行债务的行为，同时还要依赖于债权人受领履行的行为。因此，合同履行的主体是指债务人和债权人。除法律规定、当事人约定、性质上必须由债务人本人履行的债务以外，履行也可以由债务人的代理人进行，但是代理只有在履行行为是法律行为时方可适用。同样，在上述情况下，债权人的代理人也可以代为受领。此外，必须注意的是，在某些情况下，合同也可以由第三人代替履行，只要不违反法律的规定或者当事人的约定，或者符合合同的性质，第三人也是正确的履行主体。不过，由第三人代替履行时，该第三人并不取得合同当事人的地位，第三人仅仅只是居于债务人的履行辅助人的地位。

（2）履行标的

合同的标的是合同债务人必须实施的特定行为，是合同的核心内容，是合同当事人订立合同的目的所在。合同标的不同，合同的类型也就不同。如果当事人不按照合同的标的履行合同，合同利益就无法实现。因此，必须严格按照合同的标的履行合同就成为合同履行的一项基本规则。合同标的的质量和数量是衡量合同标的的基本指标，因此，按照合同标的履行合同，在标的的质量和数量上必须严格按照合同的约定进行履行。如果合同对标的的质量没有约定或者约定不明确的，当事人可以补充协议，协议不成的，按照合同的条款和交易习惯来确定。如果仍然无法确定的，按照国家标准、行业标准履行；没有国家标准、行业标准的，按照通常标准或者符合合同目的的特定标准履行。在标的数量上，全面履行原则的基本要求便是全部履行，而不应当部分履行，但是在不损害债权人利益的前提下，也允许部分履行。

3. 履行期限

合同履行期限是指债务人履行合同义务和债权人接受履行行为的时间。作为合同的主要条款，合同的履行期限一般应当在合同中予以约定，当事人应当在该履行期限内履行债务。如果当事人不在该履行期限内履行，则可能构成迟延履行而应当承担违约责任。履行期限不明确的，根据《民法典》第五百一十条的规定，双方当事人可以另行协议补充，如果协议补充不成的，应当根据合同的有关条款和交易习惯来确定。如果还无法确定的，债务人可以随时履行，债权人也可以随时要求履行，但应当给对方必要的准备时间。这也是合同履行原则中诚实信用原则的体现。不按履行期限履行，有两种情形：迟延履行和提前履行。在履行期限届满后履行合同为迟延履行，当事人应当承担迟延履行责任，此为违约责任的一种形态；在履行期限届满之前所为之履行为提前履行，提前履行不一定构成不适当履行。

4. 履行地点

履行地点是债务人履行债务、债权人受领给付的地点，履行地点直接关系到履行的费用和时间。在国际经济交往中，履行地点往往是纠纷发生以后用来确定适用的法律的根据。如果合同中明确约定了履行地点的，债务人就应当在该地点向债权人履行债务，债权人应当在该履行地点接受债务人的履行行为。如果合同约定不明确的，依据《民法典》第五百一十条，合同生效后，当事人就质量、价款或者报酬、履行地点等内容没有约定或者约定不明确的，可以协议补充，不能达成补充协议的，按照合同有关条款或者交易习惯确定。如果履行地点仍然无法确定的，则根据标的的不同情况确定不同的履行地点。如果合同约定给付货币的，在接受货币一方所在地履行；如果交付不动产的，在不动产所在地履行；其他标的，在履行义务一方所在地履行。

5. 履行方式

履行方式是合同双方当事人约定以何种形式来履行义务。合同的履行方式主要包括运输方式、交货方式、结算方式等。履行方式由法律或者合同约定或者是合同性质来确定，不同性质、内容的合同有不同的履行方式。根据合同履行的基本要求，在履行方式上，履行义务人必须首先按照合同约定的方式进行履行。如果约定不明确的，当事人可以协议补充；协议不成的，可以根据合同的有关条款和交易习惯来确定；如果仍然无法确定的，按照有利于实现合同目的的方式履行。

6. 履行费用

履行费用是指债务人履行合同所支出的费用。如果合同中约定了履行费用，则当事人应当按照合同的约定负担费用。如果合同没有约定履行费用或者约定不明确的，则按照合同的有关条款或者交易习惯确定；如果仍然无法确定的，则由履行义务一方负担。因债权人变更住所或者其他行为而导致履行费用增加时，增加的费用由债权人承担。

（三）合同变更与违约管理

1. 合同变更基本原则

合同变更是指不改变主体而使权利义务发生变化的现象。合同变更不仅在实践中司空见惯，也是合同制度的重要内容。我国《民法典》第一百零二条规定"本法所称合同是平等主体的自然人、法人、其他组织之间设立、变更、终止民事权利义务关系的协议。婚姻、收养、监护等有关身份关系的协议，适用其他法律的规定"。此条可见变更在《民法典》中的重要地位。合同变更有依法律行为变更、依裁判变更以及依法律规定变更三种方式。

合同的变更有以下基本原则。

（1）合同的主体不变，内容改变

合同变更并非消灭原合同、设立新合同，而仅仅是在原合同继续存续的基础上对原合同某些权利义务的内容作出修改，学说认为变更后的合同与原合同在本质上具有"同一性"。合同变更的"同一性"决定了合同的变更只能是内容的改变而不包括主体的变化。如果是主体的变化，则变更后合同失去了同一性，相当于合同的转让，主体改变后的合同与改变前的合同本质上是两个合同。

（2）合同的变更必须是非要素变更

对合同变更与合同更改进行区分的关键在于明确变更内容是否是合同的要素，民法理论上据此区分为债的要素变更与非要素变更。如为要素变更，即给付发生重要部分的变更，则合同关系失去同一性，原合同消灭，旧合同所附着的利益与瑕疵归于消灭，更改后的合同为新合同，称之为合同的更改；如为非要素变更，即给付发生非重要部分的变更，原合同没有失去其同一性，合同债权所附着的利益和瑕疵原则上继续存在，称之为合同的变更，重要部分失去同一性的判定，应当依当事人的意思和一般交易观念加以确定。如按照合同当事人的意愿以及交易观念认为给付的变更已使合同关系失去同一性的，即为债的要素变更，如合同标的的改变、履行数量的巨大变化、价款的重大变化、合同性质的变化等；反之，非要素的变更未使合同关系失去同一性，如标的物数量的少量增减、履行地点的改变、履行期限的顺延等均属此类。

由此可知，我国《民法典》上的合同变更指的是非要素的变更，即仅仅是给付的非重要部分发生变化。

2. 合同违约处理原则

合同违约是指违反合同债务的行为，亦称为合同债务不履行。这里的合同债务，既包括当事人在合同中约定的义务，又包括法律直接规定的义务，还包括根据法律原则和精神的要求，当事人所必须遵守的义务。仅指违反合同债务这一客观事实，不包括当事人及有关第三人的主观过错。

（1）违约处理原则

单方违约。依据《民法典》第五百七十八条规定，当事人一方明确表示或者以自己的行为表明不履行合同义务的，对方可以在履行期限届满前请求其承担违约责任。

预期违约的实质是一种毁约行为，分为明示毁约和默示毁约两种。所谓明示毁约，是指一方当事人在合同履行到来之前，明确、肯定地向另一方表示其将不履行合同义务。明示毁约既可以是书面的，也可以是口头的。

所谓默示毁约，是指当事人在合同履行期到来之前，根据对方当事人的行为表现而预示其将不履行合同义务。其构成条件为：①债务人的行为符合《民法典》第五百二十七条所规定的情形；②守约方具有确凿证据证明对方具有上述情形；③违约方不愿提供适当的履行担保。

对于预期违约，守约当事人依法选择下列救济方式来追究对方当事人的法律责任：

1）自救手段。依《民法典》第五百二十七条的规定，对于预期违约，守约方依此享有合同解除权，可单方解除合同，并可请求对方赔偿损失。此规定比较适合明示毁约。但对于默示毁约而言，因恐难以掌握对方违约的确切证据，故守约方不宜再采取解除合同措施，可参照《民法典》第五百二十七条规定，终止合同履行或中止合同履行或履行准备，以避免扩大自己的经济损失；立即通知对方当事人在预期时间内提供适当的履行担保。若对方当事人在处理期间内不能提供适当担保，应视为对方明示毁约，此时可依法解除合同，并请求赔偿损失。此种自助措施与行使不安履行抗辩相似。

2）司法救济。依《民法典》第五百六十三条规定，一方当事人违约，对方可在履行期限届满之前要求其承担违约责任。此种措施，对于明示毁约易于操作；但对于默示毁约，守约方须掌握对方预期违约的确切的证据后方可诉诸法律，否则，将因证据不力反而于己不利。

3）等待履行。当一方预期违约，对方可坚持合同的效力，要求或等待对方到期履行合同，以静观对方的态度是否有所变化，然后决定是否采取相应措施。对于明示毁约，守约方应明确要求对方撤回毁约的表示，而不能一味地坐等对方履行，以免扩大损失。对于默示毁约，守约方一时无确切证据证实对方毁约，可等待对方到期是否履行；若对方到期不履行，可依实际违约中的不履行情形追究其违约责任，或者依法解除合同，请求赔偿损失。

（2）违约的法律后果

违约的法律后果根据不同情况分别如下：

1）自始不能履行的有效合同，不论是否可归责于债务的事由，债务人均应承担违约责任，但应免除债务人的实际履行责任；债权人可依法解除合同，请求赔偿损失。此外，若违约人的行为构成犯罪，违约人依法还应承担刑事责任。

2）因可归责于债务人的事由致使合同全部不能履行，债务人应免除实际履行责任，但应承担违约责任；债权人可依法解除合同，并请求赔偿损失。

3）因可归责于债务人的事由而致一时履行不能，待不能原因清楚以后，债务人应履行原债务，并承担违约责任，但此时履行不得违反《民法典》第五百八十条规定。

4）因可归责于债务人的事由而致合同履行不能，债务人可解除不能履行部分的实际履行责任，对能履行的部分仍应继续履行，但不得违反《民法典》第五百八十条的规定，并同时承担违约责任；若部分履行不能致使债权人订约目的不能实现，债权人可解除合同，并请求赔偿损失。

5）若因不可归责于债务人的事由而致合同履行不能，债务人的法律后果分别表现为：一是解除原债务的实行履行责任。因一时履行不能，债务人在不能障碍消除前不负履行迟延责任；二是遇有履行不能情形时，债务人有及时通知对方的义务，并有在合理期限内提供证明的义务；三是除承担违约责任，如《民法典》第五百九十条的规定。

（四） 合同归档管理

1. 合同归档管理的目的

合同档案是记载合同履行全部情况的文字资料，合同档案管理制度是合同管理制度的组成部分，也是合同相关方为维护自身的合法权益而采取的必要手段。通过对合同的档案管理，可以完整保存与合同相关的证据材料，如果有纠纷一旦发生，可以及时运用档案记载的内容，依法维护合同相关方的权益。

2. 合同归档管理办法

（1）合同档案管理制度制定原则

制定合同档案管理制度的基本原则是要根据企业管理的实际情况，规定合同档案的期限和管理程序，既要考虑到简便实用，也要考虑到合理合法。由于合同档案不同于其他的档案，作为合同归口管理部门的企业法律顾问室也应当自己保存一份合同资料。因此，可以在管理规定中要求主办单位复印一套材料交法律顾问室。

制作合同档案的基本要求是如实记载合同签订、履行的真实情况，特别是涉及合同履行的全部文字材料要逐一登记归档，便于查询和利用。

（2）归档管理基本原则

1）合同文档管理可以以年代结合项目性质进行分类编号。

2）保存的合同文档每半年清理核对一次，如有遗失、损毁，要查明原因，及时处理，并追究相关人员责任。

3）合同管理组要加强对合同档案的统计工作，要以原始记录为依据，编制合同统计清单。

4）合同管理组应根据实际需要编制合同档案检索工具，以便有效地开展合同文档的查询、利用工作。

5）各分公司、各部门员工可在合同档案管理组查阅合同文档，确因工作需要需借出查阅，须经分公司、部门主管领导签字同意后，方可在合同管理组办理相关借阅手续，以影印件借出。合同原件无特殊情况不得外借。

6）合同文档的保存条件：防火，防潮。

7）合同文档必须专人负责管理。

（五）技术合同认定登记

1. 技术合同认定登记管理制度

技术合同登记是指技术合同登记机构对当事人提交申请认定登记的技术合同文本及相关附件进行审查，确认其是否属于技术合同，并进行分类登记确定属于何种技术合同，核定技术交易额（技术性收入）的工作。

为了贯彻落实《中共中央、国务院关于加强技术创新，发展高科技，实现产业化的决定》精神，加速科技成果转化，保障国家有关促进科技成果转化政策的实施，加强技术市场管理，科技部、财政部和国家税务总局于2000年共同制定了《技术合同认定登记管理办法》（国科发政字〔2000〕63号），实行技术合同登记的管理制度。

技术合同认定登记工作是指技术合同登记机构根据《技术合同认定登记管理办法》和《技术合同认定规则》要求，对申请认定登记的合同是否属于技术合同及属于何种技术合同作出结论，并核定其技术交易额（技术性收入），对符合要求的合同予以登记，并发放技术合同认定登记证明。

2. 技术合同登记的作用

技术合同认定登记工作在加速科技成果转化、保障国家有关促进科技成果转化政策的实施、加强技术市场管理等方面发挥着重要作用。技术合同认定登记的规模和质量是一个区域科技创新能力和科技成果转化水平的风向标，反映了区域技术市场主体活跃度和技术转移转化效率。

（1）享受优惠政策

通过技术合同登记，合同主体可以享受国家对有关促进科技成果转化规定的税收、信贷和奖励等方面的优惠政策，见表14-1。未申请认定登记和未予登记的技术合同不得享受。

表 14 - 1　　　　　　　　　　　　　　技术合同优惠政策类型

优惠政策	技术开发	技术转让	技术咨询	技术服务
奖酬金（卖方）				
企业所得税（卖方）				
增值税（卖方）				
加计扣除（买方）				

备注：技术合同卖方指的是技术开发合同中的技术开发方、技术转让合同中的技术转让方、技术咨询合同中的受委托方、技术服务合同中的服务提供方。

1）增值税优惠。按照国家现行政策，4 类技术合同（开发、转让、咨询、服务）中，开发和转让两类合同经认定登记，可向税务部门申请办理减免增值税的优惠（通常为 6％的税率）。

2）企业所得税优惠。经认定登记的，符合条件的技术转让所得免征、减征企业所得税是指一个纳税年度内，居民企业技术转让所得不超过 500 万元的部分，免征企业所得税；超过 500 万元的部分，减半征收企业所得税。所得税减免可以追溯三年，专票、普票都可以享受，之前未享受的可以凭借免税单办理退税。

3）研发费用加计扣除。经认定登记的技术开发合同中，技术交易额可以申请加计扣除。

4）奖酬金。法人和其他组织按照国家有关规定，根据所订立的技术合同，从技术开发、技术转让、技术咨询和技术服务的净收入中提取一定比例作为奖励和报酬，给予职务技术成果完成人和为成果转化做出重要贡献人员的，应当申请对相关的技术合同进行认定登记，并依照规定提取奖金和报酬。

（2）促进合同规范化

实施技术合同认定登记，有利于技术合同的规范化，以避免或减少合同争议及法律诉讼。通过对已签订的技术合同从法律和技术方面进行认定，可及时发现合同格式是否规范、条款是否完整、双方权利义务的划分是否公平、名词和术语的解释是否准确，若有问题，可立即指出，及时修改。很多法律和技术层面的问题在认定登记过程得到了解决，就能防止或减少合同纠纷，保证技术市场稳定的运行。

（3）保障合同履行

技术合同经过认定登记，取得登记证明并履行后，当事人才能凭登记证明办理减免税收、提取奖酬金手续。一是能对合同的履行起到监督保证作用；二是能有效防止逃避国家税收、滥发奖金等违法乱纪的行为，堵塞税收和现金管理上的漏洞，既严肃了财经纪律，又使信贷、税收、奖励等优惠政策真正发挥促进科技成果转化的作用，保证技术市场健康、有序地发展。

（4）决策辅助

通过技术合同认定登记，可以加强国家对技术市场的统计和分析工作，为政府制定政策提供依据。

3. 技术合同登记流程

（1）账户注册

1）技术合同的受委托方作为技术/技术服务的卖方在合同成立后向所在地区技术合同登记机构提出认定登记申请。

2）卖方应通过所在地区技术合同登记机构网站提交《卖方注册信息表》、营业执照副本复印件加盖公章、法人身份证复印件材料。后台审核通过后，就可以在网上登记系统上用卖方注册信息表上的 ID 和密码登录。

（2）在线合同登记申请

按照实际签订的合同的信息，填写合同登记申请的相关内容。在网上填报过程中，如有不确定的地方，建议最好事先与审核部门沟通，以免驳回重填。可以对填写的内容进行暂存或者提交。提交之后也可以进行改动。

（3）报送合同文本

网上申报结束之后，需要将以下材料上报至企业所在地科技主管部门技术合同备案的机构。若任一方法人指定专门项目联系人来处理事务，需要一份法人签字盖章的委托说明。

进入"全国技术合同网上登记系统资料下载专区"页面，下载《技术合同登记表》并正确填写。其中登记员、合同编号、合同登记日期空着不填，其余部分如实填写即可。

合同文本原件需要盖章的两个地方。

1）签订页：双方的公章以及法人签名和手章。

2）整套文本：骑缝章。科技部模板合同只要未画横线的文字部分，建议不要删除。

合同文本复印件需要整套文本盖骑缝章。

回收文件有技术合同登记表、技术合同认定证明、合同文本原件。

（4）审核登记

技术合同受理后，技术合同登记机构对当事人提交的材料进行审查和认定，做出是否审批通过的决定，并根据决定结果制作文书，送达申请人。合同分类及审查内容见表 14 - 2。

表 14 - 2　　　　　　　　　　　　合同分类及审查内容

合同特征	技术开发	技术转让	技术咨询	技术服务
技术形态	双方未掌握	现有的、特定的、已经权力化的	运用科学知识和技术手段	有一定难度的现有知识、技术应用
技术特征	未知、有风险	成熟的、完整的、实用的	以掌握技术为决策服务	已掌握技术；为实施服务
成果形式	新技术、新产品、新工艺、新材料、新品种及其系统	技术本身是一项产品、工艺、材料、品种及其改进技术方案	咨询报告	具体数量、质量指标或经济效益、社会效益指标
知识产权	应有权属约定	必须约定明确	如无约定不对委托方实施后果负责	应达到合同约定的各项要求，技术知识传递不涉及知识产权

（5）办理减免税

技术合同登记办理完成之后，将以下材料上报至企业所在地国税局即可：

1）技术合同认定登记证明和技术合同登记证明一份企业自己留底，一份交与税务局。

2）技术开发（委托）合同复印件和登记证明上记录的同一份合同的复印件。如果是分期付款的合同，只需要上交新的登记证明即可，合同无须重复提交。合同需要盖上公章。

3）纳税人减免税备案登记表税务部门收取合同复印件和登记证明之后，会当场进行合同的录入。录入完之后系统可生成并打印纳税人减免税备案登记表，必须要带上公章。该表一式两份，国税局留存一份，公司留存一份。

（6）开具增值税免税发票

1）一定要开具"增值税普通发票"方能免除增值税。

2）实现的技术交易额部分需要开具免税增值税普通发票，非技术交易额则开具3%（小规模）或6%（一般纳税人）的增值税发票。

3）如果分三期付款，相当于每期都要开具技术免税和非技术不免税的2张发票，最终要开具6张发票。

4）尽量保证发票和技术合同登记证明在同一个月开具，及时去税务局完成登记，以免出现跨月报税的问题。

5）必须在合同有效期内办理发票免税。

管理篇

第十五章 人 才 培 养

党的二十大报告指出："实施科教兴国战略，强化现代化建设人才支撑。教育、科技、人才是全面建设社会主义现代化国家的基础性、战略性支撑。"人才培养一般包含三个基本面：教育培训、岗位供给和职业发展通道，这三个基本面是"二十大"提出的教育、人才和科技是全面建设社会主义现代化国家的基础性、战略性支撑的体现。

我国技术转移队伍主要包括技术经纪人和技术经理人。他们是技术转移队伍的基础，在国家各个省、自治区、直辖市的技术转移政策体系中专门对科技成果转移转化人才引进、培养、使用、考核、岗位管理、队伍建设和保障等做了明确、具体的规定。

第一节 技术转移转化队伍建设

一、 技术转移队伍的主要构成和职业发展通道

我国的技术转移转化人才队伍主要由分布在高校、院所、企业、医疗机构、产业园区、科技园区和孵化器、加速器等机构的科技与企业管理人员、技术经纪人、技术经理人等构成。

技术经纪人和技术经理人可以参评（聘）技术经纪专业技术职称，该职称的设立和发展为技术转移转化队伍和人才的职业化高质量发展开辟了道路。

2019 年 9 月 30 日北京市科学技术委员会与市人力社保局联合发布《北京市工程技术系列（技术经纪）专业技术资格评价试行办法》，设置了正高级、副高级、中级、初级四个层级，是国内首个单独设置且对四个评价层级全覆盖的职称文件。这个文件的出台，在制度上解决了技术转移和成果转化从业者普遍关心的专业技术职称问题，提高了全社会对技术转移人才的专业认可度。截至 2023 年，已经有超过 8 个省市自治区设置了技术经纪职称，对凝聚人才、壮大队伍、提升工作能力和信任度起到了重要作用。技术经纪专业技术职称的设置和评审有效提升了技术转移人员的身份效益，对他们筹集更多的资源推动成果转化工作有很大帮助。自北京之后，截至 2023 年底，已经有十余个省、自治区、直辖市设立了技术经纪职称。

绝大部分省、自治区、直辖市对技术经纪专业技术职称的适用范围描述为，从事以促进科技成果转化应用为目的，为促进技术与产业、人才和资本等要素资源有机融合与高效配置，提供技术转移全链条、专业化服务工作的专业技术人员。这个描述对技术经纪人的服务范围和工作能力做了界定。

技术经理人，《中华人民共和国职业大典》（以下简称《大典》）定义为在科技成果转移、转化和产业化过程中，从事成果挖掘、培育、孵化、熟化、评价、推广、交易并提供金融、法律、知识产权等相关服务的专业人员。技术经理人在作为新职业被纳入《大典》第二类"专业技术人员"中，编号为"2 - 06 - 07 - 16"，这意味着技术经理人属于专业技术人员，参加职称评审。从其对技术经理人的定义和主要工作内容看，都属于当前各省市已经设立的

"技术经纪"专业技术职称评审制度中所必须（需）的经历和成果。

技术经理人的职责包括：

1）收集、储备、筛选、发布各类科技成果信息，促进交易各方建立联系。

2）为技术交易各方提供技术成果，在科技、经济、市场方面提供评估评价、分析咨询、尽职调查、商务策划等服务。

3）为交易各方提供需求挖掘、筛选、匹配和对接等服务。

4）制订科技成果转移转化实施方案、商业计划书、市场调查报告等，开展可行性研究论证。

5）组织各类资源促进技术孵化、熟化、培育、推广和交易。

6）提供科技成果转移转化和产业化投融资相关服务。

7）提供科技成果转移转化知识产权导航、布局、保护和运营等服务。

8）提供科技成果转移转化合规审查、风险预判、争端解决等法律咨询服务。

二、 技术转移转化人才队伍的教育和培养

我国已经建立大纲、基地、教材、师资"四位一体"的国家技术转移人才培养体系，提高技术转移专业服务能力并登记备案了 36 家国家技术转移人才培养基地（以下简称"基地"）。科技部火炬中心于 2021 年 5 月 27 日发布《国家技术转移人才培养基地工作指引（试行）》（国科火字〔2021〕91 号）"建立支撑我国创新体系建设的国家技术转移人才培养体系，规范建设和运行国家技术转移人才培养基地"。

科技部火炬中心是国家技术转移人才培养基地的宏观指导部门，负责国家技术转移人才培养基地的宏观管理、统筹协调、考核评价等工作，负责制定指导基地规范运行的相关管理制度。国家技术转移人才培养基地应按照《国家技术转移专业人员能力等级培训大纲（试行）》（以下简称《大纲》）要求，开展技术转移专业培训，经考试合格，颁发"国家技术转移专业人员能力等级培训结业证书"。《大纲》规定培训课程由公共知识、实务技能、政策法规、能力提升四个模块构成，不同层级所需各模块的培训课程和培训学时不同。《大纲》所列培训课程包含了技术转移从业人员应知应会的法律法规、公共知识、经纪实务、案例实操等内容，有效提升、强化转移转化人才的专业化知识结构。

《中华人民共和国促进科技成果转化法》第十七条规定，国家设立的研究开发机构、高等院校应当加强对科技成果转化的管理、组织和协调，促进科技成果转化队伍建设。

《国家技术转移体系建设方案》第八条，支持和鼓励高校、科研院所设置专职从事技术转移工作的创新型岗位，绩效工资分配应当向作出突出贡献的技术转移人员倾斜。鼓励退休专业技术人员从事技术转移服务工作。统筹适度运用政策引导和市场激励，更多通过市场收益回报科研人员，多渠道鼓励科研人员从事技术转移活动。

有的省、自治区、直辖市已经将高层次技术转移人才纳入国家和地方高层次人才特殊支持计划。比如北京在《新时代推动首都高质量发展人才支撑行动计划（2018 年—2022 年）》中把技术转移转化人才列为北京亟须的五大核心高端人才之一。

三、 技术转移转化人才培养方式

1. 学历教育

2009 年 2 月，国务院学位委员会、教育部印发的《学位授予和人才培养学科目录设置与管理办法》，支持学位授予单位在获得授权的一级学科下自主设置与调整二级学科和按二级学科管理的交叉学科，加强技术转移、专利技术交易等相关领域高层次复合型人才培养，主动服务经济社会发展对技术转移专业人才的需求。目前北京大学、清华大学、北京理工大学、湖南大学、常州大学等高校已经或准备开展技术经理人培养。

在高校设立技术转移相关学院、学科或专业，与企业、科研院所、科技社团等建立联合培养机制，推动有条件的高校设立科技成果转化相关课程，打造一支高水平的师资队伍。

2. 联合培养

研发机构、高校与企业以及其他组织人员双向交流与项目合作等，聘请企业及其他科技组织人员进行兼职教学，本单位人员到企业及其他组织进行创业实践，企业与研究开发机构、高等院校、职业院校及培训机构联合建立学生实习实践培训基地和研究生科研实践工作机构培养。

3. 基地培养

充分发挥各类创新人才培养示范基地作用，依托有条件的地方和机构建设一批技术转移人才培养基地，在中关村国家技术转移集聚区建立一批职业化人才培养基地。

4. 引进培养

加快培养科技成果转移转化领军人才，纳入各类创新创业人才引进培养计划。推动建设专业化技术经纪人队伍，畅通职业发展通道。

5. 国际化培养

与国际技术转移组织联合培养国际化技术转移人才，建设国际高层次人才成果转化机构。

第二节　岗位、 职称和绩效

一、 技术转移转化岗位

岗位是技术转移转化人才产生、成长、取得优异成绩的关键。岗位的数量、级别、待遇、职责和权限等对技术转移转化队伍的建设和发展，对科技成果转化工作的高质量发展等都起着绝对关键的作用。

北京市率先在 2021 年 12 月 30 日正式印发实施《关于打通高校院所、医疗卫生机构科技成果在京转化堵点若干措施》，其中要求：

1）全面落实追责任，建立由高校院所、医疗卫生机构主要负责人牵头的科技创新或科技成果转化工作机制，加强本单位各部门的科技成果转化协同联动。

2）推动技术转移机构专业化发展，高校院所、医疗机构设立技术转移机构，采取调剂岗位或可特设岗位，建立由科技成果转化专员设立的团队，技术转移机构负责科技成果披露、提供技术评估、专利布局、提供转化方案（转让、许可、作价投资、完成人转化等）、确定权属、组织评估和定价、引入投资、商业谈判等成果转化的全流程服务。

在有省、自治区、直辖市做示范的基础上，其他行政区域、行（产）业和国央企必然会加速成果转移转化岗位的设立和管理工作。

二、　绩效评价

《中华人民共和国促进科技成果转化法》第二十条规定，研究开发机构、高等院校的主管部门以及财政、科学技术等相关行政部门应当建立有利于促进科技成果转化的绩效考核评价体系，将科技成果转化情况作为对相关单位及人员评价、科研资金支持的重要内容和依据之一，并对科技成果转化绩效突出的相关单位及人员加大科研资金支持。

《国家技术转移体系建设方案》第十三条，树立正确的科技评价导向。推动高校、科研院所完善科研人员分类评价制度，建立以科技创新质量、贡献、绩效为导向的分类评价体系，扭转唯论文、唯学历的评价导向。

《实施〈中华人民共和国促进科技成果转化法〉若干规定》中第十二条要求"加大对科技成果转化绩效突出的研究开发机构、高等院校及人员的支持力度。研究开发机构、高等院校的主管部门以及财政、科技等相关部门根据单位科技成果转化年度报告情况等，对单位科技成果转化绩效予以评价，并将评价结果作为对单位予以支持的参考依据之一。"

《促进科技成果转移转化行动方案》提出"强化科技成果转移转化人才服务，实现人才与人才、人才与企业、人才与资本之间的互动和跨界协作"，"建立科研机构、高校科技成果转移转化绩效评估体系，将科技成果转移转化情况作为对单位予以支持的参考依据"。

三、　职称管理

《中华人民共和国促进科技成果转化法》第二十条规定，国家设立的研究开发机构、高等院校应当建立符合科技成果转化工作特点的职称评定、岗位管理和考核评价制度，完善收入分配激励约束机制。

《国家技术转移体系建设方案》第八条，壮大专业化技术转移人才队伍，完善多层次的技术转移人才发展机制，加强技术转移管理人员、技术经纪人、技术经理人等人才队伍建设，畅通职业发展和职称晋升通道。

《国家技术转移体系建设方案》第十三条，树立正确的科技评价导向。对主要从事应用研究、技术开发、成果转化工作的科研人员，加大成果转化、技术推广、技术服务等评价指标的权重，把科技成果转化对经济社会发展的贡献作为科研人员职务晋升、职称评审、绩效考核等的重要依据，不将论文作为评价的限制性条件，引导广大科技工作者把论文写在祖国大地上。

《促进科技成果转移转化行动方案》推动科研机构、高校建立符合自身人事管理需要和科技成果转化工作特点的职称评定、岗位管理和考核评价制度。

《北京市促进科技成果转化条例》第三十四条，市人力资源社会保障部门应当会同市科学技术、教育等部门建立有利于促进科技成果转化的专业技术职称评审体系，设立知识产权、技术经纪等职称专业类别，并将科技成果转化创造的经济效益和社会效益作为科技成转化人才职称评审的主要评价因素。

《新时代推动首都高质量发展人才支撑行动计划（2018年—2022年）》要求畅通科技成果转移转化人员职称晋升和职业发展通道。

北京市在2019年9月30日印发《北京市工程技术系列（技术经纪）专业技术资格评价试行办法》，为贯彻落实《关于深化职称制度改革的实施意见》（京办发〔2018〕4号），拓展技术转移转化专业技术人员职业发展通道，促进科技成果转化，助力全国科技创新中心建设，在工程技术系列技术经纪专业推行专业技术资格评价制度。

凡是在北京市国有企业事业单位、非公有制经济组织、社会组织中，以促进科技成果应用为目的，为促进技术与产业、研发、人才和资本等要素资源有机融合与高效配置，提供技术转移转化全链条、专业化服务工作的专业技术人员都可以参评技术经纪人职称。

第三节　技术转移转化团队建设政策

《中华人民共和国促进科技成果转化法》第五条规定，国务院和地方各级人民政府应当加强科技、财政、投资、税收、人才、产业、金融、政府采购、军民融合等政策协同，为科技成果转化创造良好环境。

《促进科技成果转移转化行动方案》，加快政府职能转变，推进简政放权、放管结合、优化服务，强化政府在科技成果转移转化政策制定、平台建设、人才培养、公共服务等方面职能，发挥财政资金引导作用，营造有利于科技成果转移转化的良好环境。

组织科技人员开展科技成果转移转化。紧密对接地方产业技术创新、农业农村发展、社会公益等领域需求，打造一支面向基层的科技成果转移转化人才队伍。

《北京市促进科技成果转化条例》第三十五条，市人民政府应当制定科技成果转化人才培养和引进政策，加强科技成果转化人才培养基地建设，落实本市引进的科技成果转化人才在落户、住房、医疗保险、子女就学等方面的待遇。

《新时代推动首都高质量发展人才支撑行动计划（2018年—2022年）》提出来要加大转移转化人才激励力度。留存部分提取一定比例用于团队人员奖励，可对管理人员进行期权、股权激励，领导班子绩效考核指标。

第十六章 转移转化机构建设与管理

第一节 科技成果转移转化管理发展趋势

自 2015 年《中华人民共和国促进科技成果转化法》修订以来，我国科技成果转化政策支持体系快速发展，支持力度空前。从科研团队获取科技成果转化收益比例、税收优惠等指标来看，我国目前对科技成果转化科研团队的激励政策已是全球最佳。党的二十大报告提出："完善科技创新体系，坚持创新在我国现代化建设全局中的核心地位，健全新型举国体制，强化国家战略科技力量，提升国家创新体系整体效能，形成具有全球竞争力的开放创新生态。加快实施创新驱动发展战略，加快实现高水平科技自立自强，以国家战略需求为导向，积聚力量进行原创性引领性科技攻关，坚决打赢关键核心技术攻坚战，加快实施一批具有战略性全局性前瞻性的国家重大科技项目，增强自主创新能力"。在上述背景下，我国政府对于科技成果转化的促进与支持力度仍在不断增强，体现出以下趋势。

一、 从打通科技成果转移转化通道向提升技术转移中介服务能力转变

2015—2016 年，我国先后出台《中华人民共和国促进科技成果转化法（2015 年修正）》《实施〈中华人民共和国促进科技成果转化法〉若干规定》《促进科技成果转移转化行动方案》三部文件，它们习惯地被称为科技成果转移转化"大三部曲"。《中华人民共和国促进科技成果转化法（2015 年修正）》规定，国家设立的研究开发机构、高等院校对其持有的科技成果，可以自主决定转让、许可或者作价投资，但应当通过协议定价、在技术交易市场挂牌交易、拍卖等方式确定价格。通过协议定价的，应当在本单位公示科技成果名称和拟交易价格。并且，国家设立的研究开发机构、高等院校转化科技成果所获得的收入全部留归本单位。《实施〈中华人民共和国促进科技成果转化法〉若干规定》，明确担任领导干部的科技人员能否从事科技成果转移转化等几个法律未涉及的关键问题。《促进科技成果转移转化行动方案》部署了 8 大方面、26 项重点任务，明确各部委分工，并制订了工作推进时间表，重点解决法律和政策实施与落地问题。

"大三部曲"的颁布，旨在打通科技成果转化的通道，激发科研人员科技成果转化的积极性。有关部门和地方政府相继出台了一系列配套政策文件，这些政策文件除了对于国家层面的方案进行细化落实，更突出了部门侧重和地方特色。2016 年 8 月，中国科学院、科学技术部印发《中国科学院关于新时期加快促进科技成果转移转化指导意见》，提出简化院机关层面工作流程，将科技成果使用、处置和收益管理权利下放给院属单位。院属单位自主决策，院不再审批与备案。科技成果转移转化失败案例，要实事求是认真总结，对于符合规定的，不追究相关人员的领导决策责任。对于人员管理、资产管理、考核等方面也做出了具体规定。2016 年 8 月，教育部、科技部发布《关于加强高等学校科技成果转移转化工作的若干意见》，下放科技成果使用、处置和收益权，完善科技成果转化收益分配机制，建立健全科技成果转化工作机制，对我国高校，尤其是教育部部属高校有很强的指导作用。2016 年 9 月，财政部和国家税务总局联合发布了《关于完善股权激励和技术入股有关所得税政策的通

知》，完善股权激励和技术入股有关所得税政策，对技术成果投资入股实施选择性税收优惠。

在科技成果转移转化通道逐步打通的基础上，我国的科技成果转化政策开始向提升技术转移中介服务能力转变。2020年4月，中共中央、国务院颁布的《关于构建更加完善的要素市场化配置体制机制的意见》提出，培育发展技术转移机构和技术经理人，建立国家技术转移人才培养体系，提高技术转移专业服务能力。2020年5月，科技部和教育部联合发布《关于进一步推进高等学校专业化技术转移机构建设发展的实施意见》，提出以技术转移机构建设发展为突破口，进一步完善高校科技成果转化体系，"十四五"期间，全国创新能力强、科技成果多的高校普遍建立技术转移机构，高校成果转移转化体系基本完善。培育建设100家左右示范性、专业化国家技术转移中心。2021年1月颁布的《中共中央办公厅、国务院办公厅印发〈建设高标准市场体系行动方案〉》提出，发挥市场专业化服务组织的监督作用。加快培育第三方服务机构和市场中介组织，提升市场专业化服务能力。2021年修订的《中华人民共和国科学技术进步法》明确规定，国家鼓励创办从事技术评估、技术经纪和创新创业服务等活动的中介服务机构，引导建立社会化、专业化、网络化、信息化和智能化的技术交易服务体系和创新创业服务体系，推动科技成果的应用和推广。

二、 从科技成果转移转化放权改革向赋权改革转变

国家促进科技成果转移转化"大三部曲"实现了科技成果使用权、处置权、收益权的"三权"下放。在此基础上，我国政府进一步推进科技成果权属改革，职务科技成果所有权或长期使用权改革试点集具突破性，由"放权"向"赋权"转变。

2016年11月中共中央办公厅、国务院办公厅印发《关于实行以增加知识价值为导向分配政策的若干意见》首次提出"探索赋予科研人员科技成果所有权或长期使用权"。2017年全国两会期间，61位四川代表团代表基于西南交通大学的职务科技成果混合所有制探索，联名提案"关于修改《中华人民共和国专利法》第6条促进科技成果转化的议案"，建议"全国人民代表大会常务委员会通过改革试点授予在四川或八大全面创新改革试验区内暂停适用《专利法》"，同时建议"尽快修改《专利法》第6条及相关法律法规"。2018年3月，李克强总理在十三届全国人大一次会议的政府工作报告中提出"探索赋予科研人员科技成果所有权和长期使用权"。李克强总理的报告将"或"改成"和"，表明中央政府对推进科技成果产权制度改革持积极肯定态度。2018年7月，国务院发布《关于优化科研管理提升科研绩效若干措施的通知》，提出开展赋予科研人员职务科技成果所有权或长期使用权试点。2019年7月，科技部、教育部、发展改革委、财政部、人力资源社会保障部、中科院联合发布《关于扩大高校和科研院所科研相关自主权的若干意见》，提出改革科技成果管理制度，修订完善国有资产评估管理方面的法律法规，取消职务科技成果资产评估、备案管理程序。开展赋予科研人员职务科技成果所有权或长期使用权试点，为进一步完善职务科技成果权属制度探索路子。2020年5月，科技部、国家发展改革委、教育部、工业和信息化部、财政部、人力资源社会保障部、商务部、国家知识产权局、中国科学院九部门联合发布《赋予科研人员职务科技成果所有权或长期使用权试点实施方案》，提出分领域选择40家高等院校和科研机构开展试点，探索建立赋予科研人员职务科技成果所有权或长期使用权的机制和模式，形成可复制、可推广的经验和做法，推动完善相关法律法规和政策措施，进一步激发科研人员创新积极性，促进科技成果转移转化。

三、　注重专业技术转移服务机构建设

近年来，专业技术转移服务机构建设一直是国家政策支持的重要方向。除了鼓励高校和科研机构建设科技成果转化专业服务机构外，概念验证中心也已经成为业界热点。

2019 年 2 月发布的《教育部办公厅关于公布首批高等学校科技成果转化和技术转移基地认定名单的通知》，认定了首批 47 所高等学校科技成果转化和技术转移基地，其中中央所属高校 22 家，地方高校 25 家。2020 年 4 月，教育部科技司发布《首批高等学校科技成果转化和技术转移基地典型经验的通知》，介绍了 18 家试点高校取得的一批典型经验。2020 年 8 月，教育部拟认定依托北京市丰台区人民政府等 5 个地方和北京大学等 24 个高校的基地为第二批高等学校科技成果转化和技术转移基地，包含 5 个地方基地和 24 个高校基地。2020 年 5 月发布的《关于进一步推进高等学校专业化技术转移机构建设发展的实施意见》，提出以技术转移机构建设发展为突破口，进一步完善高校科技成果转化体系，"十四五"期间，全国创新能力强、科技成果多的高校普遍建立技术转移机构，高校成果转移转化体系基本完善。培育建设 100 家左右示范性、专业化国家技术转移中心。2020 年 4 月中共中央、国务院颁布的《关于构建更加完善的要素市场化配置体制机制的意见》提出，支持高校、科研机构和科技企业设立技术转移部门。

第二节　科技成果转移转化的重点难点

一、　科技成果转移转化的一般过程

科技成果转移转化一般流程如图 16 - 1 所示。从图中可以看出，科技成果转移转化的一般流程大致包含前期对科技成果的发掘与策划、以专利技术为载体的技术培育开发与保护、以技术营销为抓手的成果实施与转化这三个主要阶段，这三个阶段构成了科技成果价值发现、价值放大、价值实现的过程，同时也是科技成果转移转化的重点与难点所在。

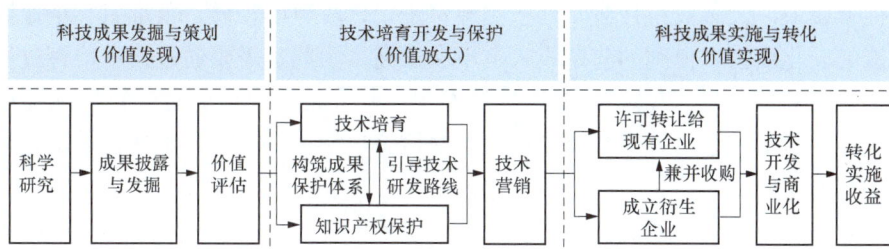

图 16 - 1　科技成果转移转化的一般流程

通过这三个不同阶段，知识与技术的形态完成了从最初的抽象概念，经由科研成果，到有形样品和商品的演化。在这三个不同阶段中，推动科技成果转移转化的主体也发生着变化，一般由高校、科研机构或企业的科研人员完成科技成果的研究，形成样品或原型，再由企业家和工程人员接棒，进行技术的二次开发与工业设计、制造生产、市场销售等商业化过程，最终将样品发展成商品推向市场。

在科技成果转移转化整个过程中，有两条至关重要的"主线"贯穿整个过程：一条是技术在转移转化过程中成熟度与商业价值不断提高，另一条是以专利为核心的知识产权保护体系建立，在技术成熟度不断提高的同时，对技术开发方向给予引导。这两条主线是确保科技成果能够顺利实现价值放大和实现的关键，具有很强的专业性。

二、 重点与难点

1. 科技成果披露与价值评估

成果披露可以说是科技成果转移转化活动正式的起点，通常以科技成果发明人向其雇主单位的科技成果转化机构提交正式文件等形式来进行。在成果披露材料中，必须对科技成果的用途、技术、商业应用前景、依托项目情况、参与研发科研人员情况等问题进行详细说明。

对披露的科技成果进行价值评估是一项非常重要的工作，科技成果转化机构要依靠自身的经验和专业能力，通过对全球范围内技术的搜索与分析、市场需求分析、技术的竞争优势劣势比较，对科技成果的潜在商业价值做出综合判断，从众多发明披露中甄选出有转化前景的科技成果，做出是否申请专利或者进行重点培育的决策。国外高校科技成果转化机构通常只会为经评估认为有转化前景的发明披露申请专利，美国高校发明披露申请专利的比重一般在50%左右，英国高校一般为30%左右。

对披露的科技成果进行价值评估不仅决定了该项成果是否值得继续培育和转化，还为确定技术培育路线、知识产权保护策略、转化实施模式等后续工作提供了依据。价值评估是一项难度很大的工作，这也是科技成果转化难的重要原因。

2. 科技成果价值培育与技术保护

技术培育和知识产权保护是两个相互联系与作用的环节，通过技术培育能够提高技术的成熟度和适用范围，直接实现技术的价值增值，知识产权保护则可以在构筑技术保护体系的同时，为技术培育路线提供引导。

（1）科技成果价值培育

科技成果大多具有较强技术先进性和较高学术价值，但这并不代表它们也同时拥有与之相匹配的商业价值。大多数科技成果处于实验室阶段，成熟度较低，很难引起企业很大的兴趣，即使能够转化出去，得到的前期收入也不会很高。因此，需要通过技术培育过程对科技成果进行适当"开发"与"包装"，降低对技术进一步开发的风险，有针对性地缩短与市场的距离，吸引企业的注意，提升其商业价值，使科技成果更容易转化出去，这也是概念验证需要解决的核心问题。

技术培育路线一般可以通过专利检索分析、市场调查等方法来确定，通常可以通过以下路径对科技成果进行技术培育：

1）通过使用专利地图等专利检索分析工具，了解某一具体领域的技术分布，确定竞争对手研发团队，掌握现有产品专利布局，洞察技术壁垒所在，确定未来技术研发和市场化的可能路径。

2）通过市场调查了解市场需求，对科技成果进行针对性研发，使之能够更好满足市场需求，更容易得到企业的青睐。

3）通过对现有技术路线与实验方法的持续改进优化，逐步提升科技成果的技术性能、降低生产制备成本和研发风险，为科技成果进行小试、中试和商业化开发夯实基础。

4）通过对某些技术点的定向研发、设计更多实验内容，获得更为完整的实验数据支撑，为科技成果申请专利争取到更大的权利要求范围，实现科技成果的增值。

（2）科技成果技术保护

很多国际企业早已将专利视为重要的经营战略，并将专利用作于保护自身和进行商业与研发竞争的重要工具，许多大型跨国企业在进入别国市场时，首先完成在该国的专利布局，掌握技术主导权。在过去一段时间里，虽然我国企业和高校的专利意识显著增强，使专利在数量上快速增长，但忽视了专利质量的同步提升，在一定程度上造成了专利数量在全球名列前茅，但在许多领域专利仍受制于人的情况。

企业、高校与科研机构应围绕科技成果研发与实施转化全过程建立起完善的知识产权保护体系。

1）进行知识产权布局分析，建立知识产权战略布局。在科研活动开始前，先通过专利地图等工具进行知识产权布局分析，规避现有技术壁垒。结合掌握研发资源情况，确定研发活动应采取的技术路线，建立相应的专利布局，围绕核心专利、外围专利、进攻专利、防卫专利等专利构筑保护体系，并确定专利转化实施的具体策略，如自行实施、许可转让、合作申请、加入专利池、交叉许可等。

2）专利申请全过程质量管理。专利申请书的撰写非常重要，撰写质量好的专利申请应该争取尽可能大的权利要求范围，获得对技术的有效垄断。专利申请要获得授权实际非常容易，将权利要求范围缩小就能够做到，但这样做往往会造成专利保护范围太窄，难以对技术提供有效保护。因此，在进行专利布局的过程中，必须针对专利申请和审查全过程进行质量管理，在委托专利代理机构撰写专利申请书时，需要事先对专利代理机构和代理人的业务能力和擅长领域进行了解，选择合适的代理人，在专利申请书撰写过程中要注重与其充分沟通，分析发明创造可能的授权范围，争取尽可能大的权利要求范围。在专利审查意见答复过程中，对于重要的权利要求必须据理力争，保证专利的价值最大化和专利布局的完善。

3）在研发活动实施过程中定期进行专利查新分析与预警，发现可能会影响研发活动和科技成果的专利，及时调整研发路线和专利布局，降低研发活动风险，保障科技成果价值。

4）在研发活动完成后进行后续跟踪管理，一方面做好专利布局的维持工作，及时缴纳维持费用，确保专利有效。另一方面，做好专利实施合同的履行监督，敦促受让企业按合同规定履约付款。针对可能发生的侵权行为，制订相应的维权方案。

3. 科技成果实施与转化

技术具有时效性，不及时转化就可能会落后过时，因此在获得具有商业化前景的技术，建立起完善的知识产权保护体系，甚至在知识产权保护体系建立的过程中，技术转移机构就必须及时、主动开展各类技术营销活动，寻找具有技术承载能力、技术开发资源、业务网络的企业，与之一起将技术带向市场。

目前我国企业创新主体的定位并未完全实现，许多企业技术能力不强，对早期技术不感兴趣，而许多技术，尤其是专利技术的价值大部分在国外市场，因此技术营销应该面向全世界范围，瞄准有可能对技术感兴趣企业，深入挖掘其技术需求，展开针对性技术推介。在技术营销和推广过程中，关键在于以市场需求为导向，经过分析得出技术为什么对潜在买家非常重要。

技术营销不是简单的技术介绍，而是一个复杂的商业谈判过程，双方围绕技术的价格、实施许可范围、合同履行方式、争议解决办法等问题展开谈判协商，往往会耗费大量人力物力，对于营销团队的谈判能力和技巧有较高要求。如果技术营销对象是国外企业，还必须精通外语，熟悉该国科技成果转化和商业相关的法律法规。

签署技术许可转让合同是科技成果转化的里程碑事件。一项技术或成果的许可转让可以根据技术本身、受让方情况等采取多种方式，需要根据科技成果特点选择最为合适的转化方式，设计转化方案。一般最为主要的许可转让方式是两种：一是将技术以专利实施许可或所有权转让的方式授权给企业使用；二是围绕新技术，自行或与合作伙伴一起成立衍生企业，在衍生企业内进行进一步的技术开发，实现商业化。

在技术许可转让环节，不仅要注意技术许可转让合同的质量，防范各种相关风险，保护自身利益，还要根据国家和地方关于科技成果转化、国有资产处置管理的相关法律法规要求进行操作，确保整个许可转让过程合法、规范。

4. 技术开发与商业化

从科技成果转移转化全过程来看，签订科技成果转让许可合同只是一个"里程碑"事件。技术开发是一项漫长、复杂、风险巨大的过程。对于一项工程技术，技术开发过程一般包括小试、中试、工业化等阶段，对于一项生物医药技术，在进入临床研究时也必须经历临床一期、二期、三期等试验阶段。通常后一阶段是对前一阶段参数的放大，所需的资金也会成倍提高，对企业而言无疑是一项巨大挑战。

技术开发能够为企业直接带来商业价值，在大多数情况下被视为企业的工作。在国外，大型企业通常具备足够的研发能力，能够对科技成果进行独立的技术开发，这也是国外习惯使用"技术转移"的原因之一。但在国内，大部分企业都缺乏足够资源独自承担起技术开发工作，需要联合高校、科研机构、政府、社会资本等多方力量来加以实现。对科技成果转化机构而言，需要有一定的眼光寻找到合适的合作企业，也需要较强的资源运筹与整合能力，在吸引社会资本参与的同时，协调好高校、企业、政府、社会资本等各方关系。

在技术开发过程中，除了企业的持续支持外，研发团队自身的参与对于技术开发活动成功与否及缩短技术开发周期至关重要，有的重大技术开发活动可能需要研发人员毕生辛劳和汗水才能实现。有许多技术许可转让协议在签署时会包含后续技术开发与商业化条款，设置关键节点作为付款依据，以确保研发团队的持续参与，降低科技成果转化风险。

商业化是产品或服务从开发走向市场的最后一个环节。在这个阶段，需要根据市场需求、产品或服务的特点对技术进行局部改进开发，通过工业设计对产品进行包装设计，突出产品的"卖点"，还必须根据生产过程建立起完善的供应链、销售渠道，完成对销售人员的培训，建立起产品售后服务与技术支持体系，助力科技成果成功渡过"达尔文海"，真正在市场中占据一席之地，获得持续利润。

在成功实现商业化后，科技成果转化的全过程已经基本完成，科技成果转化机构必须跟踪技术许可转让协议履行情况，按时获得成果转化收益，并根据事先约定的收益分配比例，在高校、院系、发明人、科技成果转化机构之间进行分配。对于职务科技成果转化的奖励与兑现，尤其要注意不能违反相关法律法规和政策的规定。

创新篇

第十七章　探索与前沿实践

第一节　技术资本化及其背景

技术资本化指创新主体以科技成果为基础筹集长期资金，通过市场机制实现科技成果转化为资本，进而实现科技成果市场化的过程。技术资本化的前提是技术已经具备"技术"和"资本"双重属性。技术属性指技术资本具有与一般技术相同的目的性、生成性和社会性等普遍特质，深刻影响着技术资本的价值生成、价值转移和价值增值等过程；资本属性指技术被赋予资本的特征和功能，可以带来剩余价值，依附于价值实体可以被测度，其交换运动遵循价值规律。

随着知识经济的发展，技术已经取代实物资本成为企业核心竞争力的决定性要素，无形资产在企业资产中的价值比重也越来越高，技术资本化为科技成果转移转化提供了更大的可能性，在创新主体的科技成果转移转化战略中占据越来越重要的地位，如图 17‑1 所示。

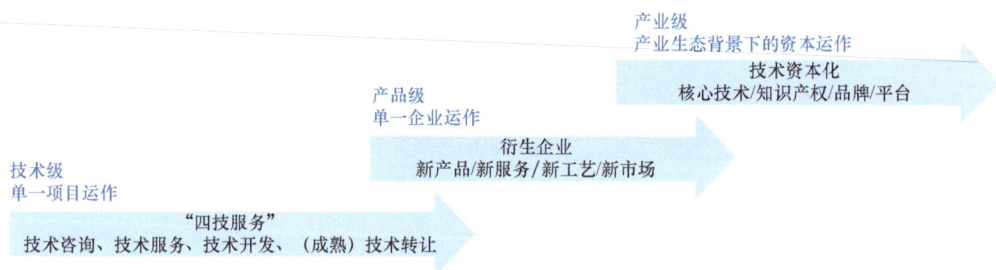

图 17‑1　创新主体科技成果转移转化战略

技术资本化具有一般"四技"服务所无法比拟的优势。传统"四技"服务以项目或服务形式走向市场，但服务对象仅限于单一企业，虽然有助于提升目标企业技术竞争力，但服务范围与效果较为有限。将科技成果通过成立衍生企业方式自行或合作进行转移转化，有可能创造出颠覆式产品、打造出全新市场，但需要面对跨越"死亡谷""达尔文海"等挑战，以及资金投入巨大、有形资本抵押融资困难、投资回报周期长等问题，往往九死一生；如果创新主体将科技成果作为资本进行投资，或者与投资机构的各类有形与无形资产相结合，通过股权等纽带形成利益共享、风险共担、互利互惠的战略合作伙伴关系，将有利于创新主体通过资本运作实现资产增值，也有利于科技成果快速放大其市场价值，更好地融入产业创新生态，加速整个科技成果转移转化过程。

案例：赛默飞世尔科技公司通过技术投资并购实现跨越式发展

赛默飞世尔科技公司（Thermo Fisher Scientific，以下简称赛默飞）于 2006 年由飞世尔科技公司和热电公司合并而成，总部位于美国马萨诸塞州。赛默飞具有非常广泛但又相互关联的服务与产品谱系，可以分为生命科学解决方案、分析仪器、专业诊断以及实验室产品和生物制药服务这 4 个核心板块，是科技服务领域的全球行业领导者，位列 2021 年"福布斯全球企业 2000 强"第 124 位，公司最高市值超 2305 亿美元。

赛默飞一方面非常重视科技创新驱动，每年研究与试验发展（R&D）经费投入都在10亿～14亿美元，使其能取得许多新技术和新成果并投入应用，维持与提升其产品与服务的竞争力；另一方面也非常注重通过资本运作实现公司的快速扩张。2013年，赛默飞以154.02亿美元的价格收购Life Technologies，进入基因测序领域，全面扩大了自己的生命科学业务版图；2017年至今，赛默飞先后收购了Patheon、PPD等合同研发和业务生产组织（CDMO）和合同研发服务组织（CRO）的公司，正式进入医药外包（CXO）领域。赛默飞迄今已经在16个国家，其中包括美国15个州进行了收购，累计并购次数超过400次，并购金额超过450亿美元，主要并购活动如图17-2所示。

图17-2　赛默飞的主要并购活动

早在2013年，十八届三中全会《中共中央关于全面深化改革若干重大问题的决定》，就提出要"发展技术市场，健全技术转移机制，改善科技型中小企业融资条件，完善风险投资机制，创新商业模式，促进科技成果资本化、产业化"。正因为技术资本化有助于技术创造出更大的价值，我国政府在大力推进科技成果转移转化的同时，也出台了多项政策促进技术资本化发展，并努力为其营造良好外部环境。2020年4月中共中央、国务院颁布的《关于构建更加完善的要素市场化配置体制机制的意见》提出要促进技术要素与资本要素融合发展，积极探索通过天使投资、创业投资、知识产权证券化、科技保险等方式推动科技成果资本化。鼓励商业银行采用知识产权质押、预期收益质押等融资方式，为促进技术转移转化提供更多金融产品服务。2021年8月发布的《国务院办公厅关于完善科技成果评价机制的指导意见》提出，充分发挥金融投资在科技成果评价中的作用。完善科技成果评价与金融机构、投资公司的联动机制，引导相关金融机构、投资公司对科技成果潜在经济价值、市场估值、发展前景等进行商业化评价，加大对科技成果转移转化和产业化的投融资支持。推广知识价值信用贷款模式，扩大知识产权质押融资规模。在知识产权已经确权并能产生稳定现金流的前提下，规范探索知识产权证券化。2021年8月发布的《国务院办公厅关于改革完善中央财政科研经费管理的若干意见》提出，要拓展财政科研经费投入渠道。发挥财政经费的杠杆效应和导向作用，引导企业参与，发挥金融资金作用，吸引民间资本支持科技创新创业。优化科技创新类引导基金使用，推动更多具有重大价值的科技成果转化应用。

第二节　技术资本化的主要路径与实现条件

技术资本化运作的路径与模式众多，本书认为，技术资本化有三条最主要路径。第一条路径是技术商品化，通过将科技成果许可、转让、特许经营等方式进行交易；第二条路径是股权路径，将科技成果作为企业资本，通过无形资产投资作价入股的形式与有形资产相结合，实现资产的增值，再通过在技术市场转让或上市交易变现，实现其经济价值；第三条路径是债券路径，即将科技成果转化为等额价值的产权凭证进行信贷与质押，有时债权和股权也可以灵活转换，具体如图17-3所示。

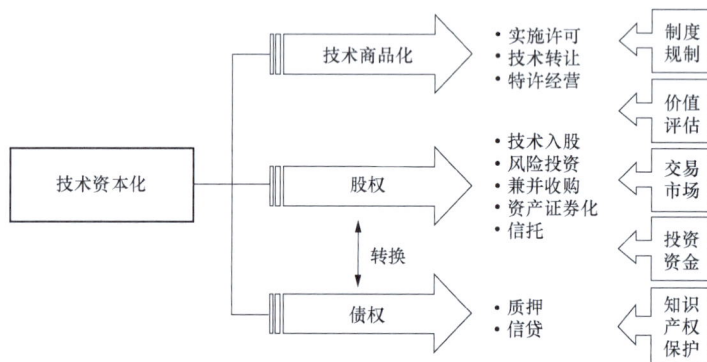

图 17-3　技术资本化的主要路径与实现条件

采取哪条技术资本化路径，需要考虑多方面因素，包括科技成果的成熟度、知识产权质量、获得投资的能力、预期风险与收益、科研人员的参与程度等多方面因素。要实现技术资本化，除了科技成果本身能够确权、拥有较大潜在商业价值外，还有赖于以下条件的支撑：

（1）成熟的制度规制

国家和创新主体必须建立起完善的法律政策支持体系，充分激发起创新主体与科研人员技术资本化的积极性；必须建立起成熟的制度规制体系，明确制度"红线"和实操规范、法律依据，使技术资本化能够在制度规制框架内顺利实施；必须建立起有担当的容错机制，使创新主体免除后顾之忧，敢闯敢干。

（2）客观公允的价值评估体系

技术资本化的实施要求对创新主体研发支出进行资本化核算，或者对科技成果及其知识产权进行价值评估，在这一过程中，一方面要求评估机构具备相应资质，能够出具具备法律效力的评估报告，另一方面也要求评估方法科学、评估过程合理、评估价格客观公允，能够为各方所接受与认可，这一过程有赖于市场上大量专业化中介机构的服务支持，能够形成较为客观公允的价值评估体系。

（3）完善的技术与资本交易市场

技术和资本交易市场能够汇聚各类技术、金融资本等各类创新资源，并加速这些创新资源的流动与信息共享，为技术资本化提供进场交易、资本变现的场所，为技术资本化各方提供权益保障，是技术资本化活动实施的关键。

（4）充沛的创新投资资金支持

完善的科技创新金融市场、充沛的创新投资资金对于技术资本化而言至关重要。技术资本化需要在不同阶段获得不同类型的创新投资资金支持，如图 17-4 所示。一个地区能否提供丰富的科创金融产品、足够规模的创新投资基金，在偏好风险相对可控、财务回报可期的天使、风险投资（VC）外，是否还具有更早期的"投早、投小、投硬"的引导基金，通过超前孵化、全赛道投资等手段解决"从 0 到 1""卡脖子"技术资本化问题，将直接影响该地区的技术资本化水平，对产业乃至国家创新发展也十分重要。

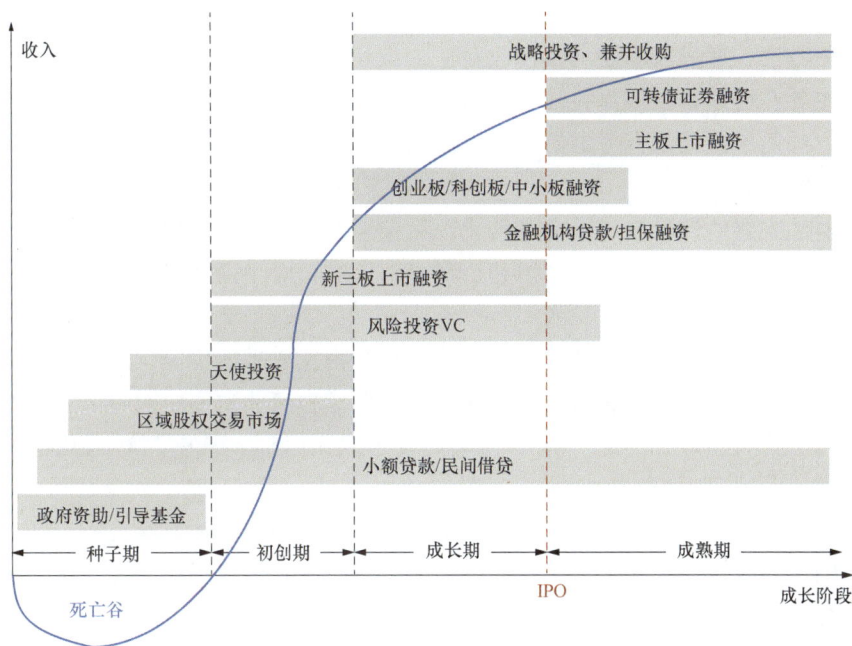

图 17-4　不同成长阶段企业的资金获得方式

（5）有效的知识产权保护

知识产权能够赋予科技成果蕴含的技术独占性与排他性，使科技成果免遭剽窃和滥用，保障技术资本化各方的合法权益，一个地区知识产权保护环境与力度是技术资本化顺利实施的重要保障。

案例：爱奇艺的知识产权证券化

资产证券化（ABS）是以项目所属的资产为支撑的证券化融资方式，这种债券的利率一般比较低，由众多的投资者购买，投资风险也比较分散，从信用角度看，资产支持型证券是最安全的投资工具之一。

国内首例知识产权证券化案例发生于 2018 年 12 月 18 日，爱奇艺公司将其知识产权作为基础资产出售给特殊目的（SPV）机构——查艺世纪公司，并在上海证券交易所成功获批发行知识产权"查共世纪知识产权供应链金融资产支持专项计划"，发行规模人民币 4.7 亿元。

对爱奇艺而言，该项目拓宽了它自身的融资渠道，从过去一级市场的私募融资，到二级市场公开交易，现在又多了一种公募渠道。而且，通过奇艺世纪知识产权供应链 ABS，可以盘活以爱奇艺为核心企业的产业链存量资金，提高产业链资金应用效率。

第三节　技术资本化的运营与评价

一、技术价值评估

无论是技术商品化还是股权、债权融资，任何技术资本化路径，都离不开对科技成果及其知识产权进行科学公允的价值评估。在许可、转让、出资入股、司法诉讼等技术资本化的各个不同阶段，也都需要根据不同的要求进行价值评估。目前科技成果价值评估主要沿用了有形资产评估方法，通过成本法、预期收益法、市场法、期权法等估值方法加以实现。

成本法主要在可以单独核算科技成果研究开发成本的基础上加成一定的利润率计算出的评估值。它方法简单，但没有考虑研究开发活动的不确定性，因而不够科学，评估结果可能与实际价格差距较大。

预期收益法主要估计科技成果实施转化以后预期产生的收益，再按照一定的折现率计算出现值，其结果取决于预期收益的估值和折现率的选取，对预期结果乐观或者保守，其结果可能相差较大。

市场法主要根据市场上同类技术的成交价来估算科技成果的价值。难点在于如何收集同类技术的成交价，同类技术的交易价格一般情况下会作为商业秘密不对外公布。对此，有的科技成果转化机构关注近几年某一技术领域的技术成交情况，从中判断近几年的技术发展走向。

期权法主要根据成熟度较高的科技成果未来市场的不确定性估算科技成果的价值。前提是科技成果的成熟度较高，其未来市场的不确定性越大，其价值反而越大。对于预期市场比较确定的科技成果，不宜采用这一方法。

科技成果及其知识产权具有特殊性、复杂性、相对性等特征，上述评估方法用于科技成果等无形资产评估时都存在着不足，只能对科技成果的价值提供一定参考。不宜采用单一的方法对科技成果的价值进行评估，在实际评估过程中，可以考虑采用上述方法分别进行评估，再综合确定其评估值。科技成果的真正价值应该由市场说了算，根据某一时间点和特定环境下的市场愿意支付的价格而定，它随着经济状况、文化背景、科技发展水平甚至市场主体的兴趣爱好等因素不断发生改变，不能脱离市场独立存在。因此，科技成果的估值不应是一个确定的数值，而应是一个区间，由持保守态度的值至持乐观态度的值构成。在进行科技成果价值评估时，通常需要重点考虑以下问题。

（1）科技成果所有权

科技成果转化机构首先必须考察发明人是否拥有全部发明权；对于高校持有的科技成果，必须考察发明人里是否有学生，尤其是已经毕业的学生；发明人里是否有机构外部人员，在后续成果转化过程中是否需要与其他人协商、谈判或分享转化收益。在此基础上，需要明确科技成果所有权，并和所有发明人签署具有法律效力的技术资本化委托协议。

（2）依托科研项目情况

科技成果转化机构必须掌握科技成果依托项目的信息，了解研发经费来源情况，科研项目资助方对科技成果转化是否有限制或特定要求，以确保科技成果转化工作符合资助方要求，不会产生纠纷。

（3）技术

科技成果转化机构需要对全球范围内的技术进行扫描和分析，了解技术是否具有具备新颖性、创造性和实用性，是否符合专利申请的要求。如能申请专利，还要考虑最终可能获得授权专利的强度、自由实施度，以及获得这些自由实施度所需付出的成本。如已经申请专利，需要考虑专利的有效期限和保护程度。除了技术本身，还需要考察技术的成熟度、可用性、配套技术的发展情况，以及与现有技术相比该技术的竞争优势与劣势。

（4）市场

科技成果转化机构需要对市场进行分析，明确技术或产品及其卖点所在，确定目标市场和潜在市场。通过市场调查了解目标市场和潜在市场内企业和竞争对手情况，预测市场未来发展趋势和这项技术或产品的商业化前景。通过对技术或产品的市场分析，确定成果实施转化模式、技术营销策略和产品市场定位策略。

（5）社会

科技成果转化机构要从社会经济的贡献、合理利用自然资源、自然与生态环境影响及社会影响等方面对科技成果的社会价值做出综合判断。

（6）其他因素

科技成果转化机构还必须考察科技成果是否能够与正在实施转化的项目产生协同效应，关注发明人与潜在合作方拥有可用于转化的特别资源情况。通过认真分析，厘清可能对后续成果转化工作带来有利或不利影响的因素，充分加以利用或规避。

二、 技术资本化运营的法律协议条款

法律协议条款从法律上明确了技术资本化过程中各方的权利、责任与义务，以及利益分配方式等重大问题，代表了技术资本化各方所作出的约定与承诺，对各方都存在法律约束效力，是技术资本化活动的核心。通常不同的技术资本化项目协议内容都一事一议、各不相同，但技术商品化、股权、债券这些相同的技术资本化路径都会包含各自的核心条款。在签署这些法律协议条款前，创新主体必须会同法务、律师、技术经理人、财务顾问等专业人员对相关条款进行审议，和对方进行沟通谈判，确定技术资本化活动各个方面的细节。

（1）技术商品化路径下的法律协议

技术商品化路径下的法律协议可以参照一般技术合同起草规范。重点在于对于技术实施许可与转让条款的拟定。在涉及知识产权转让时，必须在协议中将所有涉及的知识产权名称与内容予以明确；在涉及专利申请权转让时，必须列明专利申请所需要的一切资料和实施该技术需要的所有资料，包括发明创造说明、附图、权利要求书等；在涉及知识产权实施许可时，要列明实施许可的条件，包括：①实施许可的方式（是普通许可、独占许可还是排他许可），②实施许可的范围（在何种时间、地域、国别内授予许可），③是否包含回授条款等；在涉及技术秘密转让时，必须明确符合技术秘密特征的技术成果内容与要求以及区别于公知技术的特征、参数、工艺流程等内容。

（2）股权融资路径下的法律协议

股权投资协议是股权融资路径下最重要的法律协议。股权投资协议通常包含以下内容：

1）估值条款。估值条款是股权协议的核心条款，包括了本次投资前的估值和本次投资的金额，必须将投资前后的估值、投资金额、股权比例等都清晰写明。估值条款通常还包括投资的条件、资金的用途等内容。

2）回购、清算优先权条款。回购条款源于双方对未来业绩的对赌和投资机构风险规避的需要。投资机构有可能会要求创新主体（可以是衍生企业，也可以是企业实际控制人）在一定条件下必须按照一定价格回购投资机构手中的股权，这些条件包括企业实际控制人地位发生变化、企业未能达到约定业绩、发生与投资协议约定相悖等情况。如果衍生企业破产，投资机构一般也可以通过清算优先权条款优先于其他股东获得清算。

3）继续参与防稀释条款。继续参与条款指后续融资中，无论价格高地，投资机构需要等比例购买股份，否则本轮融资中得到的权利将被取消。防稀释条款要求除股权激励等例外股权外，如果企业进行新的融资，必须按照新的融资价格计算投资人的持股数量，由此产生的股份差额由创始股东无偿转让。转换价格通常由加权平均或者完全棘轮条款来确定。继续参与条款和防稀释条款通常分别保障创新主体和投资机构各自利益，因此经常会一起使用。

4）优先购买权条款。优先购买权条款通常规定了投资机构在后续融资中购买股份的权利，通常优先购买权条款也会约定投资者拥有优先购买权的条件以及优先购买股份的数量限制。

5）公司治理条款。公司治理条款有时也被称为保护性条款，约定了投资机构根据所占股权比例在董事会的席位数量，确保投资机构能够按照公司章程等文件规定，对重大事项拥有表决权和一票否决权，确保投资机构能够适度参与企业运营，维护自身利益。

6）其他条款。通常包括企业的期权池设立与运营、对企业核心人员的竞业禁止条款、保密条款、违约条款、创业者活动限制条款等。

（3）债权融资路径下的法律协议

总体而言，股权融资比债权融资成本更高，并且有可能会降低创始人对衍生企业的控制力，减少核心团队未来的财务收益，因此债务融资也是十分重要的技术资产化路径。

质押融资是最重要的债权融资方式。科技创新衍生企业通常缺乏可供抵押的房产、设备等重资产，通常可以采用知识产权＋机器设备或知识产权＋股权等混合方式实现质押融资。在签署债权融资法律协议时，可以参照一般质押融资协议。需要注意的是，一般银行等信贷机构会对质押的知识产权有一定要求，通常要求质押物主体产权清晰、合法有效，不存在纠纷，具备一定盈利能力，并具备一定的保护期限。

参 考 文 献

［1］王利明．民法［M］．北京：中国人民大学出版社，2020．

［2］［美］艾伦·沃森．民法法系的演变与形成［M］．李静冰，姚新华，译．北京：中国法制出版社，2005：184．

［3］习近平．充分认识颁布实施民法典重大意义，依法更好保障人民合法权益［J］．求是，2020（12）：4-9．

［4］赵昌文，陈春发，唐英凯．科技金融［M］．北京：科学出版社，2009．

［5］杨正平，王淼，华秀萍．科技金融：创新与发展［M］．北京：北京大学出版社，2017．

［6］赵玲．我国科技金融体系构建研究：以杭州为例［M］．杭州：浙江大学出版社，2018．

［7］杭州银行助力科技企业高质量发展［EB/OL］．［2021-09-26］．https：//www.sohu.com/a/492197573_121013031.

［8］杜奇华．国际技术贸易［M］．2版．北京：对外经济贸易大学出版社，2012．

［9］何盛明．财经大辞典［M］．北京：中国财政经济出版社，1990．

［10］科特勒，阿姆斯特朗．市场营销原理［M］．17版．北京：机械工业出版社，2020．

［11］江辉，陈劲．集成创新：一类新的创新模式［J］．科研管理，2000，（05）：31-39．

［12］许庆瑞．全面创新管理：理论与实践［M］．北京：科学出版社，2007．

［13］李文博，郑文哲．企业集成创新的动因、内涵及层面研究［J］．科学学与科学技术管理，2004，25（9）：6．

［14］孙淑生，海峰．集成系统的建立与管理［J］．武汉理工大学学报：信息与管理工程版，2006，28（8）：4．

［15］金军，邹锐．集成创新与技术跨越式发展［J］．中国软科学，2002（12）：4．

［16］庄越，胡树华．面向产品创新的管理集成内容与模式［J］．科学学与科学技术管理，2002，23（2）：4．

［17］胡汉辉，倪卫红．集成创新的宏观意义：产业集聚层面的分析［J］．中国软科学，2002（12）：3．

［18］Nelson R R，Winter S. EVOLUTIONARY THEORY ECONOMIC CHANGEP［C］//International Symposium on Mobile Agents. 1982.

［19］弗里曼．工业创新经济学［J］．中国科技论坛，2004（6）：1．

［20］Tang H K. An integrative model of innovation inorganizations［J］．Technovation，1998（5）：297-309

［21］陈强，鲍悦华，常旭华．高校科技成果转化与协同创新［M］．北京：清华大学出版社，2017．

［22］刘东岳，吕云飞，喻凯，等．技术成果资本化与科技型企业融资路径研究［J］．科技和产业，2019，19（11）：8．

［23］向宁，王佳见，苗润莲．北京市推进科技成果资本化的现状，问题与对策［J］．全球科技经济瞭望，2021，36（6）：7．

［24］高剑平，牛伟伟．马克思资本逻辑视角下技术资本化的路径探析［J］．中国社会科学文摘，2020．

［25］吴寿仁．科技成果转化操作实务［M］．上海：上海科学普及出版社，2016．